航天动力学与控制系列丛书

丛书主编 王 巍

航天器微振动测量、辨识与控制

周徐斌 刘兴天 著

化学工业出版社

北京航空航天大学出版社

·北京·

内 容 简 介

航天器的微振动会影响到载荷的性能,在高性能航天器的发展过程中愈发受到重视。在我国迈向世界航天强国的征程中,微振动的研究会出现更多的新方法和新技术。本书聚焦高精度航天器的在轨微振动测量、辨识和控制问题,着重对微振动的影响、频域特征认知以及靶向控制方法进行阐述。首先介绍了微振动对高精度航天器的影响,将微振动按频带划分为低频和高频,论述了其对卫星指向和成像的影响。然后,对影响卫星指向的低频微振动测量与辨识方法进行了总结。在此基础上,通过被动、半主动及主动控制方法详细介绍了低频微振动控制。随后,结合工程实例,重点论述了典型高频振源的控制方法。在对微振动的主动控制方法进行论述后,给出了微振动的地面验证和在轨测试方法及实例。

本书可供从事航天器结构设计、动力学设计、微振动测试与辨识以及振动控制等相关研究领域的工程技术人员和高等院校航空航天、空间工程、振动工程相关专业师生参考。

图书在版编目(CIP)数据

航天器微振动测量、辨识与控制 / 周徐斌,刘兴天著 . -- 北京 : 化学工业出版社,2024.3
(航天动力学与控制系列丛书)
ISBN 978-7-122-44980-1

Ⅰ.①航… Ⅱ.①周… ②刘… Ⅲ.①航天器-振动-研究 Ⅳ.①V414.3

中国国家版本馆 CIP 数据核字(2024)第 023657 号

责任编辑:张海丽　　　　　　　　　　　　文字编辑:袁　宁
责任校对:刘　一　　　　　　　　　　　　装帧设计:尹琳琳

出版发行:化学工业出版社(北京市东城区青年湖南街 13 号　邮政编码 100011)
印　　装:中煤(北京)印务有限公司
710mm×1000mm　1/16　印张 16½　字数 283 千字　2025 年 7 月北京第 1 版第 1 次印刷

购书咨询:010-64518888　　　　　　　　售后服务:010-64518899
网　　址:http://www.cip.com.cn
凡购买本书,如有缺损质量问题,本社销售中心负责调换。

定　　价:156.00 元　　　　　　　　　　　　　版权所有　违者必究

航天动力学与控制系列丛书
策划编辑工作组

总 策 划　赵延永　张兴辉

副总策划　蔡　喆　张海丽

策划编辑（按姓氏笔画排序）

王　硕	冯　颖	冯维娜	李　慧
李丽嘉	李晓琳	张　宇	张　琳
陈守平	金林茹	周世婷	郑云海
袁　宁	龚　雪	董　瑞	温潇潇

丛书序

作为航天领域学科体系里的核心学科之一，航天动力学与控制学科的进步与发展，对于促进航天科技创新、推动航天事业发展、加快建设航天强国具有重要意义。

航天动力学与控制学科以空间运动体为对象，主要研究其在飞行过程中所受的力以及在力作用下的运动特性，并以此为基础开展运动规划和运动控制研究，内容涉及轨道动力学与控制、轨道设计与优化、姿态动力学与控制、机构与结构动力学与控制、刚柔液耦合动力学与控制、空间内外环境扰动分析等诸多分支。

航天动力学与控制学科以航天工程需求为牵引，具有清晰的应用背景，在融合交叉其他学科理论和方法的基础上，发展了特有的动力学建模、分析、实验和控制的理论方法与技术，并应用于评估航天器动力学特性优劣和控制系统设计有效性，为航天器总体方案设计与优化、构型选择、控制系统设计、地面测试与试验、在轨飞行故障诊断与处理等提供依据。航天动力学与控制学科在航天工程各环节均发挥着重要作用，是航天任务顺利执行的基础和支撑。

进入 21 世纪，伴随着载人航天、深空探测、空间基础设施以及先进导弹武器等一系列重大航天工程的实施，对航天动力学与控制学科的新的重大需求不断涌现，为学科发展提供了源源不断的动力；另一方面，实验观测手段的丰富和计算仿真能力的提升也为学科发展提供了有力的保障。同时，以人工智能、数字孪生、先进材料、先进测试技术等为代表的新兴学科与航天动力学与控制学科催生出新的学科交叉点，前沿创新研究不断涌现。人工智能技术基于存储、记忆、预训练的应用模式为航天动力学与控制学科传统难题的解决提供了新途径：机器学习算法可以显著提升航天任务设计优化的效率；深度学习算法用于构造智能动力学模型、求解动力学反问题、提升动力学建模效率；强化学习则提升了航天器控制的自主性和智能化水平，为实现自主智能飞行打下基础。在学科交叉创新的推动下，航天动力学与控制学科历久弥新，不断焕发出勃勃生机。

2016年4月24日，习近平总书记在首个"中国航天日"作出了"探索浩瀚宇宙，发展航天事业，建设航天强国，是我们不懈追求的航天梦"的重要指示。党的十九大报告和二十大报告进一步强调了建设航天强国的重要性，对加快建设航天强国作出重要战略部署，为我国航天科技实现高水平自立自强指明了前进方向。

为全面提升进出空间、探索空间、利用空间的能力，我国航天重大战略任务正在有序推进，重型运载火箭研制、新一代空间基础设施建设、空间站建设、探月工程和载人登月、行星探测和太空资源开发将逐步实施，这些重大航天任务都对航天动力学与控制学科提出了更多的新问题和新挑战。

《航天动力学与控制系列丛书》面向航天强国建设的战略需求，集中梳理和总结我国航天动力学与控制领域的优秀专家学者在理论方法和重大工程的研究和实践成果，旨在为我国航天动力学与控制学科的发展和国家重大航天工程研制提供理论和技术的支持与参考。丛书基本涵盖所涉及的航天动力学与控制领域的焦点问题，聚焦于轨道动力学、轨道优化与任务设计、姿态动力学与控制、编队与集群动力学等方向，着力阐述动力学原理、演化规律和控制方法，强调理论研究与工程应用及实践相结合。纳入新材料、柔性体、弹性体等前沿技术，依托高校的创新科研成果，充分反映当前国际学术研究前沿，以"新"为特色，厘清理论方法的发展脉络，为未来技术创新提供学科新方向。同时，依托科研院所参与国家重大航天工程的一手认识和体会，系统阐述航天工程中航天动力学与控制理论方法的应用和实践案例，为未来学科发展提供技术新牵引。

当前，我国正处于全面建设航天强国的关键时期，对航天动力学与控制学科的创新发展提出了更高的要求。本丛书的出版，是对新时代航天动力学与控制领域理论发展和实践成果的一次重要梳理，也为该学科未来的理论研究和技术突破启示了可能的空间。相信本丛书可以对我国航天科技领域学术繁荣和创新发展起到良好的促进作用。

2023年5月

前言

蝴蝶扇动翅膀,可于异地引起一场龙卷风。微振动对于高精度航天器而言犹如蝴蝶效应,哪怕振动极其微小,对于在轨航天器也可能产生致命影响,导致载荷性能降低甚至失效。随着我国高精度航天器的发展,微振动的研究也越来越受到重视,各种微振动分析、测量以及控制的新方法层出不穷,诸多航天器也进行了各类微振动测量和抑制措施的搭载飞行。在我国迈向世界航天强国的关键时刻,为更好地支撑高精度航天器的发展,更广地扩充微振动专业技术的内涵,我们组织相关微振动专业技术人员编撰本书,以期为从事相关技术的工程师及学生提供参考和借鉴。

本书将微振动的最新研究进展和工程实践相结合,试图通过更实际的案例向读者展示微振动的发展历程和技术方法。其内容包括微振动最新进展、微振动的主要影响、低频部件的微振动测量和辨识方法、低频部件的微振动控制方法、高频微振动的抑制方法、微振动主动控制方法、微振动试验方法等,较为详尽地为读者解释了微振动在航天器中所扮演的角色,以及相关测量、辨识和控制方法。第1章绪论,主要介绍了微振动的主要来源和基本影响,并对微振动的最新研究进展进行了归纳总结;第2章微振动对航天器的影响,主要从航天器姿态以及对载荷成像的影响出发进行了论述;第3章挠性结构低频微振动测量与辨识,主要对航天器的低频挠性部件的振动测量和模态辨识进行了介绍;第4章将低频微振动抑制技术分为被动、半主动和主动低频振动抑制技术进行介绍;第5章高频微振动抑制技术,针对星上典型的高频振源微振动的控制方法进行阐述;第6章微振动主动隔振技术,主要对载荷的接触式和非接触式技术进行论述;第7章微振动试验技术,主要对地面微振动试验验证方法和在轨微振动测量方法进行了介绍。其中,第1章和第2章内容是后续章节的基础;第3章~第6章集中介绍了微振动抑制、辨识的方法,主要分为低频和高频激励以及主动和被动控制方法分别进行介绍,让读者对微振动抑制有较为全面和深刻的了解;第7章是试验部分，是前序章节的验证方法，也是有效补充。期待读者通过本书的阅读可以全方位、系统性地了解微振动研究工作。

本书是笔者对微振动专业技术的最新梳理，也是对所从事领域以及工程实践的精心总结。主要编写人员为周徐斌和刘兴天。此外，罗达在第1章、冯恩升在第2章、姚赛金在第3章、朱琛在第4章、应敏晓和赵发刚在第5章、喇启云和周丽平在第6章、周春华和叶子龙在第7章内容的编写过程中贡献了大量精力。同时，感谢李昊、谢步亮等在材料收集、学术讨论、图表绘制和公式编写上付出了大量时间。

微振动技术随着航天器的复杂化和高精度化会持续发展，在此过程中亦会出现大量的微振动测试和抑制新技术。本书是对最近研究进展的总结以及过去工程实践的归纳，希望为读者提供一个对微振动较为全面的介绍以及最新的工程实际设计的参考。相关专业的读者可以参考其中的基本概念及工程实例，提升自身的专业技术和工程能力。

受限于笔者之能力，本书的观点难免有不妥之处，恳请读者批评指正，使之完善提高。

著者

2023 年 10 月

目录

第5章　高频微振动抑制技术 —————————— 133

符号表

第 2 章

符　号	定　义
t_e	积分时间
d_{max}	最大像移
d_{min}	最小像移
d^*	曝光时间内的像移
D	正弦振动振幅
T_0	正弦振荡周期
J_0	零阶贝塞尔函数
θ_{rms}	跟踪误差均方根
$R(f)$	跟踪系统误差传递函数

第 3 章

符　号	定　义
n	自由度
ξ	阻尼比
ω	圆频率
θ	相位角
s	奇异值

第 4 章

符　号	定　义
K	响应面法磁感应强度预测模型结构变量数量

符　号	定　义
x_i	响应面法磁感应强度预测模型结构变量
β	响应面法磁感应强度预测模型常数系数
R_2	响应面法磁感应强度预测值与真实值差异程度
y_{rp}	响应面模型预测的磁感应强度值
y_i	有限元仿真得到的磁感应强度值
$\overline{y_i}$	有限元仿真得到的磁感应强度平均值
m_1	激励作用对象
m_2	隔振对象
x_1	位移激励
x_2	位移响应
$\dot{x}_1$	m_1 速度
$\dot{x}_2$	m_2 速度
$\dot{x}_{21}$	m_2 与 m_1 速度差
F_{sky}	理想天棚阻尼力
C_{sky}	理想天棚阻尼系数
F_{mag}	磁流变阻尼力
C_{mag}	磁流变阻尼系数
C_{max}	最大阻尼系数
C_{min}	最小阻尼系数
K_1	三参数阻尼系统主刚度
N	三参数阻尼系统刚度比,即附加刚度比主刚度
C	三参数阻尼系统阻尼系数
K_p	PID控制中的比例控制系数
K_i	PID控制中的积分控制系数
K_d	PID控制中的微分控制系数
$\boldsymbol{\rho}_{k0}$	柔性体未变形时的位置矢量
$\boldsymbol{\rho}_k$	柔性体变形后的位置矢量
h_k	柔性体节点
$\boldsymbol{\Phi}_k$	柔性体振型

符 号	定 义
$\boldsymbol{h}_k$	柔性体节点位移
$\boldsymbol{\eta}_k$	模态坐标向量
$\boldsymbol{v}_k$	柔性体节点速度
$\dot{\boldsymbol{v}}_k$	柔性体加速度
T	柔性体动能
U	柔性体应变势能
$\boldsymbol{B}_t$	负载平台与大挠性体的平动耦合系数
$\boldsymbol{B}_r$	负载平台与大挠性体的转动耦合系数
$\boldsymbol{K}_k$	第 k 个节点的刚度矩阵
$\boldsymbol{\Lambda}^2 = \mathrm{diag}(\omega_1^2\ \omega_2^2\ \cdots\ \omega_N^2) \in \mathbb{R}^{N \times N}$	柔性体的各阶模态频率矩阵
$\boldsymbol{\xi} = \mathrm{diag}(\xi_1\ \xi_2\ \cdots\ \xi_N) \in \mathbb{R}^{N \times N}$	柔性体阻尼系数矩阵
O_p	负载平台质心
O_q	基础平台质心
$\boldsymbol{p}_i$	负载平台质心到万向铰的矢量
$\boldsymbol{q}_i$	基础平台质心到万向铰的矢量
q_{ui}	上作动单元的质心到对应上铰点的距离
$\boldsymbol{l}_i(i=1,2,\cdots,6)$	第 i 个作动单元向量
L_i	作动单元长度
$\boldsymbol{g}_i$	作动单元的单位向量
$\boldsymbol{r}_{p_i}$	万向铰的位移
$\boldsymbol{r}_{q_i}$	球铰的位移
$\dot{\boldsymbol{r}}_{p_i}$	万向铰的速度
$\dot{\boldsymbol{r}}_{q_i}$	球铰的速度
$\ddot{\boldsymbol{r}}_{p_i}$	万向铰的加速度
$\ddot{\boldsymbol{r}}_{q_i}$	球铰的加速度
$\dot{\boldsymbol{\omega}}_p$	负载平台的角加速度
$\dot{\boldsymbol{\omega}}_q$	基础平台的角加速度
$\boldsymbol{\omega}_i$	作动单元的角速度垂直于轴向的分量
$\dot{\boldsymbol{\omega}}_i$	作动单元的角加速度垂直于轴向的分量

符　号	定　义
$\dot{l}_i$	作动单元轴向伸缩的速度
$\ddot{l}_i$	作动单元轴向伸缩的加速度
$\boldsymbol{J}_p$	六条作动单元对基础平台的雅克比矩阵
$\boldsymbol{J}_q$	六条作动单元对载荷平台的雅克比矩阵
$\dot{\boldsymbol{r}}_{ui}$	上作动单元质心处速度
$\dot{\boldsymbol{r}}_{di}$	下作动单元质心处速度
$\boldsymbol{a}_{ui}$	上作动单元质心处加速度
$\boldsymbol{a}_{di}$	下作动单元质心处加速度
$\boldsymbol{g}$	重力加速度
$m_{ui}\boldsymbol{g}$	上作动单元所受的重力
$m_{di}\boldsymbol{g}$	下作动单元所受的重力
$\boldsymbol{f}_{ui}$	负载平台对上作动单元的约束力
$\boldsymbol{f}_{di}$	基础平台对下作动单元的约束力
$\boldsymbol{f}_i$	上下作动单元间的作用力
$\boldsymbol{I}_{ui}$	上作动单元惯量矩阵
$\boldsymbol{I}_{di}$	下作动单元惯量矩阵
c_{pi}	万向铰的阻尼系数
c_{qi}	万向铰的阻尼系数
m_p	刚体平台的质量
m_s	柔性体的质量
$\boldsymbol{I}_p$	负载平台绕其质心的转动惯量张量矩阵
$\boldsymbol{I}_s$	柔性体绕负载平台固连坐标系的转动惯量矩阵
$\boldsymbol{r}_s$	质心在惯性系下的位置矢量
$\boldsymbol{a}_p$	质心加速度
$\boldsymbol{f}_\eta$	柔性体振动产生的干扰力
$\ddot{\boldsymbol{\eta}}$	模态加速度
$\boldsymbol{M}_\eta$	柔性体振动产生的干扰力矩
k_i	作动器的刚度系数
c_i	阻尼系数

符 号	定 义
f_{ai}	作动器音圈电机的驱动力
f_i	作动器的轴向输出力
$\boldsymbol{L}$	六个作动器的实时长度
$\boldsymbol{L}_0$	六个作动器的标准长度
$\boldsymbol{M}_p$	载荷平台系统的总质量矩阵
$\boldsymbol{m}_{sr}$	柔性体的静矩
m_p	负载平台质量
m_s	柔性体质量
$\boldsymbol{K}_{pp}$	作动器对柔性体质心的刚度矩阵
$\boldsymbol{K}_{bb}$	作动器对卫星本体质心的刚度矩阵
$\boldsymbol{K}_{pb}$	作动器对柔性体质心的耦合矩阵
$\boldsymbol{K}_{bp}$	作动器对柔性体质心的耦合矩阵
$\boldsymbol{K}_{p\eta} = \mathrm{diag}\{\omega_1^2 \quad \omega_2^2 \quad \cdots \quad \omega_n^2\}$	大柔性体的模态刚度矩阵
$\boldsymbol{C}_{p\eta} = \mathrm{diag}\{2\xi_1\omega_1 \quad 2\xi_2\omega_2 \quad \cdots \quad 2\xi_n\omega_n\}$	大柔性体的模态阻尼矩阵

第 5 章

符 号	定 义
$\boldsymbol{F}_s$	不平衡力
$\boldsymbol{M}_d$	不平衡力矩
m_s	静不平衡质量
r_s	不平衡质量与旋转轴的距离
M_d	动不平衡质量
r_d	不平衡质量与旋转轴的距离
l	偏离轴向距离
θ_s	静不平衡量引起的动态力矩的初始相位
θ_d	动不平衡量引起的动态力矩的初始相位
δ_0	初始框架角
f_i	轴承内圈转速
f_o	轴承外圈转速

符　号	定　义
z	滚珠数
f_e	保持架旋转频率
f_{ri}	保持架通过内圈频率
f_{bi}	滚动体通过内圈频率
f_{bo}	滚动体通过外圈频率
U_e	等效质量不平衡量
Ω_r	保持架或滚珠的转动角速度
D_b	滚珠直径
D_m	轴承节径
α_f	接触角
k	弹簧刚度系数
c	阻尼系数
x	被隔对象位移
u	基础位移
ω	基础激励角频率
ξ	阻尼比
Ω	频率比
ω_n	固有频率
$G(s)$	位移传递函数
T	位移传递率
N	三参数隔振器的刚度比
f	运动副自由度
c	运动副提供的约束数目
n	可动构件数目
g	运动副数目
t_p	上平台质心在$\{G\}$系中的位置矢量
$\boldsymbol{p}_i$	上平台各铰点在$\{P\}$系中的位置矢量
$\boldsymbol{b}_i$	下平台各铰点在$\{B\}$系中的位置矢量
$\boldsymbol{t}_i$	各支腿在$\{G\}$系下的位置矢量

符　号	定　义
$\boldsymbol{R}_0$	上平台和质量负载的综合质心在{P}系中的位置矢量
$\boldsymbol{\omega}_\mathrm{p}$	上平台角速度
$\boldsymbol{\alpha}_\mathrm{p}$	上平台角加速度
$\boldsymbol{\omega}_\mathrm{b}$	下平台角速度
$\boldsymbol{\alpha}_\mathrm{b}$	下平台角加速度
$\boldsymbol{I}_\mathrm{p}$	上平台和制冷机在{G}系中的惯量矩阵
$\ddot{\boldsymbol{q}}_\mathrm{c}$	上平台和制冷机的质心在{G}系中的加速度
$\boldsymbol{R}$	上平台和制冷机的质心在{P}系中的位置矢量
$\boldsymbol{F}_i$	上支腿作用在上平台的作用力
x_{di}	第 i 条支腿阻尼单元与其串联的弹簧单元中间连接点的压缩量
$\boldsymbol{K}_\mathrm{p}$	等效刚度矩阵
$N_i k_i \boldsymbol{M}_\mathrm{p}$	等效质量矩阵

第 6 章

符　号	定　义
m	负载平台质量
k	刚度
c	阻尼
F	反馈力
x_2	隔振对象的位移
ω_n	系统共振角频率
H	反馈增益
U_1	纵振的振幅
U_2	弯振的振幅
ω	振动角频率
α	纵振的初始相位
β	弯振的初始相位
δ	作动器位移
u	驱动电流

符　号	定　义
K	巨磁致伸缩棒料的特征参数
d	压电堆等效压电系数
ϕ	电势差
U	驱动电压
I	线圈电流
L	线圈电感
R	线圈电阻
B	磁感应强度
l	线圈有效长度
y	电机输出位移
$\mathbf{H}$	载荷平台上的激励输入点和结构响应输出点之间的跨点导纳
$\mathbf{h}_{d11}$	隔振装置在支腿局部坐标系中的传递矩阵
$\mathbf{X}_{dO}$	支腿的输出力和位移
$\mathbf{F}_{dO}$	支腿的输出力
$e(n)$	误差信号
$y(n)$	滤波器输出
$d(n)$	期望信号
$S(z)$	第二通道的传递函数
$w(z)$	滤波器权向量
J	性能函数
F_{z1}、F_{z2}、F_{z3}、F_{z4}	垂向作动力
S_{z1}、S_{z2}、S_{z3}、S_{z4}	垂向传感器测量值
F_{x1}、F_{x2}、F_{y1}、F_{y2}	水平作动力
S_{x1}、S_{x2}、S_{y1}、S_{y2}	水平传感器测量值
k_x、k_y、k_z	金属螺旋弹簧三向刚度
c_x、c_y、c_z	金属螺旋弹簧三向阻尼
$O_p - X_p Y_p Z_p$	负载平台坐标系
$O_c - X_c Y_c Z_c$	有效载荷坐标系
$O_b - X_b Y_b Z_b$	基础平台坐标系

符 号	定 义
r_p	负载平台质心位置矢量
r_b	扰动矢量
f	有效载荷所受的力矢量
M_p	负载平台质量矩阵
C_p	负载平台阻尼矩阵
K_p	负载平台刚度矩阵
M_b	基础平台质量矩阵
C_b	基础平台阻尼矩阵
K_b	基础平台刚度矩阵
T_f	作动器转换矩阵
T_s	传感器转换矩阵
M^*	模态质量阵
C^*	模态阻尼阵
K^*	模态刚度阵
K_I	速度反馈系数
$\omega_{control}$	闭环系统的自然频率
$\xi_{control}$	阻尼比
θ	浮动平台围绕 x、y 和 z 轴的旋转角
r	浮动平台相对于基台的初始位置
ω	浮动平台坐标系中的角速度
α	浮动平台坐标系中的角加速度
$^{(S/F)}\Gamma$	惯性平台坐标系到浮动平台的变换矩阵
R_0	惯性坐标系下基台坐标系原点的矢量
J_F	浮动平台坐标系中浮动平台围绕质心的转动惯量
F_A	磁浮作动器的作动力
f_d	外界干扰力
P^T	浮动平台坐标系 F_0 中六个驱动的方向矩阵
R^T	浮动平台坐标系 F_0 中六个驱动力作用点的位置矩阵
F_{SA}	三个两轴磁浮作动器的合力在惯性坐标系中的表示

符　号	定　义
$\boldsymbol{M}_{SA}$	总扭矩
$\boldsymbol{P}_N$	分区对角矩阵
$\boldsymbol{F}_v$	扰动力
$\boldsymbol{F}_{vlower}$	扰动的下限
$\boldsymbol{F}_{vupper}$	扰动的上限

第 7 章

符　号	定　义
$m(t)$	扰动力或者扰动力矩
n	模型中的谐波数
C_i	第 i 次谐波的幅值大小
f_r	反作用轮的转频
h_i	第 i 次谐波数
$f_k(k\Delta t)$	扰动力或者扰动力矩
N	扰动模型中的谐波数
A_n	第 n 次谐波的幅值大小
ω	力矩陀螺角速度
φ_n	随机相位,$[0,2\pi]$
f_a	转频引起的频率
$a(t)$	调幅信号
$b(t)$	调频信号
$A_{n,m}$	调幅信号中各调制成分的调制因子
$B_{n,m}$	调频信号中各调制成分的调制因子
f_n	转频
$\boldsymbol{d}$	热颤振的扰动力矩
A	颤振扰动幅值
p_i	第 i 阶颤振频率
φ_i	初相位,$[0,2\pi]$

缩略语表

第 1 章

缩略语	英　文	中　文
SAR	Synthetic Aperture Radar	合成孔径雷达
ESA	European Space Agency	欧洲航天局
LQR	Linear Quadratic Regulator	线性二次型调节器
NASA	National Aeronautics and Space Administration	美国国家航空航天局

第 2 章

缩略语	英　文	中　文
NASA	National Aeronautics and Space Administration	美国国家航空航天局
MTF	Modulation Transfer Function	调制传递函数
TDICCD	Time Delay Integral Charge Couple Device	时间延迟积分电荷耦合器件
CMG	Control Moment Gyro	控制力矩陀螺
ESA	European Space Agency	欧洲航天局

第 3 章

缩略语	英　文	中　文
NExT	Natural Excitation Technique	自然激励法
MMSE	Minimum Mean-Square Error	最小均方误差估计
SVD	Singular Value Decomposition	奇异值分解
ERA	Eigensystem Realization Algorithm	特征系统实现算法
ITD	Ibrahim Time Domain	埃博拉罕时域法

缩略语	英 文	中 文
SSI	Statistic Subspace Identification	随机空间辨识方法

第 4 章

缩略语	英 文	中 文
NuSTAR	Nuclear Spectroscopic Telescope Array	核分光望远镜阵列
JPL	Jet Propulsion Laboratory	喷气推进实验室
MIT	Massachusetts Institute of Technology	麻省理工学院
PWPF	Pulse Width Pulse Frequency	脉冲调宽调频
PID	Proportion Integration Differentiation	比例积分微分
MRF	Magnetorheological Fluid	磁流变液体
ERF	Electrorheological Fluid	电流变液体
MRD	Magnetorheological Damper	磁流变阻尼器
FFT	Fast Fourier Transform	快速傅里叶变化

第 5 章

缩略语	英 文	中 文
JAXA	Japan Aerospace eXploration Agency	日本宇宙航空研究开发机构
BMF	Bio-Metal Fiber	变阻尼隔振装置

第 6 章

缩略语	英 文	中 文
SUITE	Satellite Ultra-quiet Isolation Technology Experiment	卫星超静隔振技术实验设备
UQP	Ultra-Quiet Platform	超静平台
MAIS	Multi-purpose Active Vibration Isolation System	多目标振动隔离系统
ULB	Free University of Brussels	布鲁塞尔自由大学
SSP	Six-axis Stewart Platform	六自由度平台
MVIS	Miniature Vibration Isolation System	微型隔振系统
AFRL	Air Force Research Laboratory	美国空军研究实验室

缩略语	英 文	中 文
STABLE	Suppression of Transient Accelerations By Levitation	悬浮式瞬态加速度抑制系统
ARIS	Active Rack Isolation System	主动机架隔离系统
MIM	Microgravity Vibration Isolation Mount	微重力隔振支座
g-LIMIT	Glovebox Integrated Microgravity Isolation Technology	科学手套箱一体化微振动隔离
MSG	Microgravity Science Glovebox	科学手套箱
PCB	Printed Circuit Board	印刷线路板
CAD	Computer Aided Design	计算机辅助设计
LMS	Least Mean Square	最小均方算法
Fx-LMS	Filtered-x Least Mean Square	滤波 x 最小均方算法
PI	Proportional Integral	比例积分
ISS	International Space Station	国际空间站

第 7 章

缩略语	英 文	中 文
A/D	Analog to Digtial	模数转换
CMG	Control Moment Gyro	控制力矩陀螺
FFT	Fast Fourier Transform	快速傅里叶变换
PSD	Power Spectral Density	功率谱密度
SADA	Solar Array Drive Assembly	太阳帆板驱动机构
SAR	Synthetic Aperture Radar	合成孔径雷达
UPS	Uninterruptible Power Supply	不间断电源

第**1**章
绪　论

通过发展具备更高空间分辨率的载荷,使航天器具有更强的空间探测能力。这不仅促使载荷朝着大口径、大阵面方向发展,同时对载荷的在轨工作环境提出超高稳定度、超高指向精度的超强抗干扰能力要求。然而,由于航天器在轨复杂的动力学环境以及自身的各种干扰源,让获得超低干扰变得更加困难。例如,一些载荷在极低温度下工作,必须搭载大冷量制冷机,这会进一步恶化相机的在轨动力学环境。因此,围绕航天器载荷的超低干扰需求,进行航天器微振动的管理和控制已成为航天器全寿命周期不可回避的重要环节。本章中,首先介绍微振动的概念及影响,并聚焦微振动抑制,对航天器微振动研究进展进行梳理,以期为读者打开航天器微振动技术的大门。

1.1　微振动概念

微振动概念由来已久,通常是指空间在轨微重力环境下量级较低的振动或扰动,频率一般处于零点几赫兹到千赫兹之间。根据频率范围,微振动可以分为超低频的准稳态微振动、较低频率微振动及高频微振动。超低频的准稳态微振动在航天器方面主要体现为刚体运动,激励来源包括大气阻力、潮汐力、太阳光压及其他外力。较低频率微振动主要对应航天器上的大挠性部件结构如太阳阵、大挠性天线等的模态,激励来源包括航天器轨道变化、姿态调整、热激励以及宇航员活动等,持续时间从十几秒到百秒不等,更多地表现为姿轨控(姿态轨道控制)动力学。高频微振动主要由航天器上的机械系统产生,包括但不限于动量轮、反作用飞轮、控制力矩陀螺、制冷机和太阳阵驱动系统的步进电机等。这些激励会激发航天器的结构模态,通过结构传递至载荷的敏感部位,对载荷的性能产生极大影响。

1.2　微振动影响

微振动对于航天器性能的影响随载荷的不同而有所差异,但总体上都是降低载荷的性能。由于航天器总体阻尼较小,低频微振动持续时间会很长,导致姿轨控系统控制误差增大,从而影响在轨姿态精度以及定位精度。高频微振动主要由星上机械部件运动引起,因此不能避免,高频微振动会导致光学成像卫星的遥感图像模糊、清晰度降低或失真;对于合成孔径雷达(SAR)载荷,微振动将导致面阵产生平面和指向偏差,从而影响成像效果;对于干涉成像卫星,微振动会导致频谱性能下降;对于激光通信卫星,高频微振动容易导致发射和接收端链接建立困难,激光链路指向不稳定,链路丢失,从而降低通信质量。

微振动对航天器的影响总结在图 1.1 中,该图见于欧洲航天局(ESA)编制的关于航天器机械载荷的分析中。图 1.1(a)是微振动对载荷指向的影响,可以看出,航天器在轨抖动幅值超过 $14.97\mu m$,已经远大于 $5\mu m$ 的指标要求;图 1.1(b)是三幅卫星成像图,对应的状态分别为有微振动影响的图像、经过矫正后的图像和无微振动影响的图像。可以看出,若存在微振动,航天器的成像会发生扭曲模糊。

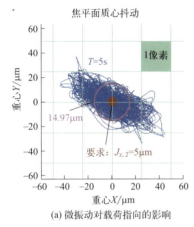

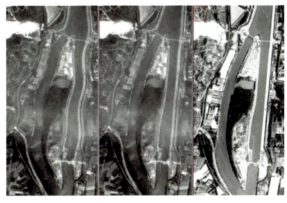

(a) 微振动对载荷指向的影响   (b) 卫星成像图

图 1.1　微振动对整星指向和成像的影响[1]

随着航天器对在轨微振动的要求越来越高,微振动控制已表现为综合预测、管理和控制相融合的一个复杂的多学科问题。抑制微振动主要可以通过减小振源处振动、降低载荷的噪声灵敏度、改变微振动传递路径以及安装隔振装置这四个方面来实现。其中,安装隔振装置是抑制微振动的有效措施,且已成为微振动抑制的主流方法。进一步,根据是否需要外部能量,这些隔振装置可分为主动隔振、被动隔振和半主动隔振。这些隔振技术可以应用在干扰源或有效载荷处,不同的技术适应不同类型的微振动。在本章中,主要对航天器微振动的研究进展进行总结,尤其将焦点集中在微振动的抑制上,将从隔振机理、配置设计、适用性、优缺点以及应用等方面对隔振技术进行介绍,并对一些新兴微振动控制方法进行讨论。

1.3　航天器微振动研究进展

国内学者对于航天器微振动的研究在最近十年取得了长足进步,从微振动对航天器载荷的影响,到微振动建模分析,再到各种微振动抑制方法等方面,均发表了大量的研究文献和成果。其中,"风云四号"卫星总师董瑶海撰写的《航天器微振动:理论与实践》[2]一书就完整论述了航天器微振动的影响、建模、试验以及常用的抑制措施。孟光和周徐斌的综述性文章[3]则侧重对微振动抑制的方法总结,为读者展示了目前航天器工程中微振动抑制成熟技术及微振动控制学术前沿方法。此外,中山大学[4]、北京控制工程研究所[5]、香港理工大学[6]等单位的学者对涉及微振动控制的各类方法,包括被动、半主动和主动控制,进行了详尽的论述。本书的一大重点就是微振动控制,只有进行了良好的微振动控制,才能够为载荷提供安静的工作环境,因此接下来主要对微振动控制方面的最新进展进行论述。

1.3.1 振源处微振动隔离技术

1.3.1.1 被动阻尼器

被动隔振技术广泛应用于航空航天工程中,具有高性能和高稳定性优势,且不需要外部电源,其中典型的被动隔振系统如图1.2所示。该系统可以通过被动阻尼耗散振动能量,并且可以有效隔离高频振动。一般情况下,隔振器的基频或谐振频率越低,隔离性能越好。高性能阻尼器是被动隔振系统设计的一个主要组成部分,主要分为黏弹性材料阻尼器、流体阻尼器、颗粒阻尼器、金属橡胶阻尼器和调谐质量阻尼器等。下面分别对这几类阻尼器进行介绍。

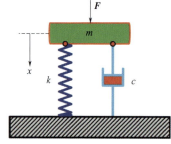

图 1.2 被动隔振系统典型示意图

(1)黏弹性材料阻尼器

黏弹性材料阻尼器通常以阻尼层或阻尼轴承的形式制成。黏弹性材料由长分子链组成,利用长分子链之间的相互摩擦来消耗振动能量。由于黏弹性材料的形状可以是任意的,因此通常可以根据微振动传递路径来黏附使用。例如,如图1.3所示,粘贴在反作用轮内环上、控制力矩陀螺轴承/支座上、桁架结构上等[9]。近年来,随着航天器设计向着材料、结构、功能一体化的方向发展,黏弹性材料阻尼器也被集成到多功能结构中,实现了承载、减振、热控等功能的一体化。该阻尼器的优

(a) 反作用轮总成的隔振系统[7]

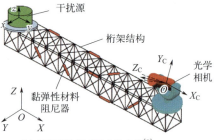

(b) 在桁架结构减振中的应用[8]

图 1.3 黏弹性材料阻尼器应用

点是可以设计材料的形状,并且可以粘贴在航天器结构的局部共振区域。其主要缺点是性能对温度很敏感,因此需要控制安装处温度。黏弹性材料的选择要综合考虑温度、应变和频率性能。此外,黏弹性阻尼材料的排列和粘贴过程决定了系统的性能,因此需要仔细设计。

黏弹性材料阻尼器是为航天应用设计的最便宜的减振方案,大多数航天企业都将其作为主要的阻尼系统。然而,黏弹性材料的性能在很大程度上取决于工作的机械和热环境,具体表现为黏弹性材料响应的频率和温度依赖性,这使得创建黏弹性材料的分析模型依然具有相当大的挑战性。目前,黏弹性材料阻尼器的空间环境适应性问题仍未能很好解决,相关研究的重点主要在黏弹性阻尼材料的布局和材料的选择方法上,其目的是确保黏弹性材料阻尼器能够隔离微振动并满足空间环境的要求。

(2)流体阻尼器

流体阻尼器中的流体在通过时会产生节流损失及沿程损失,从而耗散能量。航天上应用较多的流体阻尼器,如 20 世纪 80 年代美国霍尼韦尔公司设计的 D-Strut 阻尼器[图 1.4(a)],用于隔离反作用轮组件的干扰,已应用于包括哈勃太

(a) 霍尼韦尔D-Strut流体阻尼器

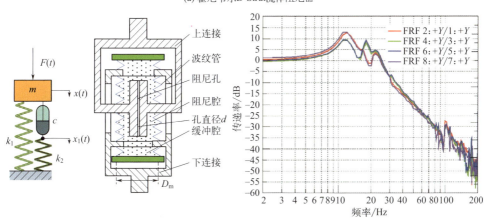

(b)"风云四号"三参数阻尼器及其性能[10]

图 1.4　流体阻尼器

空望远镜在内的多个空间项目,是最早实现空间应用的流体阻尼器之一。流体阻尼器中广泛应用的是三参数阻尼器,其中波纹管提供主刚度,液压刚度作为附加刚度,D-Strut 就是一种经典的三参数阻尼器。三参数阻尼器能够大大降低共振时的放大系数,同时在高频时提供比传统两参数阻尼器更好的减振效果[11]。由三参数阻尼器组成 Stewart 平台可以满足六自由度的微振动隔离,该技术应用于"风云四号"卫星中的动量轮隔振[图 1.4(b)]。除了振源处的隔振,也可以在微振动传递路径上同时安装三参数阻尼器和柔性铰结构,后者可以降低系统的基频,从而获得更理想的性能。

　　流体阻尼器结构简单、可靠性高、性能好,被广泛应用于航天器微振动控制中,但该类阻尼器在实际应用中也存在一些问题:

　　① 阻尼器内硅油的黏度受温度影响显著;

　　② 在真空环境下,内外压差容易造成波纹管的延伸,从而影响阻尼器性能;

　　③ 阻尼器中的波纹管容易在火箭发射段损坏。

　　此外,目前对该阻尼器的建模研究仍然不足,特别是不能很好地解释液压刚度在中高频波段的变化规律。因此,流体阻尼器的设计依然需要进一步研究。

　　(3)颗粒阻尼器

　　颗粒阻尼器中的颗粒通常是金属或者陶瓷材料,通过颗粒之间及颗粒与壁面的碰撞来消耗振动能量,小颗粒的直径范围一般在 0.05～0.5mm。此外,颗粒也可以采用软空心结构,利用颗粒的黏弹性行为来消耗振动能量。颗粒阻尼器的性能与颗粒大小、密度、填充率、振动方式、颗粒堆顶部与端盖间隙等均有关。这些阻尼器结构简单,能够以较小的质量提供宽频振动抑制,而且阻尼器中颗粒运动的随机性可以使其在多个方向上衰减振动。该阻尼器可以安装在卫星框架上,如诺斯罗普·格鲁曼航天公司第七颗卫星 CP7,其载荷悬臂梁处端部与机架连接处采用颗粒为细钨粉的颗粒阻尼器,如图 1.5 所示。对于采用铝蜂窝结构的卫星面板,在蜂窝晶格中嵌入颗粒,则卫星结构也可以消耗部分振动能量。

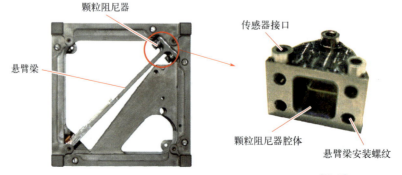

图 1.5　颗粒阻尼器在 CP7 卫星载荷悬臂梁处的应用[13,14]

颗粒阻尼器由于具有概念简单、宽频范围内减振潜力大、性能稳定且温度依赖度低等特点,已成为被动阻尼器中较有吸引力的方案。其主要缺点是可实现的阻尼系数较低,且难以对该阻尼器进行解析建模。目前,颗粒阻尼器主要用于抑制航天器发射过程中的冲击和随机振动,避免损坏航天器内部的精密元器件。有研究表明,在正弦扫描激励下,阻尼器将系统共振峰值降低 98.8%,而在随机激励下,阻尼器将原有共振峰值降低了 69.6%。对于卫星在轨微振动,振幅仅在微米级,可以将固体颗粒和液体混合以增强性能[12],此时可能会对粒径、颗粒密度、填充率等有一些新的要求,这可能与随机振动和冲击的要求不同,目前关于这方面的研究还较少。

(4)金属橡胶阻尼器

金属橡胶阻尼器是较为传统的阻尼器,其是由特殊金属丝制成的垫圈,依靠金属丝之间的摩擦来消耗振动能量。这种特殊金属丝也可以为形状记忆合金,其可以在不发生塑性变形的情况下恢复其原始形状。基于形状记忆合金的金属橡胶阻尼器可以实现可变刚度和阻尼,使阻尼器固有频率和阻尼随激振力的变化而变化,进而有效地隔离微振动、随机振动和冲击振动。例如,可以隔离火箭发射阶段对控制力矩陀螺和反作用轮的冲击,以及在轨微振动,而且这种阻尼器不需要锁定装置,从而可降低系统的复杂性。除了应用在设备外部连接处隔离振动冲击之外,这种垫圈还可以安装在振源内部的旋转部件上,以提供较低的扭转刚度和较高的扭转方向阻尼,从而降低旋转微振动,如抑制航天器天线指向机构活动过程中的微振动。此外,面对航天器微振动隔离装置必须能够承受较大幅度的高低温变化,金属橡胶阻尼器的性能在 500Hz 时表现出很小的温度依赖性,因此具有较广的温度环境适用性[15]。

目前,金属橡胶阻尼器在航天器微振动抑制领域的应用主要集中在地面试验和评估中(图 1.6),尚未见在轨性能评估数据。因此,未来还需要进一步评估其在空间环境中的性能,以及其与其他隔振器组合实现多级隔振的性能。

(5)调谐质量阻尼器

调谐质量阻尼器是一种由质量块、弹簧和阻尼器组成的装置,它附着在主结构上,以减小主结构的动态响应。阻尼器被调谐到一个特定的结构频率,这样当主结构在该频率上被激励时,系统响应呈现出阻尼器大幅振动、主结构小幅振动的特性,能量被作用在结构上的阻尼器惯性力所耗散。使用该类阻尼器不仅可以吸收耗散微振动,还可以控制航天器的模态以远离危险频率。将调谐质量阻尼器集成为一个隔振平台,如图 1.7(a)所示,可以在共振放大和高频衰减之间实现很好的折中。将磁性调谐质量阻尼器和黏弹性材料阻尼器结合,可以减少航天器 80% 以上的微振动,并且可实现航天器的指向稳定性[19]。在一些新概念中,调谐质量阻尼

(a) 动量轮处安装金属橡胶阻尼器[16]

(b) X波段卫星天线安装金属橡胶阻尼器[17, 18]

图 1.6　金属橡胶阻尼器的应用

器还可以在隔离微振动的同时收集振动能量,为卫星上的其他部件提供能量,如图 1.7(b)所示。研究表明,在采集制冷机的振动能量时,输出能量可达 85 W[20]。但这种概念案例尚未有航天应用实例。

(a) 调谐质量阻尼器隔振平台[21]

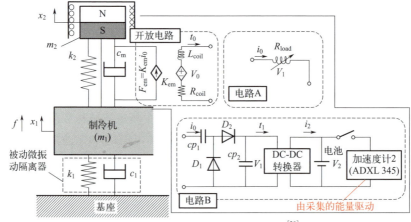

(b) 基于调谐质量阻尼器的电磁能量采集器[20]

图 1.7　调谐质量阻尼器结合能量采集的电路图

同时,被动式的调谐质量阻尼器存在控制带宽窄的特点,需要较大的辅助质量,这大大限制了调谐质量阻尼器在航天器微振动抑制中的应用。

1.3.1.2　主动阻尼器

主动阻尼器实际上是一种力作动器,按照特定规律输出作动力以实现振动控制。主动阻尼器需要通过主动反馈控制,可以调节系统刚度和阻尼以提高隔振效果。相对于被动阻尼器,主动阻尼器能够产生更高效的振动衰减,但需要大量外部能量来驱动,而且可能会引入不稳定问题。主动阻尼器搭配传感器以获得反馈信号,传感器、作动器、控制器等组成主动隔振系统,可以基于不同的主动控制策略在低频区域获得良好的振动隔离。主动阻尼器以音圈阻尼器和压电阻尼器为主流。

(1)音圈阻尼器

音圈阻尼器利用永磁体和线圈绕组产生与电流成正比的力,用来抵消微振动产生的力。作为一种主动隔振器,音圈阻尼器需要相应的控制策略,在不同的控制策略下可以获得不同的隔振效果。例如,采用基于天棚阻尼的控制器,对 5Hz 以上的频率,衰减率能达到 20dB 以上。采用线性自抗扰策略,低频振动可衰减约30dB。基于降阶观测器的线性二次型调节器(LQR)可以将谐振峰值处的加速度幅值降低约 9dB[5]。结合双环耦合控制策略,天宫空间站采用由 8 个音圈阻尼器组成的主动隔振平台,其微振动加速度可衰减 58dB 以上[22]。将音圈阻尼器的线圈和永磁体分别布置在浮动平台和底板上,可实现 0.01~100Hz 范围内的隔振,这可以为空间科学实验提供一个超稳定的平台。此外,主动磁轴承通过提取振动信号,控制电磁力的大小,迫使转子绕其几何中心旋转,从而抑制转子的微振动,目前已应用于国际空间站的二氧化碳去除组件。音圈阻尼器还可以用作指向机构。在月球激光通信演示试验中,音圈阻尼器作为作动器,既能输出运动,又能隔离航天器总线上的微振动。

音圈电机的主要优点是线性度好和控制简单,其在抑制低频微振动方面具有良好的性能,而且其行程通常可达毫米范围,大大超过压电阻尼器的微米范围。在空间应用中,当需要主动控制系统时,音圈电机通常被认为是首选,见图 1.8。然而,这些设备的主要缺点是显著的重量增加和运行所需的高外部能量。此外,由于音圈阻尼器中含有磁性元件,可能会对对磁干扰敏感的星载设备产生影响,因此应用音圈阻尼器时需要进行磁保护设计。

(2)压电阻尼器

压电材料在受到机械应力时会产生电压,而且压电效应是可逆的,这意味着如果施加电压,即相应地会产生机械应力。因此,压电材料既可以用作传感器,也可以用作作动器。例如,进行主动控制时,可使用压电加速度传感器测量微振动,然后将其反馈给压电作动器,使压电作动器产生传统阻尼器的效果,抵消微振动,此

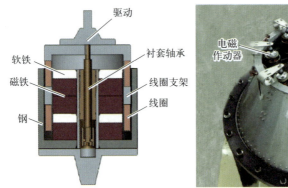

(a) 音圈电机驱动器及其在航天器整体隔振系统中的应用[23]

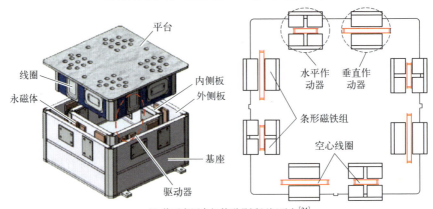

(b) 基于音圈电机的磁悬浮隔振平台[24]

图 1.8　音圈阻尼器的应用

时,压电作动器可直接被称为压电阻尼器。片状的压电作动器和传感器贴于结构表面,如贴于航天器柔性天线表面,可以使柔性天线上的微振动降低 50% 以上[25]。

由于压电纤维复合材料非常薄,减小了压电作动器的安装空间,进而可提高系统集成度。压电作动器也可以用于支腿式作动器装配平台来抑制六自由度的微振动。对于蜂窝夹层结构的卫星面板,在蜂窝夹层板上布置压电分流阵列,在设计频段内通过电磁振荡产生局部谐振带隙。如果微振动的频带位于带隙内,则会抑制微振动的传播,达到减振目的。

虽然压电作动器已经成功地用于各种主动结构的闭环控制,包括梁、板和桁架,但是其目前并没有广泛应用于航天器在轨微振动抑制中,相关工作主要还停留在地面研究中。究其原因:首先,压电作动器需要外部能量,且驱动电压比较高,这对航天器的供配电提出了较高的要求;其次,压电作动器的固有滞回特性,对控制系统的要求较高且可靠性较低;最后,压电作动器虽然在抑制低频微振动方面具有良好的表现,但对中高频振动的抑制效果并不理想。因此,一般将其与其他类型的隔振器联合使用,以实现良好的微振动抑制效果。压电材料在航天器上的应用见图1.9。

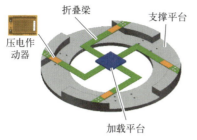
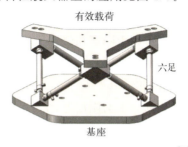

(a) 基于压电作动器的折叠梁微振动控制装置[26]   (b) 基于压电作动器的微振动控制平台[27]

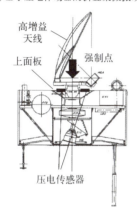
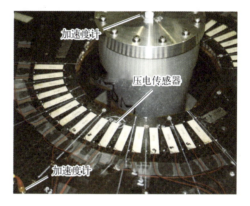

(c) 压电传感器粘贴在卫星柔性天线表面[25, 26]

图 1.9 压电材料在航天器上的应用

1.3.1.3 半主动阻尼器

半主动阻尼器主要通过调节阻尼器的部分参数实现微振动抑制性能的提升,即在被动隔振系统中控制系统的刚度或者阻尼,但不直接控制作动力。即使主动控制执行处于不良状态,半主动阻尼器也是稳定的。整体来说,半主动阻尼器相比被动阻尼器有更好的隔振效果,比主动阻尼器更可靠。半主动阻尼器主要有磁流变阻尼器、负电阻电磁分流阻尼器等。

（1）磁流变阻尼器

在流体阻尼器的阻尼液中增加磁颗粒,再外加磁场实现对磁性颗粒的排列调节,从而改变流体状态,进而改变流体阻尼,因此可以根据输入振动的特性调整外加磁场,进而调整磁流变阻尼器的性能。磁流变液在较宽的温度范围内有优异而稳定的性能,并且在实际操作中,无需过多的外部电源即可实现对磁流变液的控制。该类阻尼器可以灵活用于不同的隔振任务中。首先,针对航天器上太阳翼、柔性天线等柔性附件引起的低频微振动,可以采用磁流变阻尼器来消耗振动能量。例如,对于带有较大柔性天线的SAR卫星,当卫星快速运动时会产生低频振动,并且运动速度越快振动越明显,采用传感器测量天线运动时的位移响应,然后根据获得的频谱特性调整磁流变阻尼器的阻尼系数,可以有效抑制这种振动。其次,磁流变阻尼器也可用于隔离在轨动量轮和反作用轮等引起的微振动。此外,还可用于隔离火箭发射段的振动,有研究表明,安装磁流变阻尼器后可以有效抑制卫星质心处的加速度量级。

相比被动和主动阻尼器,半主动磁流变阻尼器尽管具有反应时间快、功耗要求低等优点,但是,由于一些原因在空间应用中很少采用半主动磁流变阻尼器减振。首先是由于重量的增加,其次是线圈长时间通电容易产生废热,因此产生的温度效应甚至会超过磁场效应,从而导致隔振性能发生变化。此外,在中高频微振动下,也存在磁流变阻尼器高频硬化的现象而不利于微振动抑制,需要根据微振动抑制目标和空间环境选择合适的磁流变液。磁流变阻尼器的应用见图1.10。

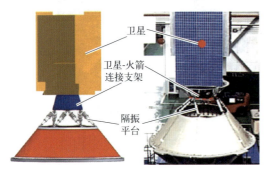
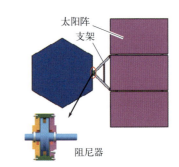

(a) 基于磁流变阻尼器的整星微振动隔振平台[28]   (b) 卫星太阳翼根部安装旋转磁流变阻尼器[29]

图 1.10　磁流变阻尼器的应用

(2)负电阻电磁分流阻尼器

负电阻电磁分流阻尼器通过使用负电阻电路减少磁体的总电阻,从而增加电流,进而增加阻尼力。与传统的电磁阻尼器相比,它可以获得更好的性能。虽然该阻尼器内部的电气系统在工作时需要外部能量,但由于其能量消耗明显小于主动阻尼器,因此本书将其归类为半主动阻尼器。有研究表明,传统的被动阻尼器,传递率的下降斜率只能达到−40dB/decade,然而,对于负电阻电磁分流阻尼器,传递率的下降斜率可以达到−80dB/decade[7]。此外,负电阻电磁分流阻尼器的功耗极低,在航天器微振动抑制领域具有广阔的应用前景。另外,在高频范围内,温度对性能影响很小,非常有利于空间应用。

目前,负电阻电磁分流阻尼器只在地面进行了测试和评估,测试结果显示出非常出色的性能,见图1.11。但该类阻尼器存在质量阻尼比过大的问题。为了获得与流体阻尼器相同的性能,负电阻电磁分流阻尼器的重量至少是流体阻尼器的1.5倍,成本至少是流体阻尼器的5倍。此外,由于使用磁性元件,也需要解决磁屏蔽的问题,因此,对这类阻尼器的设计还需要进行大量的优化工作。

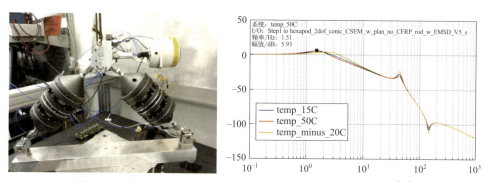

图 1.11　基于负电阻电磁分流阻尼器的隔振平台及其隔振性能[30]

1.3.1.4　主动-被动混合阻尼器

主动-被动混合阻尼器结合了主动阻尼器和被动阻尼器的优点,在微振动抑制表现上更可靠。因此,它也是近年来微振动控制领域的一个重要研究方向。混合阻尼器的主动部分通常包括智能材料作动和电磁作动两类,其中工程中应用较多的分别为压电作动器(智能材料)和音圈电机作动器(电磁)。因此,主动-被动混合阻尼器主要是由这两种作动器与其他被动阻尼器组合而成。

(1)基于压电作动器的混合阻尼器

由于被动阻尼器低频微振动抑制表现往往较差,而主动阻尼器在低频段具有优异的微振动控制表现,两者的结合有望实现对全频段的微振动抑制,如流体阻尼器搭配压电作动器组成混合阻尼器。金属橡胶阻尼器也可与压电作动器进行组合,有研究表明这种混合式减振器在 60Hz 的频率下可以衰减 80% 以上的振动[31],见图 1.12。金属橡胶阻尼器具有成本低、加工简单、在空间环境中不易老化等优点,但是,这种阻尼器是为常规旋转机械设备的隔振而设计的,该类振动的幅值比较大。而微振动的幅值非常小,只有微米量级,金属丝之间是否还能发生有效摩

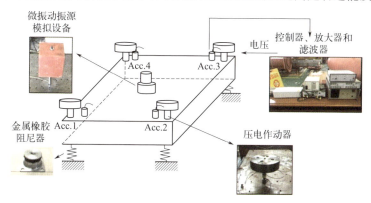

图 1.12　基于金属橡胶阻尼器和压电作动器的混合阻尼器[31]

擦,有待进一步研究。至少在目前,这种混合阻尼器还没有做好空间应用的准备。

(2)基于音圈电机作动器的混合阻尼器

混合阻尼器中如果使用压电作动器作为主动元件,有时受限于压电作动器的行程,无法对较大位移的振动进行良好控制,从而不利于微振动的衰减。而音圈电机作动器作为电磁作动器的代表,具有行程大的特点,可良好应对位移较大的振动环境。Wang 提出了一种结合音圈电机作动器和流体阻尼器的混合隔振装置,如图 1.13 所示,并设计了基于最小均方算法的自适应控制策略,阻尼器的衰减率达到 40dB/decade[32]。然而,隔振平台的阻尼器较多,复杂性太大,很容易导致部分阻尼器失效而影响性能,这是一个值得注意的问题。

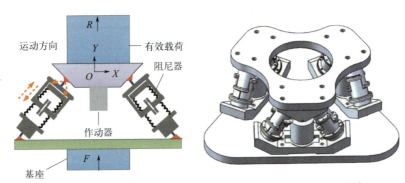

图 1.13   由音圈电机作动器和流体阻尼器组成的隔振平台[32]

在被动阻尼器的基础上引入主动阻尼器可良好地改善系统的振动控制效果。例如,为了进一步提高三参数流体阻尼器的性能,Lee 提出在三参数流体阻尼器的末端串联音圈电机作动器,在三参数流休阻尼器微振动抑制效果差的频段,性能可以得到改善[11]。与纯被动阻尼器相比,引入音圈电机作动器后即使在低频段也可以实现较好的效果。这种隔振器还有一个优点,就是可以通过音圈电机作动器控制末端波纹管的膨胀和收缩,可以防止在高频段腔体内压力过大。

1.3.2   传输路径上的微振动隔离

(1)利用晶格超材料进行隔振

晶格超材料是通过人工设计晶胞结构,然后采用 3D 打印技术制造的材料。这种人工设计的材料具有高比强度、高比刚度和很强的可设计性,通过特殊的设计,可达到抑制振动的目的。该晶格超材料可用于制造承载结构和航天器舱室平台,这将大大降低航天器的质量,因此可以降低发射成本。"前进一号"卫星面板与卫星的质量比为 7.7%,而传统铝蜂窝面板与卫星的质量比为 15%～25%。振动试验表明,该面板能够承受火箭发射产生的振动载荷。

　　传统的实体结构不能隔离传递给系统的振动,而采用点阵结构设计的承重架和安装支架可以实现有效的隔振。如图 1.14(a)所示,当阻尼比为 0.5 时,振动的最大衰减率为 26%。为了提高性能,可以采用基于棋盘设计和梯度设计的金字塔晶格夹层结构。这种点阵结构可以在保持高刚度密度比的同时增强隔振性能。对于航天器内部的振源,可以将振源安装支架设计成点阵结构,以抑制微振动,如"千乘一号"卫星动量轮安装支架采用 3D 打印晶格结构。晶格超材料的应用见图 1.14(b)~(d)。

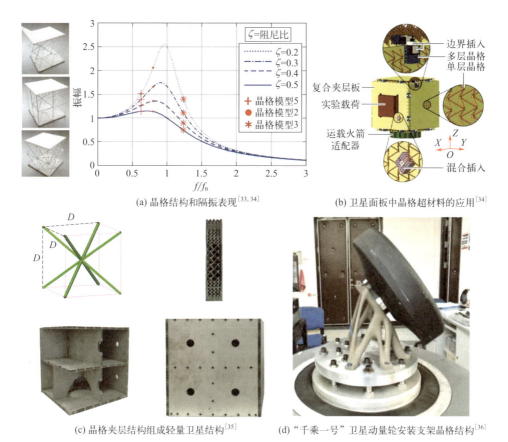

(a) 晶格结构和隔振表现[33, 34]　　　　　　(b) 卫星面板中晶格超材料的应用[34]

(c) 晶格夹层结构组成轻量卫星结构[35]　　(d) "千乘一号"卫星动量轮安装支架晶格结构[36]

图 1.14　晶格超材料的结构和性能及其在减振中的应用

　　晶格超材料结构尚未被专门用于抑制航天器微振动,也没有学者开展相关研究,一个重要的原因是晶格结构的承载能力有限。当用作振源的安装支架时,需要承受火箭发射段的过载,这可能导致晶格结构的损坏和隔振性能的下降。因此,结构强度和隔振性能需要平衡,有必要设计更合理的微元件结构并对其进行优化。

　　(2)基于多功能姿态控制结构的微振动抑制

　　控制力矩陀螺或动量轮作为姿态作动器是航天器微振动的主要来源。因此,如果可以采用具有较低振动水平的姿轨控执行元件来取代控制力矩陀螺或动量轮,可有效缓解微振动的影响。多功能姿态控制结构是一种主动控制方法,可以在进行微振动控制时微调结构的局部姿态,在短时间内保持姿态的同时避免了微振动的产生。

多功能姿态控制结构将分布式压电阵列安装在柔性太阳能电池板上,通过压电作动器的作用使结构收紧或展开,由此产生的动量传递使航天器旋转。与传统的姿态控制硬件相比,它可以实现更高的精度、更高的带宽和更安静的运行。仿真结果表明,该多功能姿态控制结构可以利用航天器的固有特性和被动与主动动力学的平衡,最大限度地减少抖动和稳定时间,从而提高航天器的姿态精度。由于压电阵列的动作需要采用主动控制策略,太阳翼上如果分布着大量的压电片,会使得控制系统更加复杂,因此限制了这种新型结构在航天器上的应用。可采用黏弹性阻尼材料嵌入到多功能姿态控制结构中,实现主动和被动阻尼的结合,从而降低控制系统的复杂性。

目前,多功能姿态控制结构技术还处于概念验证阶段,系统的可靠性还有待验证。该多功能姿态控制结构的主要缺点是应变和旋转能力较小。未来,还需要详细评估该多功能姿态控制结构产生的瞬间加速是否低于控制力矩陀螺或动量轮产生的瞬间加速度。多功能姿态控制结构及其应用见图1.15。

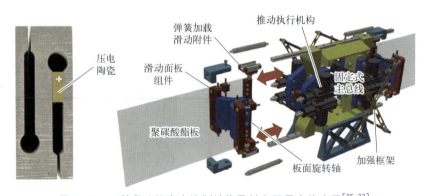

图 1.15 一种多功能姿态控制结构及其在卫星中的应用[25,37]

1.3.3 载荷处的微振动隔离

最新的载荷隔离技术采用非接触方法将航天器上的高精度有效载荷组件与支撑组件分离,该技术是通过音圈阻尼器实现的,最早由 Pedreiro 在 2003 年提出,如图 1.16 所示。该系统可提供低至 0Hz 的隔振,并可实现 50dB 以上的宽带隔振性能,是一种非常理想的隔振方法。上海卫星工程研究所于 2021 年 10 月发射了"羲和号"卫星,并成功验证了载荷扰动隔离技术,其在轨姿态稳定度以及微振动量级表现优异,将我国卫星平台的姿态控制水平提升了 1 至 2 个数量级,达到了国际先进水平。该技术已应用于深空激光通信、空间望远镜等领域。

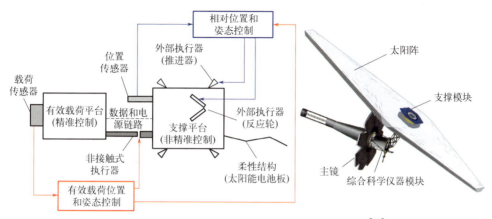

图 1.16　基于载荷扰动隔离技术的航天器系统架构[38]

NASA 的大型紫外光学红外探测器(LUVOIR),采用了载荷扰动隔离技术。对于大于 10Hz 的干扰频率,平动方向隔振性能大于 −110dB,转动方向隔振性能优于 −87dB。设计的综合指向控制系统既能满足 LUVOIR 的视距敏捷性要求,又能实现望远镜的大角度姿态机动。先进技术大口径空间望远镜(ATLAST)将优先采用非接触隔离技术,以满足严格的稳定性要求。洛克希德·马丁公司现在已经在地面上测试和演示了载荷扰动隔离系统的指向性能,并最终将在 2025 年之前使用立方卫星进行小规模演示。

载荷扰动隔离技术可以满足先进航天器超高指向精度和超高姿态稳定度的需求,但目前依然存在一些问题。在载荷扰动隔离系统中,有效载荷组件和支撑组件通过电缆或光纤的脐带连接,会产生脐带力和扭矩,即干扰和振动,可以传递给有效载荷组件,这将降低载荷扰动隔离系统的定位、指向精度和指向稳定性。此外,非接触式执行器有一个反电动势,这也将导致有效载荷组件和支撑组件之间的耦合。脐带和反电动势的存在也容易导致有效载荷组件和支撑组件之间的碰撞。因此,两者之间的碰撞控制是必要的。为了进一步提高载荷扰动隔离系统的性能,可以在支撑组件和航天器总线上引入多自由度柔性结构,从而解决使用音圈阻尼器进行相对平移控制时非接触隔离能力差的问题。

1.3.4　其他微振动抑制方法

(1)振动隔离与传感一体化

在主动隔振系统中,往往需要使用传感器来测量振动,并实时反馈给控制系统。通常,振动感知和振动抑制是相互独立的,这将不可避免地增加系统的复杂性。而将执行器与传感器相结合,同时满足感知微振动和抑制微振动,则可以大大简化系统。其可以用于由于空间和尺寸限制而无法部署大量独立传感器的地方,如航天器天线。自传感隔振器还具有经济、简单、控制系统稳健的优点。例如,电磁阻尼器可以通过测量线圈中产生的反电动势来计算速度和位移,因此可作为自传感隔振器。用这种方法测量的位移或速度精度可以与加速度计和激光位移传感器相媲美。

自传感隔振器能在扰动源处检测到振动,并能更快地对振动进行补偿,从而降低系统的复杂性。因此,该技术对于微振动抑制具有重要的应用价值。但是目前,这种自传感隔振器还没有引起广泛的研究兴趣。其中一个主要原因是振动信号的获取,毕竟这类隔振器并不专门用来测量振动,所以测量的准确性还需要进一步研究。此外,还需要进一步的功耗和可靠性评估以及飞行验证。

自传感隔振器及其隔振性能表现见图 1.17。隔振能力的提升主要集中在共振频率之前。

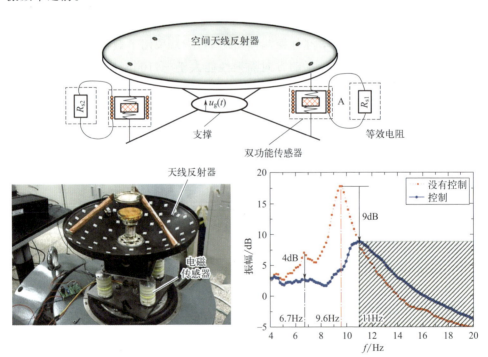

图 1.17   航天器天线上的自传感隔振器及其隔振性能表现[39]

(2)隔振和能量收集的集成

传统的阻尼器通常将振动能量转化为热能耗散,这意味着振动能量被浪费了。如果获取振动能量为一些设备供电,则可以减少航天器的能源消耗。振动能量收集方法包括电磁、压电和借助于磁致伸缩材料。能够实现隔振和集能一体化的隔振装置主要有压电阻尼器和电磁阻尼器。压电元件具有较高的功率密度和良好的集成能力,在振动能量收集领域具有广阔的应用前景。低温冷却器采用两个电磁能量收集器和一个高效转换器,收集的能量可达 95W。压电悬臂阵列也可以集成在机械超材料内部,如图 1.18 所示,振动能量被压电悬臂捕获并转化为电能。为

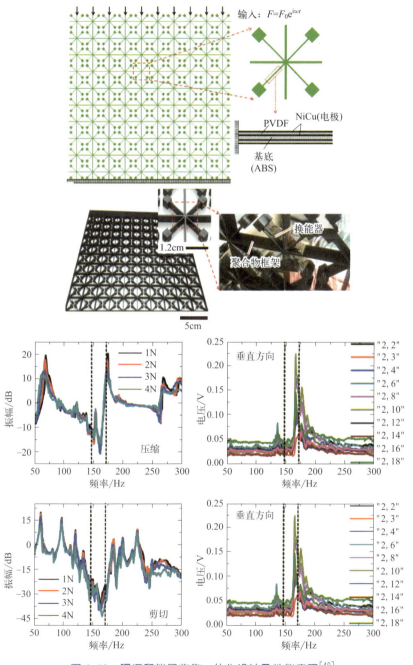

图 1.18　隔振和能量收集一体化设计及性能表现[40]

了实现整个航天器的能量收集,可以利用结构设计产生一个非线性能量阱,减少振动并实现自调节增强的能量收集能力。可以预见,该技术在微振动抑制中具有潜在的应用前景。

然而,基于该技术收集的电能非常有限,只能提供给一些低功耗设备。未来还需要进一步优化这种能量采集器的效率,最大限度地利用微振动能量。

本章小结

本章主要对微振动的概念及影响进行了基本的介绍。此外,着重对微振动控制技术的最新研究进展进行了总结。随着未来航天器的指向性能越来越高,对微振动抑制的能力提出了更高的要求,也对航天器的动力学建模、测试、辨识等提出了新的挑战。目前,仅进行振源隔振基本难以满足下一代高精度航天器的需求,必须结合航天器总体设计来研究解决方案,微振动的控制技术也逐渐走向综合性化、多学科化。

参 考 文 献

[1] Calvi A,Aglietti G,Albus J,et al. Spacecraft Mechanical Loads Analysis Handbook[S]. Paris:ESA,2013.

[2] 董瑶海. 航天器微振动:理论与实践[M]. 北京:中国宇航出版社,2015.

[3] 孟光,周徐斌. 卫星微振动及控制技术进展[J]. 航空学报,2015(08):2609-2619.

[4] Li L,Wang L,Yuan L,et al. Micro-vibration suppression methods and key technologies for high-precision space optical instruments[J]. Acta Astronautica,2020,180(4):417-428.

[5] Jiao X,Zhang J,Li W,et al. Advances in spacecraft micro-vibration suppression methods [J]. Progress in Aerospace Sciences,2023,138:100898.

[6] Liu C,Jing X,Daley S,et al. Recent advances in micro-vibration isolation[J]. Mechanical Systems and Signal Processing,2015,56-57:55-80.

[7] Stabile A. Electromagnetic shunt damper for spacecraft micro-vibration mitigation[D]. Guildford:University of Surrey,2018.

[8] Xu R,Li D,Luo Q,et al. Microvibration suppression of space truss structures using viscoelastic dampers with design parameter optimization[J]. Proceedings of the Institution of Mechanical Engineers,Part G:Journal of Aerospace Engineering,2016,230(3):539-553.

[9] Kawak B. Development of a low-cost,low micro-vibration CMG for small agile satellite

applications[J]. Acta Astronautica,2017,131:113-122.

[10] Meng G,Dong Y,Zhou X,et al. Research on micro-vibration control and testing of FY-4 meteorological satellite[J]. SCIENTIA SINICA Physica, Mechanica &. Astronomica, 2019,49(2):024508.

[11] Lee D O,Park G,Han J H. Hybrid isolation of micro vibrations induced by reaction wheels [J]. Journal of Sound and Vibration,2016,363:1-17.

[12] Gnanasambandham C,Schnle A,Eberhard P. Investigating the dissipative effects of liquid-filled particle dampers using coupled DEM-SPH methods[J]. Computational Particle Mechanics,2019(2):257-269.

[13] Abel J T. Development of a CubeSat instrument for microgravity particle damper performance analysis[D]. Pasadena:Calforina Institute of Technology,2011.

[14] Gnanasambandham C,Fleissner F,Eberhard P. Enhancing the dissipative properties of particle dampers using rigid obstacle-grids[J]. Journal of Sound and Vibration,2020, 484:115522.

[15] Oh H U,Kwon S C,Youn S H. Characteristics of spaceborne cooler passive vibration isolator by using a compressed shape memory alloy mesh washer[J]. Smart Materials and Structures,2014,24(1):015009.

[16] Kwon S C,Jo M S,Oh H U. Experimental validation of fly-wheel passive launch and on-orbit vibration isolation system by using a superelastic SMA mesh washer isolator[J]. International Journal of Aerospace Engineering,2017:1-16.

[17] Oh H U,Jeon S H,Kim T H,et al. Experimental feasibility study for micro-jitter attenuation of stepper-actuated X-band antenna-pointing mechanism by using pseudoelastic SMA mesh washer[J]. Smart Materials and Structures,2015,24(4):045010.

[18] Mok M,Mckinley I,Rodriguez J. Low temperature characterization of mechanical isolators for cryocoolers[C]. Proceedings of the Cryocoolers 20,F,2018.

[19] Maly J R,Yingling A J,Griffin S F,et al. Vibration damping for the Segmented Mirror Telescope[J]. Proceedings of SPIE-The International Society for Optical Engineering, 2012,8450:04.

[20] Kwon S C,Oh H U. Experimental validation of satellite micro-jitter management strategy in energy harvesting and vibration isolation[J]. Sensors and Actuators A:Physical,2016, 249:172-185.

[21] Zhang Y,Zhang J,Zhai G. Vibration isolation platform with multiple tuned mass dampers for reaction wheel on satellites[J]. Mathematical Problems in Engineering,2013(7):1-14.

[22] Xiong M,Li Q,Liu L,et al. Active isolator development of ultra-stable narrow linewidth laser of atomic clock[C]. Proceedings of the 2018 European Frequency and Time Forum (EFTF),F,2018.

[23] Tang J,Cao D,Ren F,et al. Design and experimental study of a VCM-based whole-

spacecraft vibration isolation system[J]. Journal of Aerospace Engineering,2018,31(5): 04018045.1-04018045.12.

[24] Wu Q,Liu B,Cui N,et al. Tracking control of a Maglev vibration isolation system based on a high-precision relative position and attitude model[J]. Sensors,2019,19(15):3375.

[25] Shimose S,Makihara K,Minesugi K,et al. Assessment of electrical influence of multiple piezoelectric transducers' connection on actual satellite vibration suppression[J]. Smart Materials Research,2011(3):686289.

[26] Luo Y,Zhang Y,Zhang X,et al. Modeling and analysis of piezoelectric folded-beam isolator for attenuating micro-vibration in spacecraft[J]. International Journal of Computational Materials Science and Engineering,2018,7(01,02):1850013.

[27] Wang C,Xie X,Chen Y,et al. Investigation on active vibration isolation of a Stewart platform with piezoelectric actuators[J]. Journal of Sound and Vibration,2016,383:1-19.

[28] Cheng M,Xing J,Chen Z,et al. Design,analysis and experimental investigation on the whole-spacecraft vibration isolation platform with magnetorheological dampers[J]. Smart Materials and Structures,2019,28(7):075016.

[29] Shaobo L,Jinlong Z,Junwei S,et al. Design and experiment of magnetorheological rotary damper for solar array vibration Control[C]. Proceedings of the 2016 Chinese Control and Decision Conference(CCDC),F,2016.

[30] Stabile A,Wegrzyn E,Aglietti G S,et al. Design and analysis of a novel hexapod platform for high-performance micro-vibration mitigation[C]. Proc.18. European Space Mechanisms and Tribology Symposium 2019,Munich,Germany,2019.

[31] Shin Y H,Kim T Y,Jung B C,et al. Development of hybrid vibration isolator by inertial-type actuator and wire mesh mount[J]. IEEE/ASME Transactions on Mechatronics, 2019,24(3):1356-1367.

[32] Wang C,Chen Y,Zhang Z. Simulation and experiment on the performance of a passive/ active micro-vibration isolator[J]. Journal of Vibration and Control,2018,24(3):453-465.

[33] Syam W P,Jianwei W,Zhao B,et al. Design and analysis of strut-based lattice structures for vibration isolation[J]. Precision Engineering,2018,52:494-506.

[34] Qi G,Ma L,Bortolotti Rossini M,et al. Vibration of a satellite structure with composite lattice truss core sandwich panels[J]. AIAA Journal,2022,60(6):3389-3401.

[35] Zhang X,Zhou H,Shi W,et al. Vibration tests of 3D printed satellite structure made of lattice sandwich panels[J]. AIAA Journal,2018,56(10):4213-4217.

[36] Zhou H,Cao X,Li C,et al. Design of self-supporting lattices for additive manufacturing [J]. Journal of the Mechanics and Physics of Solids,2021,148:104298.

[37] Vedant V,Patterson A E,Allison J T. Multifunctional structures for spacecraft attitude control[C]. Proceedings of the 2020 AAS Guidance,Navigation,and Control Conference, F,2020.

[38] Pedreiro N,Carrier A,Lorell K,et al. Disturbance-free payload concept demonstration[C]. Proceedings of the Aiaa Guidance,Navigation,& Control Conference & Exhibit,F,2006.

[39] Yan B,Wang K,Kang C X,et al. Self-sensing electromagnetic transducer for vibration control of space antenna reflector[J]. IEEE/ASME Transactions on Mechatronics,2017, 22(5):1944-1951.

[40] Li Y,Baker E,Reissman T,et al. Design of mechanical metamaterials for simultaneous vibration isolation and energy harvesting [J]. Applied Physics Letters,2017, 111 (25):251903.

第 2 章

微振动对航天器的影响

随着我国航天器朝向更高精度方向发展,微振动对航天器的影响逐渐凸显。包括高分辨率对地遥感卫星、激光通信类卫星以及空间站在内的诸多航天器均对微振动环境提出了要求。微振动对航天器的影响也引起了国内外学者的关注,在此领域内进行了大量的分析和研究,也有些学者着重于研究某一特定航天器的微振动影响机理,这些机理也可以为高精度卫星的微振动抑制提供输入。

随着对微振动影响认知的深入,本章主要从两个大方面来阐述微振动产生的影响:首先是将微振动分为低频和高频两个部分,从姿轨控和结构系统角度出发进行介绍;其次是对光学载荷及激光载荷受微振动的影响进行说明。微振动对航天器的影响最主要的结果体现在载荷上,因此,本章还穿插一些学者对这方面的研究进展。

2.1　微振动对整星指向的影响

2.1.1　挠性附件低频振动对整星姿态的影响

卫星挠性附件种类很多,包括并不限于太阳翼、大型天线和其他大型展开式结构体等。这些挠性附件的典型特性是频率较低,容易耦合进姿轨控系统中,挠性附件一般阻尼较低,结构振动被激发后造成长时间振荡,对姿态产生影响。

卫星在轨运行期间外部、内部均存在扰动源。外部扰动源包括太阳光压、地磁、重力梯度等,必须考虑上述扰动源对卫星任务的影响;对于内部扰动源,必须采取措施提高产品和机构的性能,确保输出扰动幅值限制在一定范围内。

卫星姿态轨道控制系统是保证整星姿态动力学稳定的重要环节,以卫星姿态轨道控制系统的截止频率作为分界线,分为高频扰动和低频扰动两部分。若卫星姿态轨道控制的带宽设计在 0.1Hz 左右,则将低于该频率的扰动称为低频扰动,高于该频率的扰动称为高频扰动。以某卫星为例,星上低频、高频扰动源汇总如表 2.1 和表 2.2 所示。

表 2.1　星上低频扰动源汇总表

序号	扰动源	作用形式	频率/Hz	大小
1	重力梯度力矩	三轴	1.5×10^{-4}	$<3.0 \times 10^{-3} \mathrm{N \cdot m}$
2	地磁力矩	三轴	1.5×10^{-4}	$<2.0 \times 10^{-4} \mathrm{N \cdot m}$
3	太阳光压力矩	三轴	1.5×10^{-4}	$<1.5 \times 10^{-4} \mathrm{N \cdot m}$
4	气动力矩	三轴	1.5×10^{-4}	$<3.0 \times 10^{-8} \mathrm{N \cdot m}$

序号	扰动源	作用形式	频率/Hz	大小
5	结构变形（应力释放变形、热变形）	高精度光学成像相机指向精度误差	主要频率：1.5×10^{-4} 等	上百至上千 μrad

注：1.5×10^{-4} Hz 为轨道周期换算的频率。

表2.2　星上高频扰动源汇总表

序号	扰动源	作用形式	频率/Hz	影响
1	控制力矩陀螺	三轴	60、100，还包含若干离散频率和噪声频带	可能对相机成像产生影响
2	红外相机制冷机	单轴	60 及其倍频	影响探测器

当挠性附件频率与卫星姿态轨道控制系统带宽比较接近或者更小时，将会引起星体振荡，严重影响卫星姿态稳定度和成像质量。因此，在卫星整星频谱设计时，一般要求挠性附件基础频率为姿态轨道控制系统带宽的5倍以上。某卫星的星上挠性附件基础频率设计如表2.3所示。

表2.3　星上主要挠性附件的基础频率

序号	主要挠性附件的基础频率	频率/Hz	频率特性	备注
1	姿态轨道控制系统带宽	约 0.1		
2	固定翼太阳阵基频	0.9	低频	
3	贮箱内液体晃动基频	$1 \sim 10$	低频	仅在变轨期间
4	天线基频	4.0	低频	
5	天线转动频率	$< 1 \times 10^{-2}$	低频	

对于挠性附件的低频振动影响，通常需要综合扰动源，通过仿真得到不同频段下的微振动响应结果，再进行评判，而且需要对低频振动进行加严处理。以某型号卫星为例，通过飞轮激励计算的微振动响应如图2.1所示。

低频扰动部分（振动扰动周期大于曝光时间）的约束指标为加严处理后的指标。如图2.2所示，若扰动周期大于曝光周期，则振动幅值对成像质量的影响依赖于相机的初始曝光时间，此时应选择最严格的工况进行指标约束。显然，T_2 时段内的成像要远优于 T_1 时段和 T_3 时段。而对低频振动的约束指标则按照 T_1 时段进行。

挠性附件对姿态的影响还体现在航天器进出阴影时，较大的温差梯度会造成挠性附件的热颤振，由此带来的挠性附件的低频扰动力矩耦合进入姿轨控闭环系

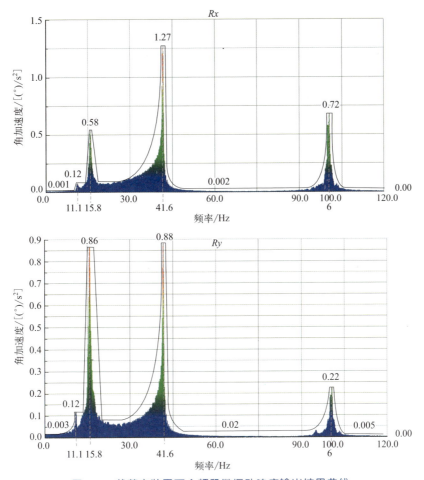

图 2.1　载荷安装界面全频段微振动响应输出结果曲线

统,造成姿态的振荡。较为出名的案例为哈勃太空望远镜,其基本结构如图 2.3 所示,注意其太阳翼的 Bi-Stem 支撑梁是开口薄壁杆件,其在热激励下容易变形,从而造成低频振动。NASA 的工作人员对太阳阵的低频颤振进行了大量的分析和研究,并通过多次在轨操作,将太阳阵换成刚性结构,解决了热颤振的问题。

　　国内的薛明德和向志海[1]在对热致激励研究的综述中,也对哈勃太空望远镜的太阳翼热颤振进行了分析,采用非线性分析模型,很好地给出了热颤振和热屈曲的预测结果,见图 2.4 和图 2.5。

　　挠性附件低频微振动带来的影响不仅体现在热激励下,在卫星姿态机动时,实际上会给挠性附件施加一个冲击激励,此激励也会使挠性附件产生低频抖动,造成稳定姿态的超差,通常需要通过姿轨控算法对其进行抑制,必要时还需要进行主被动隔振措施的施加。

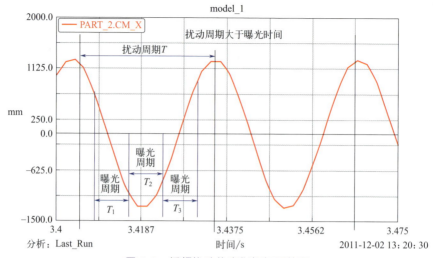

图 2.2   低频扰动约束指标加严处理

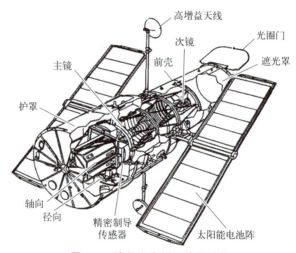

图 2.3   哈勃太空望远镜的结构

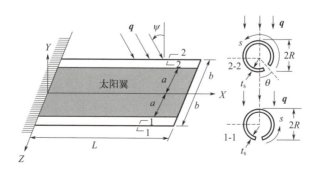

图 2.4   国内学者建立的哈勃太空望远镜太阳翼模型

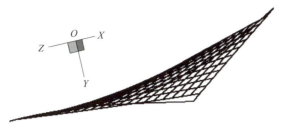

图 2.5　预测的太阳翼变形图

2.1.2　高频振动对整星指向的影响

高频振动会激发星上典型结构,如蜂窝板、碳纤维结构等的振动,从而导致载荷安装部位产生高频抖动,不利于整星指向,但这个指向一般以小幅高频为主,如图 2.6 所示。载荷安装部位的位移幅度和相位不同,从而导致整个结构以平衡位置为中心抖动,通过测量局部安装部位附近的加速度可以大致预估微振动对指向精度的影响。位移幅值和指向之间的关系,由式(2.1)进行初步预测:

$$\theta = \arctan \frac{A}{L} \qquad (2.1)$$

航天器在轨微振动引起的高频指向变化直接对载荷产生影响,NASA 依据对指向的要求,将航天器划分为 L1～L6 六类[2],L6 对应着最高指向精度的航天器,要求其指向精度优于 $0.0001''$,见图 2.7。

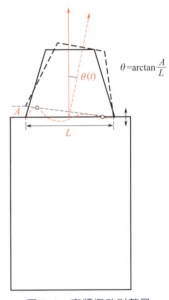

图 2.6　高频振动对整星指向影响示意图

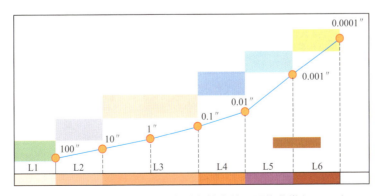

图 2.7　NASA 根据指向精度对高精度航天器的分类(L1～L6)

这六类的基本描述为：

第一级(L1)：稳定度＞100″。微振动指标裕度大，一般不需采取特殊措施。姿轨控考虑挠性附件影响选取适当控制参数。

第二级(L2)：10″～100″。载荷可能会受微振动影响，需开展仿真确认裕度，对动量轮、控制力矩陀螺(CMG)不平衡量需要精确控制。

第三级(L3)：0.1″～10″。微振动对任务成败产生关键影响。需采用准确度较高的模型仿真确认，开展部件级、组件级试验，对动量轮、CMG 进行必要筛选，对制冷机也需采取抑制措施。

第四级(L4)：0.01″～0.1″。实现微振动指标难度增大，需开展细致的系统设计与状态控制，必须开展系统级试验对模型进行修正确认，采取振源隔振措施。

第五级(L5)：0.001″～0.01″。目前可实现的最高水平，对系统设计与状态控制要求较高，应对光路宽频抖动采取分布式测量，直接建立机械系统与光学抖动的关联关系，配置振源与有效载荷两级减振，采用有效载荷主动补偿装置等进行抑制，某些任务需将动量轮、CMG 替换为冷气微推进器。

第六级(L6)：0.0001″～0.001″。国外正在论证的最高水平，均采取冷气微推进姿轨控执行部件，否则微振动抑制的实现难度极高。

高频微振动预测的难点在于进入了 100Hz 以上的频率范围后，系统通过理论及有限元建模方式得出来的响应预测存在极大的不确定度。NASA 推荐的航天器微振动分析测试过程图如图 2.8 所示[2]。

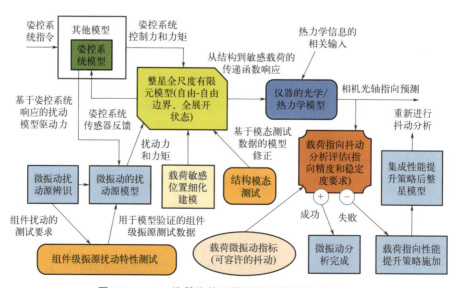

图 2.8　NASA 推荐的航天器微振动分析测试过程图

2.2　微振动对光学相机的影响

2.2.1　微振动对 MTF 影响分析基本原理

对于高分辨率的遥感相机来说,成像过程中的任何一个小的环节都会对成像质量造成影响。以光学载荷为例,相机光学系统自身的稳定性、调制传递函数 MTF、大气抖动、卫星姿态稳定度,以及卫星平台的微振动环境等都会对成像造成影响。虽然在静态条件下相机的分辨率较高,但在卫星在轨运行阶段,由于卫星平台的振动会导致相机的成像质量下降,难以得到高分辨率的地面图像。因此,卫星平台的振动对遥感相机成像质量的影响是一个不可忽视的问题。

在遥感应用领域,调制传递函数(MTF)是光学成像系统的重要综合评价指标。成像系统 MTF 的高低直接影响到成像质量的好坏:MTF 越低,所获得的图像的边缘纹理等细节就会越模糊。对于在轨卫星相机,由于受卫星发射、轨道保持过程中的多次姿态调整、宇宙空间辐射、昼夜温差冲击引起的太阳帆板挠性振动、飞轮振动等恶劣因素的影响,成像性能会逐渐下降,遥感图像质量会逐渐变差。

因此,需要以高分辨率卫星的遥感相机为背景,在保证相机成像质量的前提下,利用调制传递函数 MTF 正确评价相机成像质量,分析计算卫星平台干扰对载荷成像质量的影响,进而提出在满足成像质量的前提下,卫星平台应该满足的姿态稳定度和微振动条件,从而为卫星的控制分系统设计、整星的微振动抑制等提供性能指标与约束条件,指导整星设计。

光学系统设计难以将所有的像差均校正为零,因此,任何一个工程实际使用的光学系统均存在像差。在进行像差校正时,根据光学系统任务,选择最佳的像差校正方案,以及研究残余像差允许保留的量值,这两方面的工作都属于光学系统成像质量评价,即光学像质评价。研究空间载荷的微振动环境需求,需要建立对载荷光学像质的评价方法[2]。

光学像质一般是根据物空间的一点发出的光能量在像空间的分布状况进行评价。使用较普遍的有分辨率、星点法、点列图和光学传递函数。

由几何光学的知识可知,物面上的理想物点经过光学系统所成的像为具有一定宽度的弥散斑。弥散斑的中心位置为物点经过几何成像的位置。弥散斑的归一化能量分布即为该光学系统的传递函数。

成像过程中,当光学系统或物面存在振动时,实际像点的位置会随着振动而发生变化,使传递函数的中心位置偏离理想位置。对于多级积分的时间延迟积分电荷耦合器件(TDICCD),传递函数为各级传递函数的叠加再归一化。因此,振动将导致像点的弥散斑直径变大,中心能量降低,使图像模糊甚至发生几何形变,产生扭曲。

　　如图2.9所示,当存在振动时,物体的像会在像空间运动,像的运动会引起传递函数的空域变化,变化的大小与曝光时间内像移量的大小有关。曝光时间内运动的概率密度函数等价于系统的传递函数。对传递函数的影响也可以分为低频和高频来描述。

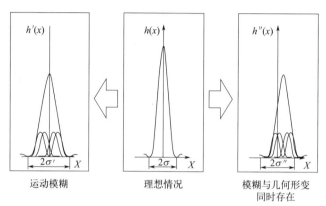

图 2.9　对传递函数影响示意图

　　对于低频正弦运动,在积分时间内的像移量与积分时间长度和正弦运动的初相位有关。如图2.10所示,同样的积分时间 t_e,在 $\pi/4$、$3\pi/4$ 处有最大的像移 $d_{\max}$,在 0、π 处具有最小的像移 $d_{\min}$。

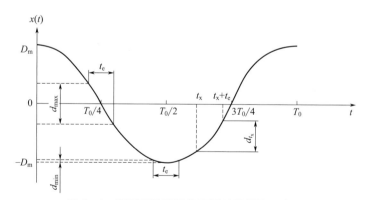

图 2.10　低频正弦运动的不同时段截取示意图

　　曝光时间内像的运动可近似看作线性运动,根据像移量计算其 MTF 影响因子:

$$\mathrm{MTF}=\left|\operatorname{sinc}(\pi f d^{*})\right| \tag{2.2}$$

式中,d^* 代表曝光时间内的像移量。

对于高频正弦运动,在积分时间内,覆盖了正弦运动的多个完整周期,正弦运动的概率密度函数可近似为

$$f_x(x) = \frac{1}{\pi} \times \frac{1}{\sqrt{D^2 - x^2}}, \quad x(t) = D\cos(2\pi/T_0 t) \tag{2.3}$$

其中,D 为振幅,T_0 为正弦振动周期。

由正弦运动引起的调制传递函数为

$$\begin{aligned} \mathrm{MTF}(f) &= \left| \frac{1}{\pi} \int_{-D}^{D} \frac{1}{\sqrt{D^2 - x^2}} \exp(-2\pi \mathrm{j} f x) \mathrm{d}x \right| \\ &= \left| J_0(2\pi f D) \right| \end{aligned} \tag{2.4}$$

式中,J_0 为零阶贝塞尔函数。

在轨微振动对成像质量和定位精度的影响归根结底是由于相机成像的像素产生了像移,尤其对拼接式成像的航天器而言,在成像时间内的像移量直接关系到成像的效果。国内的高分多模卫星要求在轨微振动引起的像移量不超过 0.1 像元,并且采取了振源和载荷两级隔振系统进行微振动的抑制[3]。法国 PHR(图 2.11)(Pleiades-HR 1A/1B)主镜尺寸 650mm,全色谱段采用 5 片各 6000 像元的 TDI 探测器(最大 20 级积分),像元尺寸 $13\mu\mathrm{m}$,地面像元分辨率 0.7m,采用一组 4 台 45N/15Nms 的 CMG 群实现高敏捷能力[滚动/俯仰,60(°)/25s],整星质量 970kg。其静态传函 0.2,在轨实现动态传函 0.09。PHR 在轨通过"StarAcq"观星标定方法测量微振动,并根据实测 CMG 转速和微振动量级之间的关系将 CMG 转速调整到合适值(图 2.12),实施后微振动不影响成像质量,且微振动抑制效果远小于 0.15 像元(全色)的指标要求。

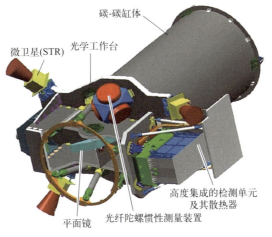

图 2.11　法国 Pleiades-HR 卫星构型示意图[4]

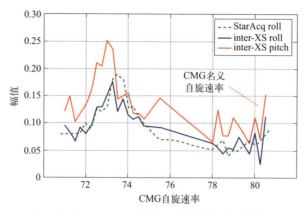

图 2.12　CMG 转速与引起微振动幅值关系图

2.2.2　光学相机在轨微振动特点

微振动通常会引起光学系统中重要光学元件产生抖动,而使光学系统不能保持初始的设计状态,最终导致成像质量的退化[5]。一方面,微振动造成各光学元件产生面形变化和刚体位移;另一方面,微振动引起视轴振动造成视轴漂移和视轴颤振[6]。微振动引发光学器件的抖动会致使初始像面上的像点发生改变,原本应该聚集到一起的像点变成散落在不同位置的像点,从而造成能量分布范围扩大,导致像面光强对比度降低、分辨率下降[7]。高精度卫星相机中的微振动不仅会引发相机光线颤振,还将会引起相机主体结构发生扭摆、光学元件的刚体位移和面形形变等情况,分析由振动造成的这些变化对卫星相机成像质量的影响显得尤为重要[8,9]。

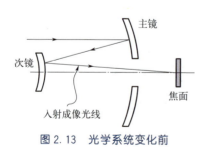

图 2.13　光学系统变化前

图 2.13 和图 2.14 是一个典型的卡塞格林两反式光学系统,从波动光学角度考虑:反射镜的面形局部如果出现矢高方向大小为 ΔL 的变形,将导致反射光的波前局部出现 $2\Delta L$ 的光程差,同时反射镜的刚体位移也将导致系统总的波前差发生畸变劣化。点目标的随机唯一轨迹见图 2.15。在航天光学相机实际成像过程中,微振动是一个动态的过程,探测器在积分时间内图像极易受到微振动干扰而产生退化。微振动的主要特点是多样性、固有性、难控性,其产生的位移一般是微米量级甚至更小,但带来的危害却不可忽视。由于航天光学相机的对地观测距离较远,可能会引起巨大误差并严重影响成像质量[10]。

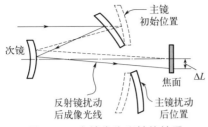

图 2.14　主镜发生光轴偏转后

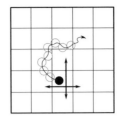

图 2.15　点目标的随机唯一轨迹

目前分析微振动对相机成像影响主要有两种方式：数值理论方法与地面试验方法。Chahira[11] 提出了一种量化微振动估计方法，以 MTF 作为评价指标来评估 Alsat-1B 的成像性能，并采用地面微振动试验结果进行了验证。Lee 等[12] 对光电红外双通道卫星相机进行了研究，对三类重力条件和两类温度环境的成像性能进行了分析，以 MTF 下降比例衡量重力环境和温度变化对光学系统的影响。Janschek 等[13] 对空间相机的光-机系统成像稳定性进行了分析，以星上的一种高速星载光学处理器的实时图像运动和安装在焦面上的双向高精度压电驱动器衡量扰动对光学灵敏度的影响。

随着在航天任务中光学相机对高分辨率的不断追求，微振动已经成为高分辨率光学相机研制过程中必须攻克的难关。光学相机在轨微振动主要有以下特点：

① 多样性：航天光学相机在轨运动期间，扰振源相对复杂，外部空间环境和内部转动部件正常工作等都会造成其幅度较小的往复运动或振荡。

② 固有性：微振动是由航天光学相机内外部扰振源共同作用的，而非设备故障等其他原因造成，是系统的固有特性，无法消除，只能采取相应手段进行衰减或者抑制。

③ 难控性：微振动属于幅度较小的往复运动或者振荡，很难通过姿态轨道控制系统进行测量，频段范围也无法精确控制；此外，频段覆盖零到数千赫兹范围，需要主动控制以及隔振等多种手段组合才能达到预期效果。

航天技术的不断发展使得我们对空间分辨率、系统稳定性以及成像质量的要求越来越高。在这个过程中，航天光学相机的口径和焦距不断增加，相机重量也随之增加，但实际工程中对相机的重量有严格要求，采取轻量化设计会使系统刚度受限，因此光学成像系统对航天光学相机在轨正常工作产生的微振动越来越敏感，在微振动作用下引起成像质量退化。

2.2.3　振源对光学相机的耦合扰动

不同振动特性的振源对光学相机产生的影响不同，相机自身的刚柔结构特性同样会影响相机成像，"振源-安装板-相机"作为一个复杂的耦合振动传递系统，每个环节对光学相机的影响都不可忽略。

对光学相机成像过程中所涉及的微振动建模、测试与分析开展相关研究，能更好地检验空间相机微振动，发展高分辨率对地观测卫星系统。相机光学元件面形和刚体位移的分析方法很多：张军强等[14]构建了一种表征光学镜面面形的正则方程组的方法，以此来求解面形误差；田富湘等[15]通过坐标变换法进行了一次将有限元离散节点数据变换为光学镜面的刚体位移的尝试；王栋等[16]基于 Zernike 多项式实现了光学表面面形的拟合与仿真。为了准确分析微振动对卫星相机成像质量的影响，王红娟[17]提出了一种反映成像质量动态性能的评估指标，采用集成分析法分析了微振动对卫星相机成像的动态影响。

张博文[18]提出一种划分高频、低频振动的方式，将空间相机看作刚体，按照微振动带来相机位移、相机位移引起图像像移、像移导致 MTF 下降的顺序逐层进行分析，形成微振动对刚体空间相机成像影响的数学模型。在坐标系中微振动可以分解为沿滚转轴（推扫方向）、俯仰轴（线阵方向）、偏航轴（光轴方向）3 个方向的平移振动和绕 3 个方向的转动振动，各方向的振动会引起空间相机在该方向上相应的平移或转动位移。3 个方向分别对应坐标系中的 x、y、z 轴。设 D 为微振动振幅。对于高频振动，$T_e > T_0/2$，在积分时间内存在大于 0.5 个振动周期，则振动引起的最小位移量为 D，最大位移量为 $2D$。低频振动的情形要复杂一些。图 2.16 给出了积分时间内低频正弦振动 $x(t)$ 引起的位移量与曝光开始时间 t_s 之间的关系。

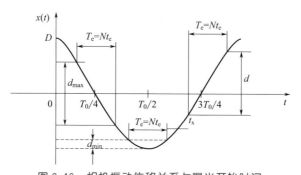

图 2.16　相机振动位移关系与曝光开始时间

平移位移产生的像移可分为沿推扫方向产生的像移、沿线阵方向产生的像移、沿光轴方向产生的像移，如图 2.17 和图 2.18 所示，三种像移量可分别表示为

$$d\mid_{\text{推扫}} = \frac{f}{H}z \tag{2.5}$$

$$d\mid_{\text{线阵}} = \frac{f}{H}y \tag{2.6}$$

$$d\big|_{光轴}=\frac{zl}{H-z} \tag{2.7}$$

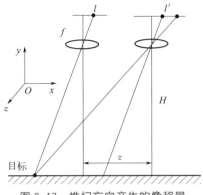

图 2.17　推扫方向产生的像移量

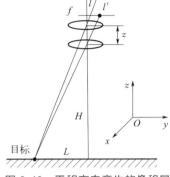

图 2.18　平移方向产生的像移量

根据式(2.5)~式(2.7)可知,沿平移方向产生的像移可忽略不计。

微振动转动方向产生的像移包括垂直于光轴方向转动产生的像移、绕光轴方向转动产生的像移,如图 2.19 和图 2.20 所示。

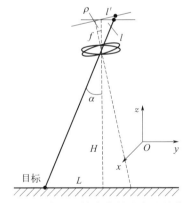

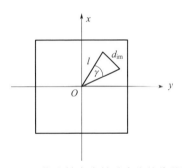

图 2.19　垂直于光轴方向转动产生的像移量　图 2.20　绕光轴方向转动产生的像移量

$$d\big|_{垂直于光轴}=f\alpha \tag{2.8}$$

$$d\big|_{绕光轴}=l\gamma \tag{2.9}$$

转动产生的像移与光学系统焦距成正比,并且越靠近电荷耦合器件(CCD)传感器边缘像移越大。对于单线阵 CCD 相机,它对绕俯仰轴的转动不敏感,可以忽略。但是对于 TDICCD 相机,随着 TDI 级数的增加,其对绕俯仰轴的转动敏感性逐渐增加。CCD 线阵的边缘像元处 l 最大,从而受到的像移影响也最大,从而像移与 CCD 线阵的像元数有关。但是相对镜头焦距,CCD 器件的尺寸要小得多,因此,卫星绕光轴方向转动产生的像移比垂直于光轴方向转动产生的像移也要小得多。

张恒等[19]针对空间制冷机微振动对光学遥感器成像质量的影响难以准确评估的问题,提出了一种制冷机-空间相机的集成建模分析与试验验证方法。利用制冷机的刚性安装测试和自由悬吊测试获取制冷机的扰动载荷,采用一种力过滤方法改进传统的扰动分析过程,集成有限元分析计算光学系统调制传递函数,得出制冷机微振动对空间相机成像的影响。

图 2.21 为制冷机微振动与相机的耦合关系示意图。采用一种基于测试数据的经验模型方法,假设扰动由离散频率正弦谐波组成,时域扰动力模型可表示为

$$F_k = \sum_{r=0}^{N-1} f_r e^{\frac{-i2\pi kr}{N}} \qquad (2.10)$$

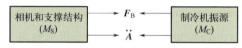

图 2.21 制冷机微振动与相机的耦合关系

固定边界下微振源扰动载荷可分解为两部分:一部分是柔性基础下的微振源自身运动,另一部分则是由微振源传递至支撑结构。若支撑界面存在加速度 $\ddot{\boldsymbol{A}}$,则传递至支撑结构的载荷可表示为

$$\boldsymbol{F}_C = \boldsymbol{F}_B - M_C \ddot{\boldsymbol{A}} \qquad (2.11)$$

根据力过滤方法,可得耦合条件下相机的性能谱密度为

$$\boldsymbol{P} = \boldsymbol{G}_{ZF} \boldsymbol{G}_f \boldsymbol{\phi} \boldsymbol{G}_f^T \boldsymbol{G}_{ZF}^T \qquad (2.12)$$

这种方法能精确辨识制冷机微振动及其传递特性,从而能准确分析空间相机光学载荷的稳定性。

邓长城等[20]结合集成建模法和光线追迹法研究飞轮微振动对相机成像质量的影响。采用集成建模法,建立飞轮微振动的扰动模型、卫星和相机的有限元模型,进行瞬态响应分析,得到 6 个方向力或力矩单独作用下相机各反射镜随时间变化的位移。采用光线追迹法,由反射镜位移和入射光线,根据折射定律计算折射后光线的位置、方向及与光轴的夹角。由此得到像面处的光斑坐标和位移,运用运动统计矩计算系统调制传递函数。

飞轮微振动对相机反射镜的影响包括:

(1)光学成像相机反射镜位移的变化

微振动导致光学元件之间的相对位置发生变化,改变了光学元件之间的理想装调关系,光学成像相机视轴改变,导致物点的成像位置和系统像差的变化,影响成像质量。微振动是一个动态过程,光学元件之间的相对位置的变化也是时变的。

所以,光学元件之间相对位置的变化对成像质量的影响也是随着时间的不同而变化的。

(2)光学元件反射面的面形变化

由于微振动的存在,光学元件的面形发生变化,直接影响成像质量,且微振动造成的面形变化也是时变的,然而,卫星的微振动干扰造成的光学元件面形的变化非常小,可忽略不计。

(3)曝光时间内像点的移动

理想光学系统中,物点成像为一个像点,若光学系统或光学元件发生微振动,根据几何光学知识可知,这个物点在像面上的成像位置必将发生变化,也就是物点将在几个位置成像,使得本应聚集在一点的能量分布在几个点上,造成光强幅值下降,而光的分布范围扩大,成像对比度和分辨率降低。

采用光线追迹法建立光路传输模型,首先要求出镜面产生失调后(即振动后)的位置。光线追迹法在单个失调镜面上的应用如图 2.22 所示,当给出点 1、点 2 失调位移和入射光线方程后,求出失调镜面与入射光线交点,随后用矢量形式的反射定律求出反射光线的方向矢量,从而得出反射光线与光轴夹角。

对于线性光学系统,亮度按空间频率 v 的正弦规律变化的物体,经光学成像后,图像亮度按空间频率 v 的正弦形式变化,但对比度会下降。对比度或称为调制度,定义为归一化的图像最大亮度差,即

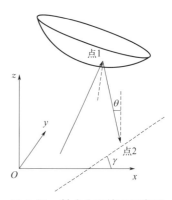

图 2.22　单个失调镜面示意图

$$k = \frac{I_{\max} - I_{\min}}{I_{\max} + I_{\min}} \tag{2.13}$$

光学系统的调制传递函数为空间频率 v 的实值函数

$$\mathrm{MTF} = \frac{k_{\mathrm{imag}}}{k_{\mathrm{object}}} \tag{2.14}$$

结果表明:响应周期与激励周期无关;激励的作用时间长度和采样时间长度均会影响调制传递函数;不同方向振动激励造成的调制传递函数变化的大小不同,而不同方向对包含原光学系统的调制传递函数的影响类似仅振动对调制传递函数的影响;当振动分别作用,My、Mz 值衰减最大,达到 0.1 左右。该方法较理论推导简便快捷,能获取微振动与调制传递函数的关系,为系统优化设计和隔振措施提供参考。

刘涌等[21]将相机视为弹性体,利用有限元软件和 CODEV 建立了结构、光学模型,分析了安装底板 1μm 平移位移以及 0.1″转动位移对相机像移的全谱段影响,并反推得到了相机对安装底板微振动的频域要求。以某分辨率 1m 的相机(像元大小 7μm)为例进行分析。安装底板扰振频率在低于相机基频(107Hz)的区域与高于相机的扰振频率表现完全不同。当扰振频率低于相机基频时,相机才可以近似视为刚体,此时底板产生的平移位移造成光学元件的角位移很小,如图 2.23 (a)中当扰振频率为 36Hz 时,底板平移位移造成主次镜的角位移只有 0.023″,并且底板产生的角位移基本可以相等地传递到相机,见图 2.23(b)。当扰振频率大于相机基频时,此时相机的弹性带来三个影响:一是底板的平移位移开始起作用,使得光学元件角位移迅速增大,见图 2.23(a);二是底板的角位移传递到光学元件时会被放大,见图 2.23(b);三是光路中各镜面之间发生相对运动(角位移不一致),偏离各自理想装调位置。

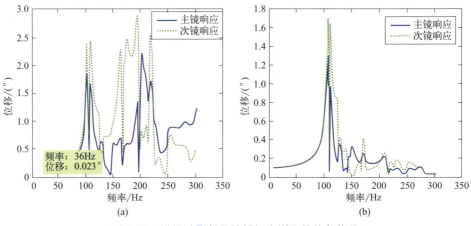

图 2.23　微振动引起柔性相机光学元件的角位移

相机的弹性在高频区造成光学镜之间的相对运动,这种影响比单纯的光轴晃动要复杂得多:首先,光学镜之间的相互运动使得系统不再拥有一个稳定的光轴,传统刚体相机的光轴像移公式不再适用,只能使用 CODEV 软件进行光线追迹来评估光学系统像移;其次,装调关系的破坏会带来像散、球差、彗差等各种像差。图 2.24 给出了使用 CODEV 仿真的次镜偏离装调与光轴晃动的光路图,由图可见,光学镜偏离装调位置后,光线在焦平面上有明显像差。

像移和像差会同时造成 MTF 的下降,但由于相机是运动中成像,一般像移造成的 MTF 下降要远大于像差的影响。例如,某型号相机在积分时间内次镜偏离装调 0.1″,根据 CODEV 测算,失调像差引起的 MTF 下降为 0.89%,而像移引起的 MTF 下降可高达 4.17%。因此可忽略失调造成的像差,仅考虑其中的像移部

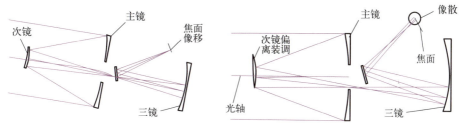

图 2.24　次镜偏离装调与光轴晃动光路图

分。结果显示,以像移不超过 0.35 个像元(像元大小 7μm)为指标,某分辨率 1m 的相机的安装底板在敏感频率处的平移位移幅值不应超过 0.01μm,角位移幅值不应超过 0.003"。该分析可以为总体设计初期提供参考。

南一冰等[22]对成像过程中卫星振动的幅值和频率进行研究,并分析了不同幅值和不同频率对成像产生的影响。樊超等[23]分析了卫星相机中的一类低频正弦颤振与相机位移的关系,并采用卫星动力学模型进行仿真计算,分析了这一类颤振对成像质量造成的影响。徐鹏等[24,25]通过建立微振源在不同幅值和不同频率下的扰振模型,以调制传递函数作为评价指标,分析了微振动对相机成像质量的影响。

2.3　微振动对激光通信卫星的影响

卫星激光通信过程中,由于光束束散角小、传输距离长等原因,微振动影响下的瞄准、捕获和跟踪问题十分突出,可靠的通信链路要求跟瞄精度在微弧度量级[26]。

实际上,一般激光通信终端都对基础的位移有一定的补偿能力,但是受限于控制带宽,补偿调节能力限于几十赫兹的低频,更高频的抖动会造成接收端激光功率的变化,导致误码率升高,从而影响通信质量甚至造成断路。星间激光通信受微振动影响示意图见图 2.25。

我国在对海洋二号卫星[28]的研制中,对微振动进行了在轨测量,积累了宝贵的经验,也为后续同类卫星的研制提供了参考。欧洲航天局(ESA)在对某激光载荷的微振动影响分析中,给出了一个经验公式,该公式用于描述其载荷的角位移功率谱密度指标[29]:

$$S(f)=\frac{160\mu rad^2/Hz}{1+(f/1Hz)^2} \tag{2.15}$$

图 2.25 星间激光通信受微振动影响示意图[27]

进而,卫星微振动给指向带来的误差可以表示为[30]:

$$\theta_{rms} = \sqrt{\int S(f)|R(f)|^2 \mathrm{d}f} \tag{2.16}$$

其中,θ_{rms} 为跟踪误差均方根;$R(f)$ 为跟踪系统误差传递函数。

激光卫星受微振动影响相对于光学系统较为简单,只要保证微振动引起的高频抖动在一定范围内即可以避免微振动的影响。

本章小结

对于高精度的遥感载荷来说,低频和高频微振动对载荷均会产生不利影响,本章首先介绍了微振动对整星指向的影响,进而分为光学相机和激光通信卫星对其影响进行了总结。总的来说,认识微振动对载荷的影响激励是后续有针对性地采取控制措施的基础,期望读者通过本章的学习,能够初步了解微振动影响,有利于后续学习。

参 考 文 献

[1] 薛明德,向志海. 大型空间结构热-动力学耦合分析方法综述[J]. 力学学报,2022,54(9): 2361-2376.

[2] Oscar S A,Cornelius D. Spacecraft micro-vibration:A survey of problems,experiences,potential solutions,and some lessons learned[C]. Pasadena,CA:Jet Propulsion Laboratory,National Aeronautics and Space Administration,2018.

［3］　高行素，王光远，管帅，等．高分多模卫星微振动抑制设计与验证［J］.航天器工程，2021，30（3）：10.

［4］　Greslou D，Lussy F D，Amberg V，et al．Pleiades-HR 1A&1B image quality commissioning：Innovative geometric calibration methods and results［C］.SPIE Conference on Earth Observing Systems，2013.

［5］　王跃，王博，刘世平，等．空间红外遥感相机制冷机微振动对 MTF 影响分析［J］.航天返回与遥感，2015，36（3）：61-68.

［6］　Basdogan I，Elias L M，Dekens F，et al．Predicting the optical performance of the space interferometry mission using a modeling，testing，and validation methodology［J］.Journal of Vibration and Acoustics，2007，129（2）：148-157.

［7］　王红娟，王炜，王欣，等．航天器微振动对空间相机像质的影响［J］.光子学报，2013，42（10）：1212-1217.

［8］　朱俊青，沙巍，陈长征，等．大口径空间相机像质的微振动频率响应计算［J］.光学精密工程，2016，24（5）：1118-1127.

［9］　顾营迎．航天光学遥感器图像终端像质评价方法研究［D］.长春：中国科学院长春光学精密机械与物理研究所，2013.

［10］　黄宇飞，白绍竣，高冀，等．大口径空间光学反射镜面形动力学响应分析［J］.红外与激光工程，2019，48（11）：181-186.

［11］　Chahira S．Estimate of the effect of micro-vibration on the performance of the Algerian satellite（Alsat-1B）imager［J］.Optics and Laser Technology，2017，96：147-152.

［12］　Lee J H，Jung Y S，Ryoo S Y，et al．Imaging performance analysis of an EO/IR dual band airborne camera［J］.Journal of the Optical Society of Korea，2011，15（2）：174-181.

［13］　Janschek K，Tchernykh V，Dyblenko S．Performance analysis of opto-mechatronicimage stabilization for a compact space camera［J］.Control Engineering Practice，2007，15：333-347.

［14］　张军强，董得义，吴清文，等．光学遥感器镜面面形误差及刚体位移处理方法［J］.仪器仪表学报，2011，32（6）：242-247.

［15］　田富湘，何欣．空间光学遥感器光学镜面有限元分析结果的后处理［J］.红外，2014，35（9）：19-22.

［16］　王栋，杨洪波，陈长征．光学表面面形的计算机仿真［J］.计算机仿真，2007，24（2）：298-301.

［17］　王红娟．微振动对空间相机像质影响研究［D］.西安：中国科学院西安光学精密机械研究所，2013.

［18］　张博文．微振动对刚体空间相机图像质量的影响分析［J］.测绘通报，2014（S0）：65-69.

［19］　张恒，李世其，刘世平，等．一种影响空间相机成像的制冷机微振动分析方法［J］.宇航学报，2017，38（11）：1226-1233.

［20］　邓长城，安源，母德强，等．飞轮微振动对空间相机调制传递函数的影响［J］.光子学报，

2016,45(01):139-146.

[21] 刘涌,王巧霞,孙欣,等.高分辨率相机对安装底板微振动幅值的要求分析[J].航天返回与遥感,2017,38(02):27-33.

[22] Nan Y B,Tang Y,Zhang L J,et al. Evaluation of influences of frequency and amplitude on degradation caused by satellite vibrations[J]. Chinese Physics B,2015,24(5):058702.

[23] 樊超,李英才,易红伟.颤振对 TDICCD 相机像质的影响分析[J].光子学报,2007,36(9):1715-1717.

[24] Xu P,Hao Q,Huang C N,et al. Degradation of modulation transfer function in push broom camera caused by mechanical vibration[J]. Optics and Laser Technology,2003,35(7):547-552.

[25] 徐鹏,黄长宁,王涌天,等.卫星振动对成像质量影响的仿真分析[J].宇航学报,2003,24(3):259-263.

[26] 马晶,韩琦琦,于思源,等.卫星平台振动对星间激光链路的影响和解决方案[J].激光技术,2005,29(3):228-232.

[27] Fujiwara Y,Mokuno M,Jono T,et al. Optical inter-orbit communications engineering test satellite (OICETS)[J]. Acta Astronautica,2007,61(1-6):163-175.

[28] Zhang Q J,Wang G Y. Influence of HY-2 satellite platform vibration on laser communication equipment:Analysis and on-orbit experiment[J]. 2017. DOI:10. 1007/978-3-319-49184-4_10.

[29] Seery B D. In-orbit measurements of microaccelerations of ESA's communication satellite Olympus[J]. Proceedings of SPIE-The International Society for Optical Engineering,1990:1218.

[30] 张亮,贾建军,廖胜凯,等.星地量子通信光链路的建立与在轨验证[J].中国科学:信息科学,2018,48(9):15.

第3章

挠性结构低频微振动测量与辨识

当前的航天器为适应高功率以及高分辨率的任务要求,普遍采用了大尺度大挠性的太阳电池阵或展开天线,这些挠性附件使得卫星结构动力特性尤其是低频特性复杂化。在某些有效载荷转动机构的影响下[1-4],由于地面模态预估不足,极有可能引发明显的姿态振荡。在已经发射上天的卫星型号中不乏此类现象,这将影响姿态稳定性,干扰高精度仪器设备的正常工作,而且其伴随的交变应力还可能对挠性部件的联结部位(如驱动机构和铰链等)带来疲劳损伤,最终降低机构可靠性(加拿大空间局的研究认为太阳翼故障大都因驱动机构发生短路而产生)。星上回转扫描机构以及其他一些低速旋转部件都可能存在此类风险。

对于高轨航天器而言,太阳辐射外热流变化十分剧烈,航天器在轨运行期间会经历不同程度的温度交替变化,航天器结构温度梯度范围为 $-100 \sim 120{}^\circ\text{C}$,缺乏多层保护条件的电子设备将受到辐照、多粒子撞击等极端环境影响。挠性结构的这种低频密集特性及外太空几乎无空气阻尼的环境,使得它由于某种因素而激发起来的振动难以在短时期内迅速衰减。而这种长时间的振动一方面容易造成挠性结构的疲劳破坏、寿命缩短;另一方面会直接影响刚性运动基的准确定位,使得星上仪器设备难以正常工作。

因此,进行挠性结构低频微振动测量与辨识的研究,完成在轨模态参数识别与调整试验系统,可以解决在轨极端环境条件下航天器挠性结构本身、工作载荷的安全防护以及监测等难题。本章主要介绍挠性结构低频振动测量技术数据处理方法以及在轨辨识技术。

3.1 挠性结构低频振动测量技术

开展以提高卫星平台结构性能可靠性为目标的挠性结构低频测量工作,同时为在轨模态辨识工作的开展提供数据保证。开展在轨结构低频测量测点布置研究,通过拓扑优化或者相关算法,确保测点布局的最优化,如图 3.1 所示。传感器网络主要包括:

① 激励产生位置。包括各活动部件的安装位置、推进器的安装位置和大挠性部件的安装位置等。

② 振动耦合效应影响较大的位置。包括有效载荷的安装位置、SAR 天线等大型对地阵面的安装位置、姿轨控系统关键测量设备的安装位置等。

③ 振动的传递途径。例如,卫星的主结构关键承力部位、仿真分析易引起耦合振动的部位等。

测试系统(图 3.2)包括传感器网络、控制单元、数据采集和贮存单元、数据传

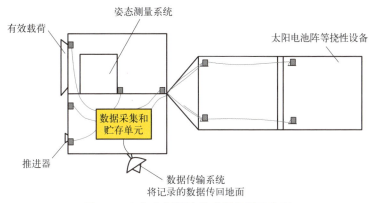

图 3.1　在轨力学环境传感器布局示意图

输单元。控制单元接收到地面指令后,测试系统启动。各测点传感器测量相应数据,并由数据采集和贮存单元采集数据并贮存,由数据传输单元将数据传输至地面。

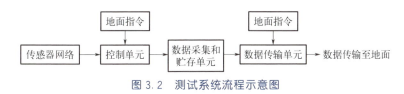

图 3.2　测试系统流程示意图

（1）传感器网络

按照各活动部件的运动特性,结合地面分析的结果选择合适的加速度传感器。例如,在大挠性部件的安装位置选取低频加速度传感器、飞轮安装位置可采用频率范围 0.1～100Hz 的高灵敏度加速度传感器等。

（2）控制单元

控制单元与星载计算机连接,接收地面指令,控制数据的采集、贮存和传输。

（3）数据采集和贮存单元

数据采集和贮存单元由信号放大模块、数据采集模块和数据存储模块组成,采集并贮存监测数据。通过指令控制数据的采集、贮存和传输。

（4）数据传输单元

数据传输单元采用卫星的数传系统,将监测数据传输至地面。

模态参数时域识别方法由于能直接利用响应的时域信号进行模态参数识别,特别适合环境激励下结构及动力设备的测试分析。时域识别方法的输入数据通常是结构的脉冲自由振动响应,其可以通过对结构施加冲击激励得到。当结构受到环境随机激励时,可以通过测点的频率响应函数进行逆傅里叶变换得到结构脉冲响应。

3.1.1　挠性结构探测技术

（1）表面高精度探测器技术

本节研究了复杂背景噪声振动的信号识别与分析技术，新型高灵敏度集成型传感器的研制，明确航天器的在轨状态，通过 EI 法实现传感器网络布局优化；运用相关建模软件对系统架构进行拓扑设计，实现模块化、通用化设计，完成高精度灵巧型测量系统的研制；对信号进行多谱段处理，实现弱信号的提取。

由于微振动信号幅值小，在 $10^{-5}g \sim 10^{-2}g$，采用普通的传感器采集时，真实信号往往会混杂在噪声中，导致采集的信号往往表现为虚假信息，对进一步的数据处理和分析造成困难，甚至导致错误结论。因此，传感器除了需要具有高灵敏度外，还需要高抗干扰特性。

另外，由于传感器距离采集系统较远，星上单机密集，致使信号在传输过程中受到的强电干扰影响比较大，因此有必要在前端放大后再进行传输，以保证信号在传输过程中不受干扰。根据在轨振动测量系统的研制经验，对大于 $50\mu V$ 的信号可以采取后端放大的设计，验证发现即便后端放大，信号受到的干扰也较小，这样处理的好处是降低测试系统的质量和功耗以及减小供电的复杂性。对于小于 $50\mu V$ 的信号需要进行前端放大，以保证信号不失真，即要求传感器的灵敏度尽可能大的同时分辨率也足够低。另外，频率问题也是制约传感器性能的一个主要指标，目前的压电晶体传感器的测量频率较高，基本从 $1Hz$ 以上开始，致使低频信号不能被采集，因此传感器研制过程中还综合考虑灵敏度、分辨率和频响等多个参数。

为实现在轨高精度的振动采集，首先需研制满足要求的传感器。根据任务需求，传感器的高灵敏度是高精度采集的首要条件，应保证输出信号满足采集卡的输入要求，同时内置前置放大器满足一体化集成型的需求。传感器指标要求如表 3.1 所示。

表 3.1　高灵敏度集成型传感器指标

性能指标	数值	性能指标	数值
量程/g	±2	零位输出/mV	2400～2600
灵敏度/（mV/g）	1000	零偏稳定性/mg	≤0.3
幅频响应带宽/Hz	0～250	精度/%	≤4
非线性/%FS	±0.1	抗辐射/K	≥100
横向灵敏度/%	≤3		

（2）在轨测量技术

对采集设备振动测量单元的要求为运用相关建模软件对振动监测单元架构进行拓扑设计，并根据需求进行系统功能一体化、模块化设计，实现灵巧型需求，并满足多通道、多任务测量，分辨率和带宽等指标更处于国内外领先水平[5-8]。振动监测单元从功能上主要包括两个模块：中央控制模块和信号处理模块。信号处理模块负责为加速度传感器阵列供电，并对传感器输入的振动信号进行调理，便于中央控制模块采集。中央控制模块是单机的核心模块，负责对信号处理模块进行控制以及与星载计算机通信，同时根据指令产生相应的步进电机驱动信号，驱动调频电机动作，从而实现调频功能。振动监测单元的原理框图如图 3.3 所示。

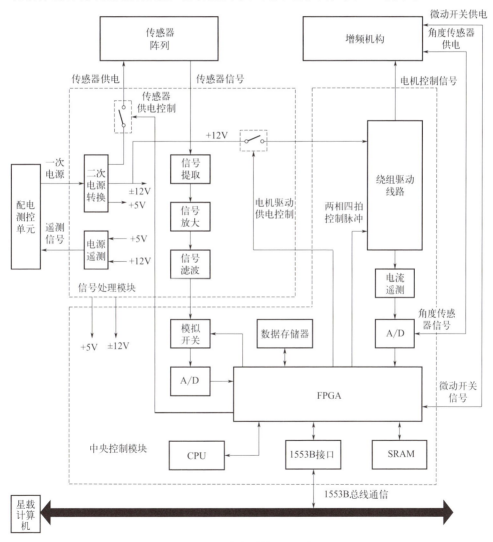

图 3.3　振动监测单元原理框图

在振动监测模式下,指令寄存器将指令送 A/D 控制寄存器和 FLASH 读写控制模块;A/D 控制寄存器将命令发送给各个 A/D 接口模块,使 A/D 接口模块产生相应的信号控制各路 A/D 的工作状态;FLASH 读写控制模块在指令控制下进入读或写的状态。各路 A/D 采集的 16 位数字信号通过缓存接口进入外部缓存区,在 FLASH 读写控制模块的控制下通过 FLASH 接口写入外部 FLASH;在数据传输工作状态,FLASH 读写控制模块通过 FLASH 接口读入 FLASH 中存储的振动数据,经外部缓存后由 1553B 接口模块输出到外部 1553B 控制芯片上。

在调频控制模式下,FPGA 将接收到的内部指令送电机控制寄存器,使控制脉冲产生模块产生相应的控制脉冲,送至绕组驱动电路,产生相应的驱动信号驱动电机进行调频工作。调频装置中的角度传感器和微动开关信号经 A/D 转换后,由 FPGA 通过 1553B 总线传输后下传到地面。

(3)EI 法传感器优化布局

航天器在轨传感器网络的布置受到多重限制,理论上,布置的传感器越多,测量的数据也就越能反映出整星在轨状态下真实的振动模态及其振动响应,这为进一步分析整星结构与载荷间的耦合问题以及与星载转动部件的耦合问题带来便利。事实上,传感器的个数不但受到功率、传输能力等方面的限制,同时出于卫星任务的总体考虑而被迫对传感器的个数做出调整。因此,传感器的布点遵循以下原则:一是星载遥感设备的测量;二是振源及主传力途径的测量,包括飞轮、承力筒的测量;三是有效载荷安装面的测量。尽管如此,传感器的布局仍可能受到限制,所以传感器的网络布局要进行拓扑优化,来实现用最少的传感器发挥最大的功能,这也是研究的一个主要方面。其中,主要是对传感器布局的优化算法进行研究。

基于 EI 法的布局方法的基本原理为:选取若干初始测点构造模态矩阵 $\boldsymbol{\Phi}$,取估计误差的协方差最小作为最佳估计构造独立模态矩阵 $\boldsymbol{A}$,对 $\boldsymbol{A}$ 做特征值分解提取贡献度大的秩作为优选测点。验证试验表明,EI 法设计的布局满足在轨传感器数量少、走线精简、适应复杂工况测量的需求。EI 法的流程如图 3.4 所示。

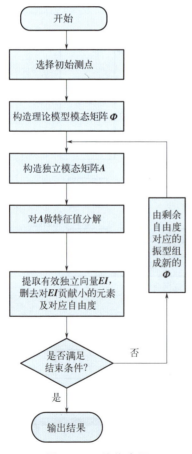

图 3.4　EI 法的流程

　　此外,还可以通过下述的随机减量法,从测试的响应信号中获取结构自由振动响应信号作为时域模态参数识别的输入数据;也可以进行互相关处理,用实测互相关函数作为输入数据,即后面所述的 NExT 法。

3.1.2　随机减量法

　　随机减量法(random decrement technique)是利用样本平均的方法,去掉响应中的随机成分,而获得一定初始激励下的自由响应。以单自由度系统的随机响应信号 $x(t)$ 为例说明随机减量法的基本原理:

　　取起始采样幅值 x_s,将随机响应信号分成 K 个长度相等、可重叠的样本。每个样本段的起始采样幅值均取为 $x_s = x(t_k)$,$k=1,2,\cdots,K$,各段样本起始点的斜率 $\dot{x}(t_k)$ 正负交替出现,如式(3.1)所示。当 k 为奇数时,$\dot{x}(t_k) > 0$;当 k 为偶数时,$\dot{x}(t_k) < 0$。t_k 为第 k 个样本的起始采样时刻,而以后的时间以 τ 表示。将 K 个样本进行平均,得

$$\delta(\tau) = \frac{1}{K} \sum_{k=1}^{K} x(t_k + \tau) \tag{3.1}$$

　　对于不同的 τ,$\delta(\tau)$ 有不同的值。$\delta(\tau)$ 称为随机减量特征信号。实际上它是由初始位移激励而引起的自由响应。可解释如下:

　　由振动理论知,对于一个线性系统,其任意激励作用下的响应由三部分组成,即:

　　① 初始条件(初始激励)引起的自由响应;

　　② 激励引起的自由响应(受迫暂态响应中的一部分);

　　③ 激励引起的受迫响应。

　　当激励为随机激励时,后两部分响应亦为随机的。当进行多次样本平均后,后两部分响应趋于零。对于第一部分响应来说,初始激励有两种:一种为初始位移 x_s 激励,另一种为初始速度 $\dot{x}(t_k)$ 激励。在选取各段样本的初始条件时,取 $\dot{x}(t_k)$ 正负交替,在多次平均后,亦趋向于零。因此,在响应中剩下的就只是由初始位移激励而引起的自由响应,亦称为阶跃自由响应。

　　当样本起始点的 $x(t_k)$ 及 $\dot{x}(t_k)$ 取值不同时,可得到不同的自由响应曲线。即:

　　① 当 $x(t_k) = x_s$,而 $\dot{x}(t_k)$ 正负交替时,$k=1,2,\cdots,K$,经多次样本平均后,可得由初始位移引起的阶跃自由衰减响应;

　　② 当 $x(t_k) = 0$,$\dot{x}(t_k) > 0$,$k=1,2,\cdots,K$ 时,经多次样本平均后,可得由正初速度引起的正脉冲自由衰减响应;

　　③ 当 $x(t_k) = 0$,$\dot{x}(t_k) < 0$,$k=1,2,\cdots,K$ 时,则得负脉冲自由衰减响应。

图 3.5 和图 3.6 为系统在白噪声激励下,利用随机减量法获得自由振动响应的实例。

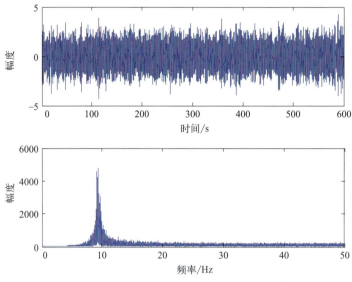

图 3.5 系统在白噪声激励下的响应及其频谱

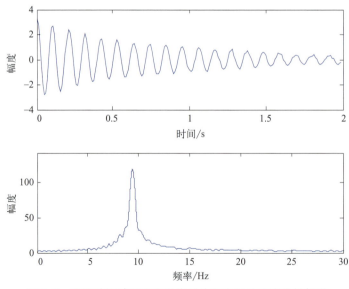

图 3.6 利用随机减量法求得的系统自由振动响应及其频谱

3.1.3 NExT 法

NExT(natural excitation technique)法利用相关函数代替脉冲响应,实现环境

激励下的模态参数辨识。

对于自由度为 n 的线性系统,当系统的 k 点受脉冲激励时,i 点的脉冲响应 $x_{ik}(t)$ 可写成

$$x_{ik}(t) = \sum_{r=1}^{n} a_{ikr} \exp(-\xi_r \omega_r t) \sin(\omega_{dr} t) \qquad (3.2)$$

式中,ξ_r、ω_r、ω_{dr} 分别为系统的第 r 阶阻尼比、圆频率和阻尼圆频率。当 i、k、r 一定时,a_{ikr} 为一常数。

当系统在 k 点有白噪声激励时,i 点的响应 $x_{ik}(t)$ 与 j 点的响应 $x_{jk}(t)$ 的相关函数 R_{ijk} 为

$$\begin{aligned} R_{ijk}(\tau) &= E[x_{ik}(t+\tau)x_{jk}(t)] \\ &= \sum_{r=1}^{n} b_{ikr} \exp(-\xi_r \omega_r \tau) \sin(\omega_{dr}\tau + \theta_r) \end{aligned} \qquad (3.3)$$

式中,E、θ_r 分别表示数学期望和第 r 阶相位角。当 i、k、r 一定时,b_{ikr} 是一个常数。

同理,当系统有 M 个点受白噪声激励时,系统 i 点的响应与 j 点的响应之间的相关函数 R_{ij} 为

$$R_{ij}(\tau) = \sum_{r=1}^{n} c_{ir} \exp(-\xi_r \omega_r \tau) \sin(\omega_{dr}\tau + \vartheta_r) \qquad (3.4)$$

式中,ϑ_r 为第 r 阶相位角。当 i、r 一定时,c_{ir} 也是一常数。

比较式(3.2)、式(3.3)、式(3.4)可以看出,白噪声激励下线性系统中的两个响应点之间的互相关函数和脉冲响应函数有相同的数学表达式,这就意味着在传统的适用于脉冲响应的模态分析方法中,可用响应的相关函数代替脉冲响应进行白噪声激励下的参数辨识。这就是 NExT 法的基本思想。NExT 法辨识模态参数的过程可总结为三大步骤:

第一步:采样。采样所用的传感器可以是应变传感器或位移传感器或速度传感器或加速度传感器。采样时要注意三个问题:一是采样时间间隔按采样定理确定;二是采样时结构的工作条件要相对稳定;三是采样时间要足够长,以便对数据进行足够量的平均。

第二步:计算相关函数。对采样数据进行自相关和互相关计算时,需要选取测量点作为参考点。

第三步:辨识参数。把计算的相关函数作为脉冲响应函数,利用适用于脉冲响应的模态分析方法进行参数辨识。

随机减量法与 NExT 法比较:

① 在相同数据长度下,随机减量法比 NExT 法提取脉冲响应的精度要差。

② 当系统的固有频率较小时，随机减量法需要测量很长的振动响应数据才能得到自由衰减振动。

③ 当系统阻尼比较大时，随机减量法较难获得一个波形较为平滑的自由衰减振动。

④ 测量数据越长，随机减量法和 NExT 法的计算结果越好。

⑤ 对于相关函数计算，最大时延应该小于数据长度；但是最大时延取得过小，会降低频率分辨率。

3.1.4　测量预处理

为实现微弱模态参数提取，需要对其对应的脉冲响应信号进行小波降噪预处理。设实测数据为 $x(k)=s(k)+n(k)$，其中，$s(k)$ 为真实数据，$n(k)$ 为加性噪声，k 为等间隔的采样点序号。小波降噪预处理对含有噪声的信号 $x(k)$ 进行小波分解，对分解得到的系数进行阈值处理，从而可以除去或减少噪声 $n(k)$ 的影响。用处理后的系数进行小波重构就可以得到较好的真实信号的估计。小波去噪过程主要有三个步骤：

① 计算含噪声信号的小波变换。选择合适的小波和小波分解层数 j，将含噪信号运用分解公式进行小波分解至 j 层，得到相应的小波分解系数。信号 $x(k)$ 的小波分解公式为

$$\begin{cases} c_k^j = \sum_n h(n-2k)c_n^{j-1} \\ d_k^j = \sum_n g(n-2k)c_n^{j-1} \end{cases} (k=1,2,\cdots,N) \tag{3.5}$$

其中，c_k^j 为尺度系数，$c_k^0=x(k)$；d_k^j 为细节系数；h、g 为一对正交镜像滤波器组；j 为分解层数；N 为离散采样点数。

② 对分解得到的细节系数 d_k^j 进行阈值处理，得到 $\tilde{d}_k^j$。阈值处理分硬阈值法和软阈值法：

$$\text{硬阈值法：} \tilde{d}_k^j = \begin{cases} d_k^j, & |d_k^j| \geqslant \lambda \\ 0, & |d_k^j| < \lambda \end{cases}$$

$$\text{软阈值法：} \tilde{d}_k^j = \begin{cases} \text{sgn}(d_k^j)(|d_k^j|-\lambda), & |d_k^j| \geqslant \lambda \\ 0, & |d_k^j| < \lambda \end{cases}$$

其中，d_k^j 表示某一细节系数；$\tilde{d}_k^j$ 表示处理后的细节系数的估计；λ 是阈值。

本书选择软阈值法。阈值的选择准则有多种，如无偏风险估计准则、通用门限准则、混合准则、极小极大准则。本书选择通用门限准则，设某一尺度细节系数的

长度为 n，则通用门限准则下的阈值表示为 $\lambda=\sqrt{2\times \lg(n)}$。

③ 进行小波逆变换。用阈值处理过的小波系数进行重构，得到原始信号的估计。小波的重构公式为

$$c_k^{j-1}=\sum_n h(n-2k)c_n^j+\sum_n g(n-2k)\widetilde{d}_n^j \tag{3.6}$$

于是得到去噪后的信号估计 $\widetilde{x}(k)=c_k^0$。

小波去噪的本质在于小波变换对信号表现出传递特性和对噪声表现出抑制特性，根据信号和噪声在小波分解尺度上的不同规律，可以进行有效的信噪分离。去噪后，$\widetilde{x}(k)=s(k)+\widetilde{n}(k)$，$\widetilde{n}(k)$ 对真实信号的影响将减小。

如图 3.7 所示为信号相关函数计算结果经小波降噪前后对比，蓝色线表示信号自相关函数原始结果，红色线表示信号自相关函数降噪结果，由图对比可知，小波降噪可有效降低高频噪声（毛刺）的影响。

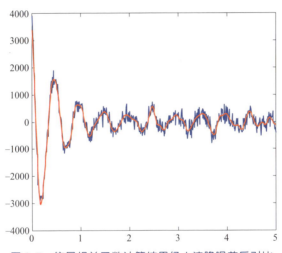

图 3.7　信号相关函数计算结果经小波降噪前后对比

在信号预处理过程中，常需要设计自适应滤波器来自动消除这些未知谐波干扰的影响。一般而言，信号 $x(n)$ 可分解为确定性信号分量 $x_D(n)$ 和随机信号分量 $x_R(n)$，即

$$x(n)=x_D(n)+x_R(n)$$

对于旋转机械引起的振动而言，确定性信号分量 $x_D(n)$ 通常可表示为周期或准周期信号分量 $x_P(n)$，即

$$x(n)=x_P(n)+x_R(n)$$

对信号 $x(n)$ 的两个分量 $x_P(n)$ 和 $x_R(n)$，有两个基本假设：

a. $x_P(n)$ 和 $x_R(n)$ 互不相关。

b. $x_P(n)$ 和 $x_R(n)$ 的自相关函数具有下述特性：$R_{x_P x_P}(m) \approx 0, m \geqslant M_N$；$R_{x_R x_R}(m) \approx 0, m \geqslant M_B$；$M_N \geqslant M_B$。该特性表示 $x_P(n)$ 的自身相关性比 $x_R(n)$ 的自身相关性强。

首先考虑如下维纳滤波问题以实现信号分量 $x_P(n)$ 和 $x_R(n)$ 的自适应分离。

如图 3.8 所示，信号 $x(n)$ 经滤波器 $h(n)$ 得到 $y(n)$，其中 $y(n)$ 是对周期或准周期信号分量 $x_P(n)$ 的估计。定义估计误差 $e(n) = x_P(n) - \hat{x}_P(n)$，则满足 $E[e^2(n)] \Rightarrow \min$，即满足最小均方误差估计（minimum mean-square error，MMSE）的最优滤波器系数可由维纳-霍夫方程求得

$$R_{x x_P}(m) = \sum_{i=0}^{N-1} h_{\text{opt}}(i) R_{xx}(m-i) \tag{3.7}$$

其中，$R_{x x_P}(m)$ 表示输入信号 $x(n)$ 和参考信号 $x_P(n)$ 的互相关函数；$R_{xx}(m-i)$ 表示输入信号 $x(n)$ 的自相关函数。

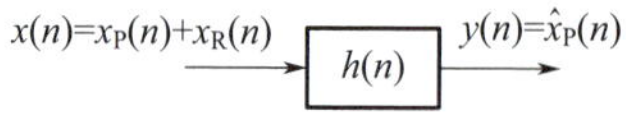

$$x(n)=x_P(n)+x_R(n) \longrightarrow \boxed{h(n)} \xrightarrow{y(n)=\hat{x}_P(n)}$$

图 3.8　有参考信号情况的维纳滤波问题

参考信号对于上述自适应滤波器是不可缺少的。机械振动较为复杂，利用理论建模无法提供可靠的参考信号，通过实际测量得到参考信号也不现实。在机械状态监测和故障诊断领域，传感器的安装位置对信号特征具有很大影响。实际中很难选择合理的传感器位置，使得采集的参考信号中仅包含所需要的信号特征。在实际数据采集过程中，为了得到某一部件的振动信息，都是尽量把传感器布置在靠近该部件的位置上，而这样也难免受到噪声和其他部件振动情况的干扰。因此，依靠参考信号的获取实现机械振动信号的自适应滤波是不现实的，面临的实际问题是如何利用单通道采样信号实现信号本身的噪声滤出。

在参考信号未知的情况下，通常选取测量信号的时延信号作为参考信号。选取信号 $x(n-\Delta) = \{x(i-\Delta), i = 1, 2, \cdots, L\}$ 作为输入信号，选取时延信号 $x(n) = \{x(i), i = 1, 2, \cdots, L\}$ 作为参考信号，维纳滤波问题如图 3.9 所示。

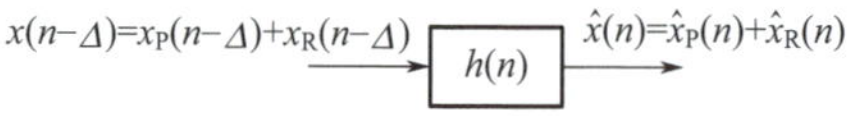

$$x(n-\Delta)=x_P(n-\Delta)+x_R(n-\Delta) \longrightarrow \boxed{h(n)} \xrightarrow{\hat{x}(n)=\hat{x}_P(n)+\hat{x}_R(n)}$$

图 3.9　时延信号作为参考信号的维纳滤波问题

选取时延长度 Δ，使得 $M_N > \Delta > M_B$，即 $x_R(n)$ 的自相关函数 $R_{x_R x_R}(m) \approx 0$，对所有 $|m| > \Delta$，$x_P(n)$ 的自相关函数 $R_{x_P x_P}(m)$ 在 $|m| > \Delta$ 时仍有非零项存在。此时，参考信号 $x(n)$ 和输入信号 $x(n-\Delta)$ 的互相关函数可写为

$$R_{x(n)x(n-\Delta)} = E\{(x_R(n)+x_P(n))\times(x_R(n-\Delta)+x_P(n-\Delta))\}$$
$$= E\{x_R(n)x_R(n-\Delta)\}+E\{x_R(n)x_P(n-\Delta)\} \tag{3.8}$$
$$+E\{x_P(n)x_R(n-\Delta)\}+E\{x_P(n)x_P(n-\Delta)\}$$

根据前面叙述,由于 $E\{x_R(n)x_R(n-\Delta)\}$ 和 $E\{x_R(n)x_P(n-\Delta)\}$ 均为零,则有式(3.9)成立。

$$R_{x(n)x(n-\Delta)} = R_{x_P(n)x(n-\Delta)} = E\{x_P(n)(x_R(n-\Delta)+x_P(n-\Delta))\} \tag{3.9}$$

当以时延信号 $x(n)$ 作为参考信号时,满足最小均方误差估计的最优滤波器系数可由如下维纳-霍夫方程求得

$$R_{x(n-\Delta)x(n)}(m) = \sum_{i=0}^{N-1} h_{opt}(i)R_{x(n-\Delta)x(n-\Delta)}(m-i) \tag{3.10}$$

综合式(3.8)和式(3.9),此时输出信号 $\hat{x}(n)=\hat{x}_P(n)$。这说明选取时延信号作为参考信号可有效实现周期或准周期信号分量 $x_P(n)$ 自适应分离,进而实现自适应离散谱线消除。

在机械系统振动信号处理中,滤波器 $h(n)$ 长度可达几百甚至上千,因此对相关矩阵直接求逆矩阵来计算 $h(n)$ 系数将会带来巨大的计算量。滤波器的时域自适应求解如图 3.10 所示,其一般都通过迭代的方式,利用输出信号 $\hat{x}(n)$ 和给定参考信号 $x(n)$ 之间的误差 $e(n)$ 来对滤波器的参数进行求解。

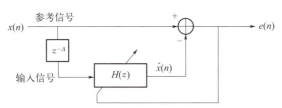

图 3.10 离散谱线消除时域自适应算法

第 k 步迭代公式可写为

$$h_i^{k+1} = h_i^k + \mu e(n)x(n-\Delta-i) \tag{3.11}$$

其中,μ 为迭代步长参数,当误差 $e(n)$ 和输入信号 $x(n-\Delta)$ 正交时,滤波器 $h(n)$ 的系数达到最优解。

以上时域算法需要迭代计算,当信号总平均能量较高时,需要选取的迭代步长参数 μ 较小;同时当滤波器长度较长时,由于需要调整的权系数较多,则迭代收敛速度可能会较慢。为此,引入了一种频域算法,该方法采用分段、重叠、加窗周期图方法来估计输入信号的自功率谱密度以及输入信号和参考信号的互功率谱密度。

信号的频域表达形式可写为

$$S_{x(n-\Delta)x(n)}(f) = H(f)S_{x(n-\Delta)x(n-\Delta)}(f) \tag{3.12}$$

令 $x_k(n)$ 表示从参考信号 $x(n)=\{x(i),i=1,2,\cdots,L\}$ 中在时刻 kT 加窗截取的长度为 N 的子数据段,即 $x_k(n)=x(n+kT)w(n),n=0,1,\cdots,N-1$,其中 $w(n)$ 表示长度为 N 的窗函数。同理,可定义 $x_k^{\mathrm{d}}(n)$ 为从输入信号 $x(n-\Delta)=\{x(i-\Delta),i=1,2,\cdots,L\}$ 中在时刻 $kT-N-\Delta$ 加窗截取的长度为 N 的子数据段,即 $x_k^{\mathrm{d}}(n)=x(n+kT-N-\Delta)w(n),n=0,1,\cdots,N-1$。

令 $X_{k,M}(f)$ 和 $X_{k,M}^{\mathrm{d}}(f)$ 分别表示子数据段 $x_k(n)$ 和 $x_k^{\mathrm{d}}(n)$ 的长度为 $M(M\geqslant N)$ 的傅里叶变换,则输入信号的自功率谱密度以及输入信号和参考信号的互功率谱密度估计为

$$S_{x(n-\Delta)x(n)}(f)=\frac{1}{K}\sum_{k=1}^{K}X_{k,M}(f)X_{k,M}(f)^{*} \tag{3.13}$$

$$S_{x(n-\Delta)x(n-\Delta)}(f)=\frac{1}{K}\sum_{k=1}^{K}X_{k,M}^{\mathrm{d}}(f)X_{k,M}^{\mathrm{d}}(f)^{*} \tag{3.14}$$

因此,滤波器传递函数 $H(f)$ 的估计可写为

$$\hat{H}(f)=\frac{\sum\limits_{k=1}^{K}X_{k,M}(f)X_{k,M}(f)^{*}}{\sum\limits_{k=1}^{K}X_{k,M}^{\mathrm{d}}(f)X_{k,M}^{\mathrm{d}}(f)^{*}} \tag{3.15}$$

信号的维纳滤波可以有效去除激励信号中未知谐波信号的干扰。由于未知谐波信号的存在,在输出信号的分析结果中会存在与实际系统频率不相关的峰值,这往往会对分析结果造成错误的指示。

以故障轴承信号的包络解调分析为例:图 3.11(a)为未去除谐波干扰的包络解调分析结果,图 3.11(b)为去除谐波干扰的包络解调分析结果。分析对比可知,当未知谐波信号未有效去除时,图 3.11(a)所示包络解调分析结果无法正确指示实际

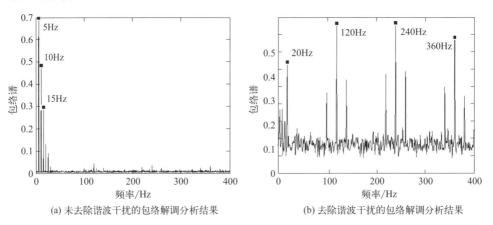

(a) 未去除谐波干扰的包络解调分析结果　　(b) 去除谐波干扰的包络解调分析结果

图 3.11　故障轴承信号的包络解调分析

轴承系统的故障;利用前述的维纳滤波对信号进行预处理,预处理后的分析结果如图 3.11(b)所示,其可以有效指示轴承故障特征。

3.1.5 奇异值分解

假定矩阵 $A \in \mathbb{R}^{m \times n}$ 的秩为 $r < \min(m, n)$,则存在正交矩阵 $U \in \mathbb{R}^{m \times m}$ 和 $V \in \mathbb{R}^{n \times n}$,满足

$$A = U \begin{bmatrix} \boldsymbol{\Sigma}_+ & 0 \\ 0 & 0 \end{bmatrix} V^{\mathrm{T}}, \quad \boldsymbol{\Sigma}_+ = \begin{bmatrix} \sigma_1 & & & \\ & \sigma_2 & & \\ & & \ddots & \\ & & & \sigma_n \end{bmatrix} \tag{3.16}$$

其中,$U^{\mathrm{T}}U = I_m$,$V^{\mathrm{T}}V = I_n$,$\sigma_1 \geqslant \sigma_2 \geqslant \cdots \geqslant \sigma_r > \sigma_{r+1} = \cdots = \sigma_p = 0$,$p = \min(m, n)$。$\sigma_1, \sigma_2, \cdots, \sigma_p$ 称为矩阵 A 的奇异值,式(3.16)称为奇异值分解(singular value decomposition,SVD)。

对于非负定矩阵 $A^{\mathrm{T}}A \in \mathbb{R}^{n \times n}$,其特征值和特征向量分别为 $\lambda_1, \lambda_2, \cdots, \lambda_n, v_1, v_2, \cdots, v_n \in \mathbb{R}^n$,并有 $A^{\mathrm{T}}A v_i = \lambda_i v_i$,$i = 1, 2, \cdots, n$。由于矩阵 A 的秩 $\mathrm{rank}(A) = r$,则非负定矩阵 $A^{\mathrm{T}}A$ 的特征值有:$\lambda_1 \geqslant \lambda_2 \geqslant \cdots \geqslant \lambda_r > \lambda_{r+1} = \cdots = \lambda_n = 0$。令 $\sigma_i = \sqrt{\lambda_i}$,$i = 1, 2, \cdots, n$,以及 $V = [V_r, \widetilde{V}_r]$,满足 $V^{\mathrm{T}}V = I_n$,$V_r = \begin{bmatrix} v_1 & v_2 & \cdots & v_r \end{bmatrix}$,$\widetilde{V}_r = \begin{bmatrix} v_{r+1} & v_{r+2} & \cdots & v_n \end{bmatrix}$,则有

$$\begin{cases} A^{\mathrm{T}}A v_i = \sigma_i^2 v_i, & i = 1, 2, \cdots, r \\ A^{\mathrm{T}}A v_i = 0, & i = r+1, r+2, \cdots, n \end{cases} \tag{3.17}$$

$$A^{\mathrm{T}}A V_r = V_r \boldsymbol{\Sigma}_+^2 \tag{3.18}$$

定义矩阵 $U_r \stackrel{\text{def}}{=} A V_r \boldsymbol{\Sigma}_+^{-1} \in \mathbb{R}^{m \times r}$,则有

$$U_r^{\mathrm{T}} U_r = \boldsymbol{\Sigma}_+^{-1} V_r^{\mathrm{T}} A^{\mathrm{T}} A V_r \boldsymbol{\Sigma}_+^{-1} = \boldsymbol{\Sigma}_+^{-1} V_r^{\mathrm{T}} (V_r \boldsymbol{\Sigma}_+^2) \boldsymbol{\Sigma}_+^{-1} = I_r \tag{3.19}$$

因此 U_r 为正交矩阵。选择 $\widetilde{U}_r \in \mathbb{R}^{m \times (m-r)}$,满足

$$U = \begin{bmatrix} U_r & \widetilde{U}_r \end{bmatrix} \in \mathbb{R}^{m \times m}, \quad U^{\mathrm{T}}U = I_m \tag{3.20}$$

由此可得

$$U^{\mathrm{T}}AV = \begin{bmatrix} U_r^{\mathrm{T}} \\ \widetilde{U}_r^{\mathrm{T}} \end{bmatrix} A \begin{bmatrix} V_r & \widetilde{V}_r \end{bmatrix} = \begin{bmatrix} U_r^{\mathrm{T}} A V_r & U_r^{\mathrm{T}} A \widetilde{V}_r \\ \widetilde{U}_r^{\mathrm{T}} A V_r & \widetilde{U}_r^{\mathrm{T}} A \widetilde{V}_r \end{bmatrix} \tag{3.21}$$

由式(3.19)可知,式(3.21)中的(1,1)子矩阵为 $\boldsymbol{\Sigma}_+$;可得 $A\widetilde{V}_r = 0$,则式(3.21)中的(1,2)子矩阵和(2,2)子矩阵为零矩阵。由于 U 为正交矩阵,满足

$\widetilde{\boldsymbol{U}}_r^{\mathrm{T}}\boldsymbol{U}_r=\widetilde{\boldsymbol{U}}_r^{\mathrm{T}}\boldsymbol{A}\boldsymbol{V}_r\boldsymbol{\Sigma}_+^{-1}=0$，则式(3.21)中的(2,1)子矩阵为零矩阵。由此可得

$$\boldsymbol{U}^{\mathrm{T}}\boldsymbol{A}\boldsymbol{V}=\begin{bmatrix}\boldsymbol{\Sigma}_+ & 0 \\ 0 & 0\end{bmatrix}=\boldsymbol{\Sigma} \tag{3.22}$$

显然式(3.22)可以表示为

$$\boldsymbol{A}=\boldsymbol{U}\boldsymbol{\Sigma}\boldsymbol{V}^{\mathrm{T}}=\boldsymbol{U}_r\boldsymbol{\Sigma}_+\boldsymbol{V}_r^{\mathrm{T}} \tag{3.23}$$

当数据矩阵受到白噪声污染时，通过对数据矩阵进行奇异值分解，可有效降低噪声的影响。假定一个真实数据矩阵 $\boldsymbol{X}\in\mathbb{R}^{m\times n}$，且 $m<n$。当 $\mathrm{rank}(\boldsymbol{X})=r\leqslant m$，$\boldsymbol{X}/\sqrt{n}$ 的奇异值分解可写为

$$\frac{1}{\sqrt{n}}\boldsymbol{X}=\boldsymbol{U}\boldsymbol{\Sigma}\boldsymbol{V}^{\mathrm{T}}=\begin{bmatrix}\boldsymbol{U}_r & \boldsymbol{U}_{n-r}\end{bmatrix}\begin{bmatrix}\boldsymbol{\Sigma}_r & 0 \\ 0 & 0\end{bmatrix}\begin{bmatrix}\boldsymbol{V}_r^{\mathrm{T}} \\ \boldsymbol{V}_{n-r}^{\mathrm{T}}\end{bmatrix}=\boldsymbol{U}_r\boldsymbol{\Sigma}_r\boldsymbol{V}_r^{\mathrm{T}}$$

其中，$\boldsymbol{\Sigma}_r=\mathrm{diag}(\sigma_1,\sigma_2,\cdots,\sigma_r)$，且 $\sigma_1\geqslant\sigma_2\geqslant\cdots\geqslant\sigma_r>\sigma_{r+1}=\cdots=\sigma_m=0$。矩阵 $\boldsymbol{U}\in\mathbb{R}^{m\times m}$，$\boldsymbol{V}\in\mathbb{R}^{n\times n}$ 均为正交矩阵，其子矩阵 $\boldsymbol{U}_r=\boldsymbol{U}(1:m,1:r)$，$\boldsymbol{V}_r=\boldsymbol{U}(1:n,1:r)$。由式(3.25)可得

$$\frac{1}{n}\boldsymbol{X}\boldsymbol{X}^{\mathrm{T}}\boldsymbol{U}=\boldsymbol{U}\boldsymbol{\Sigma}\boldsymbol{\Sigma}^{\mathrm{T}}=\boldsymbol{U}\begin{bmatrix}\boldsymbol{\Sigma}_r^2 & 0 \\ 0 & 0\end{bmatrix}\in\mathbb{R}^{m\times m} \tag{3.24}$$

$$\frac{1}{n}\boldsymbol{X}\boldsymbol{X}^{\mathrm{T}}\boldsymbol{u}_i=\sigma_i^2\boldsymbol{u}_i, \quad i=1,2,\cdots,r \tag{3.25}$$

可知 $\boldsymbol{X}/\sqrt{n}$ 的左奇异向量 $\boldsymbol{u}_i$ 为 $\boldsymbol{X}\boldsymbol{X}^{\mathrm{T}}/n$ 的特征向量，σ_i^2 为相应的特征值。

假定数据矩阵 $\boldsymbol{X}$ 被白噪声 Ξ 干扰，观测矩阵 $\boldsymbol{Y}$ 可写为：$\boldsymbol{Y}=\boldsymbol{X}+\Xi$。假定白噪声均值为零，方差为 σ_ξ^2。当数据长度 n 趋向于无限大时，有

$$\lim_{n\to\infty}\frac{1}{n}\boldsymbol{Y}\boldsymbol{Y}^{\mathrm{T}}=\lim_{n\to\infty}\frac{1}{n}\boldsymbol{X}\boldsymbol{X}^{\mathrm{T}}+\sigma_\xi^2\boldsymbol{I}_m \tag{3.26}$$

根据式(3.25)，$\boldsymbol{Y}\boldsymbol{Y}^{\mathrm{T}}/n$ 可以近似写为

$$\frac{1}{n}\boldsymbol{Y}\boldsymbol{Y}^{\mathrm{T}}\approx\frac{1}{n}\boldsymbol{X}\boldsymbol{X}^{\mathrm{T}}+\sigma_\xi^2\boldsymbol{I}_m=\boldsymbol{U}\begin{bmatrix}\boldsymbol{\Sigma}_r^2 & 0 \\ 0 & 0\end{bmatrix}\boldsymbol{U}^{\mathrm{T}}+\sigma_\xi^2\boldsymbol{I}_m \tag{3.27}$$

其中，n 足够大，且有 $\boldsymbol{U}(\sigma_\xi^2\boldsymbol{I}_m)\boldsymbol{U}^{\mathrm{T}}=\boldsymbol{U}^{\mathrm{T}}(\sigma_\xi^2\boldsymbol{I}_m)\boldsymbol{U}=\sigma_\xi^2\boldsymbol{I}_m$。

定义 $\boldsymbol{s}_r^2=\boldsymbol{\Sigma}_r^2+\sigma_\xi^2\boldsymbol{I}_r$，式(3.27)可写为

$$\frac{1}{n}\boldsymbol{Y}\boldsymbol{Y}^{\mathrm{T}}\approx\begin{bmatrix}\boldsymbol{U}_r & \boldsymbol{U}_{n-r}\end{bmatrix}\begin{bmatrix}\boldsymbol{s}_r^2 & 0 \\ 0 & \sigma_\xi^2\boldsymbol{I}_{m-r}\end{bmatrix}\begin{bmatrix}\boldsymbol{U}_r^{\mathrm{T}} \\ \boldsymbol{U}_{n-r}^{\mathrm{T}}\end{bmatrix}=\boldsymbol{U}\boldsymbol{S}^2\boldsymbol{U}^{\mathrm{T}} \tag{3.28}$$

其中，$\boldsymbol{S}=\mathrm{diag}(s_1,s_2,\cdots,s_m)$，$s_i>0$，且

$$s_i=\begin{cases}\sqrt{\sigma_i^2+\sigma_\xi^2}, & i=1,2,\cdots,r \\ \sigma_\xi, & i=i+1,i+2,\cdots,m\end{cases} \tag{3.29}$$

对式(3.29)的解释见图 3.12。

当噪声方差 σ_ξ^2 相对较小，n 足够大时，针对 $X/\sqrt{n}$ 和 $Y/\sqrt{n}$ 的奇异值分解运算，以下结论成立：

a. $Y/\sqrt{n}$ 的奇异值为 $(s_1,s_2,\cdots,s_m)$，满足 $s_1 \geqslant s_2 \geqslant \cdots \geqslant s_r > s_{r+1} = \cdots = s_m = \sigma_\xi$，$Y/\sqrt{n}$ 的后面 $m-r$ 的小奇异值接近于 σ_ξ。

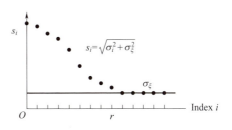

图 3.12　$Y/\sqrt{n}$ 和 $X/\sqrt{n}$ 的奇异值

b. XX^{T}/n 的特征值可写为 $\sigma_i^2 = s_i^2 - \sigma_\xi^2$，$i = 1,2,\cdots,r$。

c. $Y/\sqrt{n}$ 的左奇异值向量约等于 $X/\sqrt{n}$ 的左奇异值向量。因此，$X/\sqrt{n}$ 的左奇异值向量 $u_1,u_2,\cdots,u_r$ 可通过计算对应于 $Y/\sqrt{n}$ 的 r 个奇异值 $s_1 \geqslant s_2 \geqslant \cdots \geqslant s_r$ 的左奇异值向量得到。

根据结论 a～c 可知，真实数据矩阵 X 的信息通过数据矩阵 Y 的奇异值分解运算得到。

3.2　挠性结构低频振动在轨辨识

国内目前对于卫星在轨状态的模态辨识大体上都是以地面试验和仿真数据为基础，做尽可能保守的处理，以避开所有可能的扰动频率。该方法也在其他一些国家被广泛应用。它操作简单，但费时费力，对整星的在轨模态估计不足，另外由于意外时有发生，所以风险较大。

发达国家很早就意识到了包括卫星在内的整星在轨模态辨识的重要性。为了评估发射前进行的地面模态试验的准确度，同时也是为设计鲁棒性强的、精确的姿态控制器提供所需要的卫星结构动力模型，日本对工程测试卫星Ⅵ（ETS-Ⅵ）[9-12] 进行了在轨模态测试。激励装置是星体表面姿控系统的一个喷气推进器，它产生试验需要的脉冲激励，同时姿态测量系统以及太阳翼上预先安置的加速度计记录结构响应并发回地面。根据试验结果，他们认为地面试验和在轨试验数据只能算是勉强一致（they are in reasonable agreement）。相关文献表明，进行该试验的另一目的是研究地面试验与在轨模态之间的关系，为后续相似结构的在轨模态作预报。

上述 ETS-Ⅵ试验进行的是单输入多输出测试，其思路为特征系统实现算法（eigensystem realization algorithm，ERA）。由于试验的成功，有日本学者继续尝试过一些更为复杂的理论与仿真研究,如基于脉冲激励的多输入多输出测试。他们开发了一种最小方差的递归迭代算法,可以提炼系统的输入输出矩阵。仿真过程中,分别采用星体上的 6 个喷气推进器激起 ETS-Ⅵ的 6 个刚体模态和太阳翼的14 个弹性模态,同时记录星体的 3 个平动速度和 3 个转动速度。结果显示,该方法可以辨识所有 14 个弹性模态的频率、阻尼和振型。

还有文献显示,苏联也曾投入精力对尺度大、刚度弱的空间结构的在轨模态辨识做过一些尝试性的工作,但具体细节未见诸报道。

美国喷气推进实验室(JPL)发射的伽利略(Galileo)卫星进行了在轨试验,在轨频率误差为 5%,振型误差为 20%,而地面的频率误差为 20%,振型误差为50%。NASA Goddard Space Flight Center(戈达德航天中心)利用在轨数据对哈勃太空望远镜进行了在轨模态辨识。NASA Langley Research Center(兰利研究中心)也利用时域数据对在轨运行卫星进行了模态辨识分析。美国马里兰大学对一颗低轨卫星进行了动力学分析与模态辨识研究。另外,德国的 German Aerospace Research Establishment(德国航空航天研究所)逐一分析环境约束、结构动力、激励和传感器对在轨模态识别效果的影响,并通过试验室模拟,尝试在激励点和测量点个数受限的情况下进行在轨辨识[13],并总结了实际应用过程中可能存在的困难。

挠性部件的参数辨识在地面试验状态下存在难以模拟空间失重环境以及地面风阻影响等困难,目前我国已经建成相关试验条件,在地面较为准确地确定挠性部件的参数,但作为姿轨控系统的核心参数,准确的在轨辨识仍然非常必要。

20 世纪 90 年代以来,国内不少学者也对在轨模态辨识问题开展了相关的理论研究。曲广吉在总结中心刚体加挠性附件类航天器动力学建模研究的基础上,提出和研究了带复合挠性结构类航天器的动力学建模问题;其指出了挠性航天器动力学建模的困难所在,分别对挠性体变形运行的描述模型、浮动参考系的选择、动力学方程的建立和模型降阶问题进行了探讨。清华大学对太阳帆板动力学参数进行了在轨模态辨识,并对几种辨识方法进行了对比研究。哈尔滨工业大学和北京航空航天大学也对在轨辨识技术进行了理论方面的研究。

国内相关型号实际的在轨模态试验至今还没有开展,随着高指向精度和高分辨率敏感载荷对卫星平台的要求提高,致使设计时必须准确把握卫星在轨状态下的模态,来指导后续型号的改进设计,这就使得在轨的振动监测和模态辨识的需求越来越迫切。

在地面进行航天器模态参数识别,需要外界的激励,且激励的特征在时域或频域上是已知的。在轨航天器难以施加已知特征的激励,一般只能利用在轨航天器结构的展开和收拢、结构的对接和分离、发动机的点火等产生激励源进行激励,而这些激励源信号都难以测量。另外,大型复杂航天器的结构特点(固有频率低、模态密集、阻尼小)使得其模态参数识别存在较大困难。

如太阳帆板,这种典型的挠性空间结构,其最大的特点就是固有频率低且密集,阻尼很小。其在太空中长时间的振动将会给航天器的正常工作带来不利的影响,甚至引起失稳。所以太阳帆板的振动抑制问题一直是航天领域研究的重点内容。模态参数辨识是振动抑制的前提条件。在对一个结构进行控制之前,必须首先了解该结构的动力学参数,如固有频率、模态、阻尼等,这样才能有效地设计控制器,抑制结构振动。一般来说,这些参数可以在设计阶段通过有限元或者试验的方法得到。但是由于在某些工作状态下,这些结构的动力学参数与试验状态并不一致,而且也可能发生改变,这就使得以前设计的控制器不再适用,达不到振动抑制的效果,甚至使整个系统失稳。所以,必须实时地对其动力学参数进行辨识,提取模态参数以及振动的模态分量。

常用的模态参数识别方法有时域法和频域法。前者适用于结构所承受的载荷难以测量、响应信号容易测量的情况,但它存在抗噪声干扰、分辨和剔除由噪声引起的虚假模态以及模型的定阶能力差等问题。但频域法不仅需要知道结构的响应数据,还要知道激励数据。频域法的优点是可以直观地逐个识别模态,并能滤去大部分噪声,抗干扰能力要远好于时域法,同时对模态密集结构也有良好的有效性。频域法也存在着一些局限性和问题,其对重频问题以及大阻尼情况往往无能为力。

频域法是在频率响应函数精确估计的基础上,根据频率响应函数与动力学参数之间的关系,直接在频域内辨识出动力学参数。目前,频域法主要包括峰值拾取法、复模态指示函数、极大似然识别法、多项式拟合法、PolyMAX 等模态辨识方法。

时域法是利用自由响应或脉冲响应函数数据,辨识出动力学参数。随着计算机技术的发展,时域法也得到了快速发展。时域法无须将所测得的响应信号转换到频域中去,避免了由于数据变换而引起的信号处理误差(泄露、叠混、加窗等)。目前,时域法在处理手段以及估计密集模态方面都要优于频域法。时域法无须知道激励就可以单独从响应数据中辨识模态参数,这对那些无法测得激励信号的工程结构的模态分析来说是十分重要的。

针对平稳随机激励,仅利用输出响应辨识结构模态参数的时域法、频域法比较系统;针对非平稳结构响应,时频域方法和小波变换(WT)方法等最有前途,只是目前还没有形成系统的工具,大规模的应用还没有开始,所以基于时频域的模态识别方法是现在研究的热点。

对于航天器大型挠性部件的在轨密集模态识别成为现在面临的必须解决的问题。

模态试验得到的测量数据是以上各种模态参数辨识方法的应用基础。目前模态测试技术主要分为两类：单点激励，多点测量（或一点测量，逐点激励）；多点激励，多点测量。按激振力性质不同，频率响应函数测试技术又可分为稳态正弦激励、随机激励及瞬态激励三种。

不测力的模态辨识方法，是基于响应的时域数据进行分析，主要是克服冲击信号难以测量，但响应信号容易测得的问题，因此直接利用响应的时域信号进行参数辨识。拟采用的方法主要有特征系统实现算法（ERA）、埃博拉罕时域（Ibrahim time domain，ITD）法等。

20 世纪 70 年代初期，Ibrahim 提出了与频域模态分析法并行的时域分析方法——ITD 法，ITD 法属于单输入多输出（SIMO）的模态参数识别方法。该方法是利用结构自由响应采样数据建立特征矩阵的数学模型，通过求解特征矩阵方程求得特征值和特征向量，再利用模态频率和模态阻尼与特征值之间的关系求得振动系统的模态频率及阻尼比。自由响应数据可由宽带随机响应用随机减量法求得。1984 年，NASA 所属的 Langley 研究中心又发展了一种多输入多输出（MIMO）时域模态参数辨识法，称为特征系统实现算法（ERA）。此法由 MIMO 得到的脉冲响应函数为基本模型，通过构造广义 Hankel 矩阵，利用奇异值分解技术，得到系统的最小实现，从而得到最小阶数的系统矩阵，以此为基础可进一步识别系统的模态参数。ERA 法移植了现代控制论中的最小实现理论，利用脉冲响应数据构造一个 Hankel 矩阵，并对它作奇异值分解，辨识系统状态方程及观测方程中的系统矩阵、测量矩阵与输出矩阵。通过求解系统矩阵的特征值问题，求得系统的特征值与特征向量，从而求得动力学参数，适用于低频密集模态的辨识。

3.2.1　ITD 法

ITD 法（the Ibrahim time domain method）是 Ibrahim 最早提出的一种利用结构自由振动响应的位移、速度或加速度时域信号进行模态参数识别的方法。ITD 法的基本思想是以黏性阻尼线性多自由度系统的自由衰减响应可以表示为其各阶模态组合的理论为基础，对测得的自由衰减响应信号进行延时，构造自由衰减响应数据矩阵，并由响应与特征值之间的复指数关系，建立特征矩阵的数学模型，求解特征值问题，进而求解出系统的模态参数。

一个多自由度系统的自由振动微分方程为

$$[M]\{\ddot{x}(t)\}+[C]\{\dot{x}(t)\}+[K]\{x(t)\}=0 \tag{3.30}$$

假定式(3.30)的解可以表示为

$$\{x(t)\}_{N\times 1}=[\varphi]_{N\times 2N}\{e^{st}\}_{2N\times 1} \tag{3.31}$$

其中

$$\{x(t)\}=\begin{bmatrix} x_1(t) & x_2(t) & \cdots & x_N(t)\end{bmatrix}^{\mathrm{T}} \tag{3.32}$$

$$[\varphi]=\begin{bmatrix}\{\phi_1\} & \{\phi_2\} & \cdots & \{\phi_{2N}\}\end{bmatrix} \tag{3.33}$$

$$\{e^{st}\}=\begin{bmatrix} e^{s_1t} & e^{s_2t} & \cdots & e^{s_{2N}t}\end{bmatrix}^{\mathrm{T}} \tag{3.34}$$

式中,$\{x(t)\}$ 为系统的自由振动响应向量;$[\varphi]$ 为系统的振型矩阵即特征向量矩阵;s_r 为系统的第 r 阶特征值;N 为系统的模态阶数。

将式(3.31)代入式(3.30),得

$$(s^2[M]+s[C]+[K])[\varphi]=0 \tag{3.35}$$

对于小阻尼的线性系统,方程的特征根 s_r 为复数,并以共轭复数的形式成对出现,即

$$\begin{cases} s_r=-\omega_r\xi_r+\mathrm{j}\omega_r\sqrt{1-\xi_r^2} \\ s_r^*=-\omega_r\xi_r-\mathrm{j}\omega_r\sqrt{1-\xi_r^2} \end{cases} \tag{3.36}$$

式中,ω_r 为对应第 r 阶模态的固有圆频率;ξ_r 为相应的阻尼比。

于是系统的第 i 测点在 t_k 时刻的自由振动响应可表示为各阶模态单独响应的集合形式:

$$x_i(t_k)=\sum_{r=1}^{N}(\phi_{ir}e^{s_rt_k}+\phi_{ir}^*e^{s_r^*t_k})=\sum_{r=1}^{M}\phi_{ir}e^{s_rt_k} \tag{3.37}$$

式中,ϕ_{ir} 为第 r 阶振型向量 $\{\phi_r\}$ 的第 i 分量,并且设 $\phi_{i(N+r)}=\phi_{ir}^*$,$s_{N+r}=s_r^*$;$M$ 为系统模态阶数的 2 倍,即 $M=2N$。

设被测系统中共有 m 个实际测点,测试得到 L 个时刻的系统自由振动响应值,且 L 比 M 大得多。通常,实际测点数目 m 往往小于 M,为了使得测点数等于 M,需要采用延时方法由实际测点构造虚拟测点。假定延时为 $\Delta\tau$,其为采样时间间隔 Δt_s 的整数倍。虚拟测点的自由振动响应可表示为

$$\begin{cases} x_{i+m}(t_k)=x_i(t_k+\Delta\tau) \\ x_{i+2m}(t_k)=x_i(t_k+2\Delta\tau) \\ \vdots \end{cases} \tag{3.38}$$

这样便得到由实际测点和虚拟测点组成的 M 个测点在 L 个时刻的自由振动响应值所建立的响应矩阵 $[X]$,即

$$[X]_{M \times L} = \begin{bmatrix} x_1(t_1) & x_1(t_2) & \cdots & x_1(t_L) \\ x_2(t_1) & x_2(t_2) & \cdots & x_2(t_L) \\ \vdots & \vdots & & \vdots \\ x_m(t_1) & x_m(t_2) & \cdots & x_m(t_L) \\ x_{m+1}(t_1) & x_{m+1}(t_2) & \cdots & x_{m+1}(t_L) \\ \vdots & \vdots & & \vdots \\ x_M(t_1) & x_M(t_2) & \cdots & x_M(t_L) \end{bmatrix} \qquad (3.39)$$

令 $x_{ik} = x_i(t_k)$，并将式(3.37)代入式(3.39)，建立响应矩阵的关系式：

$$\begin{bmatrix} x_{11} & x_{12} & \cdots & x_{1L} \\ x_{21} & x_{22} & \cdots & x_{2L} \\ \vdots & \vdots & & \vdots \\ x_{M1} & x_{M2} & \cdots & x_{ML} \end{bmatrix} = \begin{bmatrix} \phi_{11} & \phi_{12} & \cdots & \phi_{1L} \\ \phi_{21} & \phi_{22} & \cdots & \phi_{2L} \\ \vdots & \vdots & & \vdots \\ \phi_{M1} & \phi_{M2} & \cdots & \phi_{ML} \end{bmatrix} \begin{bmatrix} e^{s_1 t_1} & e^{s_1 t_2} & \cdots & e^{s_1 t_L} \\ e^{s_2 t_1} & e^{s_2 t_2} & \cdots & e^{s_2 t_L} \\ \vdots & \vdots & & \vdots \\ e^{s_M t_1} & e^{s_M t_2} & \cdots & e^{s_M t_L} \end{bmatrix}$$

$$(3.40)$$

或简写为

$$[X]_{M \times L} = [\Phi]_{M \times L} [\Lambda]_{M \times L} \qquad (3.41)$$

将包括虚拟测点在内的每一个测点延时 Δt，其为采样时间间隔 Δt_s 的整数倍。由式(3.37)可得

$$\widetilde{x}_i(t_k) = x_i(t_k + \Delta t) = \sum_{r=1}^{M} \phi_{ir} e^{s_r(t_k + \Delta t)} = \sum_{r=1}^{M} \phi_{ir} e^{s_r \Delta t} e^{s_r t_k} = \sum_{r=1}^{M} \widetilde{\phi}_{ir} e^{s_r t_k}$$

$$(3.42)$$

其中

$$\widetilde{\phi}_{ir} = \phi_{ir} e^{s_r \Delta t} \qquad (3.43)$$

由 M 个测点在 L 个时刻的响应所构成的延时 Δt 的响应矩阵可表示为

$$[\widetilde{X}]_{M \times L} = [\widetilde{\Phi}]_{M \times L} [\Lambda]_{M \times L} \qquad (3.44)$$

由式(3.43)的关系，式(3.44)可化为

$$[\widetilde{\Phi}]_{M \times M} = [\Phi]_{M \times M} [\alpha]_{M \times M} \qquad (3.45)$$

式中，$[\alpha]$ 为对角矩阵，其对角线上的元素为

$$\alpha_r = e^{s_r \Delta t} \qquad (3.46)$$

将式(3.44)代入式(3.41)，可得

$$[\widetilde{X}] = [\Phi][\alpha][\Lambda] \qquad (3.47)$$

消去 $[\Lambda]$，经整理可得

$$[A][\Phi] = [\Phi][\alpha] \tag{3.48}$$

式中,矩阵$[A]$为方程$[A][X] = [\widetilde{X}]$的最小二乘解。

$[A]$可以有两种解法,它们的伪逆法求解表达式分别为

$$[A] = [\widetilde{X}][X]^{\mathrm{T}}([X][X]^{\mathrm{T}})^{-1} \tag{3.49}$$

$$[A] = [\widetilde{X}][\widetilde{X}]^{\mathrm{T}}([X][\widetilde{X}]^{\mathrm{T}})^{-1} \tag{3.50}$$

式(3.48)是一个标准的特征方程。矩阵$[A]$的第r阶特征值为$\mathrm{e}^{s_r \Delta t}$,相应特征向量为特征向量矩阵$[\Phi]$的第$r$列。设求得的特征值$V_r$为

$$V_r = \mathrm{e}^{s_r \Delta t} = \mathrm{e}^{(-\omega_r \xi_r + \mathrm{j} \omega_r \sqrt{1 - \xi_r^2}) \Delta t} \tag{3.51}$$

由此可求得系统的模态频率ω_r和阻尼比ξ_r,即

$$\begin{cases} R_r = \ln V_r = s_r \Delta t \\ \omega_r = \dfrac{|R_r|}{\Delta t} \\ \xi_r = \dfrac{\mathrm{Re}(R_r)}{\sqrt{(\mathrm{Re}(R_r))^2 + (\mathrm{Im}(R_r))^2}} \end{cases} \tag{3.52}$$

整理特征向量矩阵$[\Phi]$的前m行即为测点代表的M个振型。

3.2.2 ERA法

假定存在矩阵$\boldsymbol{H}^{\dagger}$满足

$$\boldsymbol{Q}_{\beta} \boldsymbol{H}^{\dagger} \boldsymbol{P}_{\alpha} = \boldsymbol{I}_r \tag{3.53}$$

其中,$\boldsymbol{I}_r$为r阶单位阵。根据式(3.53),有

$$\boldsymbol{H}(0) \boldsymbol{H}^{\dagger} \boldsymbol{H}(0) = \boldsymbol{P}_{\alpha} \boldsymbol{Q}_{\beta} \boldsymbol{H}^{\dagger} \boldsymbol{P}_{\alpha} \boldsymbol{Q}_{\beta} = \boldsymbol{P}_{\alpha} \boldsymbol{Q}_{\beta} = \boldsymbol{H}(0) \tag{3.54}$$

可知$\boldsymbol{H}^{\dagger}$是 Hankel 矩阵$\boldsymbol{H}(0)$的伪逆。对$\boldsymbol{H}(0)$进行奇异值分解(SVD):

$$\boldsymbol{H}(0) = \boldsymbol{U} \boldsymbol{\Sigma} \boldsymbol{V}^{\mathrm{T}} \tag{3.55}$$

其中,$\boldsymbol{U}$、$\boldsymbol{V}$为正交矩阵,$\boldsymbol{\Sigma}$为如下矩阵:

$$\boldsymbol{\Sigma} = \begin{bmatrix} \boldsymbol{\Sigma}_r & 0 \\ 0 & 0 \end{bmatrix} \tag{3.56}$$

其中

$$\boldsymbol{\Sigma}_r = \mathrm{diag}[\sigma_1 \quad \sigma_2 \quad \cdots \quad \sigma_i \quad \sigma_{i+1} \quad \cdots \quad \sigma_r] \tag{3.57}$$

$$\sigma_1 \geqslant \sigma_2 \geqslant \cdots \geqslant \sigma_i \geqslant \sigma_{i+1} \geqslant \cdots \geqslant \sigma_r \geqslant 0 \tag{3.58}$$

设$\boldsymbol{U}_r$、$\boldsymbol{V}_r$为$\boldsymbol{U}$、$\boldsymbol{V}$正交矩阵的前r列,则

$$\boldsymbol{H}(0) = \boldsymbol{U}_r \boldsymbol{\Sigma}_r \boldsymbol{V}_r^{\mathrm{T}}, \quad \boldsymbol{U}_r \boldsymbol{U}_r^{\mathrm{T}} = \boldsymbol{V}_r \boldsymbol{V}_r^{\mathrm{T}} = \boldsymbol{I}_r \tag{3.59}$$

$$H^{\dagger} = V_r \Sigma_r^{-1} U_r^{\mathrm{T}} \tag{3.60}$$

P_{α}、Q_{β} 可以选择为

$$P_{\alpha} = U_r \Sigma_r^{1/2}, \quad Q_{\beta} = \Sigma_r^{1/2} V_r^{\mathrm{T}} \tag{3.61}$$

当 $k=1$,可得

$$H(1) = P_{\alpha} A Q_{\beta} = U_r \Sigma_r^{1/2} A \Sigma_r^{1/2} V_r^{\mathrm{T}} \tag{3.62}$$

则状态矩阵 A 可写为

$$A = \Sigma_r^{-1/2} U_r^{\mathrm{T}} H(1) V_r \Sigma_r^{-1/2} \tag{3.63}$$

定义如下变换矩阵:

$$E_m^{\mathrm{T}} = \begin{bmatrix} I_m & 0_m & \cdots & 0_m \end{bmatrix}, \quad E_l = \begin{bmatrix} I_l & 0_l & \cdots & 0_l \end{bmatrix} \tag{3.64}$$

其中,m 表示测点数目;l 表示激励点数目;I 表示单位矩阵;0 表示零矩阵。

其中,有

$$h(k) = E_m^{\mathrm{T}} H(k) E_l = E_m^{\mathrm{T}} P_{\alpha} A^k Q_{\beta} E_l \tag{3.65}$$

代入式(3.62),可得

$$h(k) = E_m^{\mathrm{T}} P_{\alpha} A^k Q_{\beta} E_l = E_m^{\mathrm{T}} P_{\alpha} [Q_{\beta} H^{\dagger} P_{\alpha}] A^k [Q_{\beta} H^{\dagger} P_{\alpha}] Q_{\beta} E_l \tag{3.66}$$

综合上述公式,不难得到

$$h(k) = E_m^{\mathrm{T}} H(0) [V_r \Sigma_r^{-1} U_r^{\mathrm{T}}] P_{\alpha} A^k Q_{\beta} [V_r \Sigma_r^{-1} U_r^{\mathrm{T}}] H(0) E_l \tag{3.67}$$

化简可得

$$h(k) = E_m^{\mathrm{T}} H(0) V_r \Sigma_r^{-1/2} A^k \Sigma_r^{-1/2} U_r^{\mathrm{T}} H(0) E_l \tag{3.68}$$

进而可得

$$h(k) = E_m^{\mathrm{T}} H(0) V_r \Sigma_r^{-1/2} [\Sigma_r^{-1/2} U_r^{\mathrm{T}} H(1) V_r \Sigma_r^{-1/2}]^k \Sigma_r^{-1/2} U_r^{\mathrm{T}} H(0) E_l \tag{3.69}$$

进一步变换,可得

$$h(k) = E_m^{\mathrm{T}} U_r \Sigma_r^{1/2} [\Sigma_r^{-1/2} U_r^{\mathrm{T}} H(1) V_r \Sigma_r^{-1/2}]^k \Sigma_r^{1/2} V_r^{\mathrm{T}} E_l \tag{3.70}$$

一个线性系统用状态方程描述如下:

$$X(K+1) = AX(K) + BF(K)$$

$$Y(K) = CX(K)$$

式中,K 为采样点序号;$F(K)$ 为输入向量;A 为系统矩阵;B 为输入矩阵;C 为输出矩阵。

其中,矩阵 A、B、C 的基本计算公式为

$$A = \Sigma_r^{-1/2} U_r^{\mathrm{T}} H(1) V_r \Sigma_r^{-1/2} \tag{3.71}$$

$$B = \Sigma_r^{1/2} V_r^{\mathrm{T}} E_l \tag{3.72}$$

$$C = E_m^{\mathrm{T}} U_r \Sigma_r^{1/2} \tag{3.73}$$

矩阵 A、B、C 为系统的最小实现。

3.2.3　SSI 法

随机空间辨识(statistic subspace identification,SSI)方法源于线性定常系统的可观可控性理论,具有辨识精度高和数值运算稳定等特点。状态子空间系统辨识算法是多输入多输出系统模型参数辨识的有效方法之一,特别是对于复杂的高阶系统,比传统的方法优越。同传统的方法比较,该方法不需要对系统有太多的了解,只需要给定模型的阶次,而且在辨识过程中可以估计出模型的阶次。

矩阵的正交投影或者斜向投影可以通过 $\boldsymbol{LQ}$ 分解运算来实现,$\boldsymbol{LQ}$ 分解运算为线性代数中的 $\boldsymbol{QR}$ 分解运算的转置。

对于矩阵 $\boldsymbol{A}\in\mathbb{R}^{p\times j}$ 和 $\boldsymbol{B}\in\mathbb{R}^{q\times j}$,可以有如下 $\boldsymbol{LQ}$ 运算:

$$\begin{pmatrix}\boldsymbol{B}\\\boldsymbol{A}\end{pmatrix}=\boldsymbol{L}\boldsymbol{Q}^{\mathrm{T}}=\begin{pmatrix}\boldsymbol{L}_{11}&\boldsymbol{0}\\\boldsymbol{L}_{21}&\boldsymbol{L}_{22}\end{pmatrix}\begin{pmatrix}\boldsymbol{Q}_{1}^{\mathrm{T}}\\\boldsymbol{Q}_{2}^{\mathrm{T}}\end{pmatrix} \tag{3.74}$$

其中,$\boldsymbol{L}\in\mathbb{R}^{(p+q)\times(p+q)}$ 为下三角矩阵,并有子矩阵 $\boldsymbol{L}_{11}\in\mathbb{R}^{q\times q}$,$\boldsymbol{L}_{21}\in\mathbb{R}^{p\times q}$,$\boldsymbol{L}_{22}\in\mathbb{R}^{p\times p}$。$\boldsymbol{Q}\in\mathbb{R}^{(p+q)\times j}$ 为正交矩阵,即

$$\boldsymbol{Q}^{\mathrm{T}}\boldsymbol{Q}=\begin{pmatrix}\boldsymbol{Q}_{1}^{\mathrm{T}}\\\boldsymbol{Q}_{2}^{\mathrm{T}}\end{pmatrix}(\boldsymbol{Q}_{1}\quad\boldsymbol{Q}_{2})=\begin{pmatrix}\boldsymbol{I}_{p}&\boldsymbol{0}\\\boldsymbol{0}&\boldsymbol{I}_{q}\end{pmatrix}$$

根据式(3.74),可得

$$\boldsymbol{B}=(\boldsymbol{L}_{11}\quad\boldsymbol{0})\begin{pmatrix}\boldsymbol{Q}_{1}^{\mathrm{T}}\\\boldsymbol{Q}_{2}^{\mathrm{T}}\end{pmatrix},\boldsymbol{A}=(\boldsymbol{L}_{21}\quad\boldsymbol{L}_{22})\begin{pmatrix}\boldsymbol{Q}_{1}^{\mathrm{T}}\\\boldsymbol{Q}_{2}^{\mathrm{T}}\end{pmatrix} \tag{3.75}$$

矩阵 $\boldsymbol{A}$ 的行空间向矩阵 $\boldsymbol{B}$ 的行空间的正交投影,即 $\boldsymbol{A}/\boldsymbol{B}$,可写为

$$\boldsymbol{A}/\boldsymbol{B}=\boldsymbol{A}\boldsymbol{B}^{\mathrm{T}}(\boldsymbol{B}\boldsymbol{B}^{\mathrm{T}})^{\dagger}\boldsymbol{B}=\boldsymbol{L}_{21}\boldsymbol{L}_{11}^{\mathrm{T}}(\boldsymbol{L}_{11}\boldsymbol{L}_{11}^{\mathrm{T}})^{\dagger}\boldsymbol{L}_{11}\boldsymbol{Q}_{1}^{\mathrm{T}} \tag{3.76}$$

因为 $\boldsymbol{L}_{11}$ 是满秩的,有 $(\boldsymbol{L}_{11}\boldsymbol{L}_{11}^{\mathrm{T}})^{\dagger}=(\boldsymbol{L}_{11}\boldsymbol{L}_{11}^{\mathrm{T}})^{-1}$,其中上标 † 表示伪逆,则式(3.76)可写为

$$\boldsymbol{A}/\boldsymbol{B}=\boldsymbol{L}_{21}\boldsymbol{Q}_{1}^{\mathrm{T}} \tag{3.77}$$

同理,矩阵 $\boldsymbol{A}$ 的行空间向矩阵 $\boldsymbol{B}$ 的行空间的正交补空间的正交投影,即 $\boldsymbol{A}/\boldsymbol{B}^{\perp}$,可写为

$$\boldsymbol{A}/\boldsymbol{B}^{\perp}=\boldsymbol{A}-\boldsymbol{A}/\boldsymbol{B}=\boldsymbol{L}_{22}\boldsymbol{Q}_{2}^{\mathrm{T}} \tag{3.78}$$

对于矩阵 $\boldsymbol{A}\in\mathbb{R}^{p\times j}$、$\boldsymbol{B}\in\mathbb{R}^{q\times j}$ 和 $\boldsymbol{C}\in\mathbb{R}^{r\times j}$,可以有如下 $\boldsymbol{LQ}$ 运算:

$$\begin{pmatrix}\boldsymbol{B}\\\boldsymbol{C}\\\boldsymbol{A}\end{pmatrix}=\boldsymbol{L}\boldsymbol{Q}^{\mathrm{T}}=\begin{pmatrix}\boldsymbol{L}_{11}&\boldsymbol{0}&\boldsymbol{0}\\\boldsymbol{L}_{21}&\boldsymbol{L}_{22}&\boldsymbol{0}\\\boldsymbol{L}_{31}&\boldsymbol{L}_{32}&\boldsymbol{L}_{33}\end{pmatrix}\begin{pmatrix}\boldsymbol{Q}_{1}^{\mathrm{T}}\\\boldsymbol{Q}_{2}^{\mathrm{T}}\\\boldsymbol{Q}_{3}^{\mathrm{T}}\end{pmatrix} \tag{3.79}$$

可以得到

$$B = (L_{11} \quad \mathbf{0} \quad \mathbf{0})Q^{\mathrm{T}} \tag{3.80}$$

$$C = (L_{21} \quad L_{22} \quad \mathbf{0})Q^{\mathrm{T}} \tag{3.81}$$

$$A = (L_{31} \quad L_{32} \quad L_{33})Q^{\mathrm{T}} \tag{3.82}$$

进而可以得到如下表达式：

$$A/B^{\perp} = A - A/B = L_{32}Q_2^{\mathrm{T}} + L_{33}Q_3^{\mathrm{T}} \tag{3.83}$$

$$C/B^{\perp} = C - C/B = L_{22}Q_2^{\mathrm{T}} \tag{3.84}$$

因为 L_{22} 为满秩矩阵，Q 为正交矩阵，有

$$[A/B^{\perp}] \cdot [C/B^{\perp}]^{\dagger} = (L_{32}Q_2^{\mathrm{T}} + L_{33}Q_3^{\mathrm{T}})Q_2L_{22}^{-1} = L_{32}L_{22}^{-1} \tag{3.85}$$

则矩阵 A 的行空间沿着矩阵 B 的行空间斜向投影到矩阵 C 的行空间的运算可以通过 LQ 运算实现：

$$A/_B C = [A/B^{\perp}] \cdot [C/B^{\perp}]^{\dagger} \cdot C$$

$$= L_{32}L_{22}^{-1}(L_{21} \quad L_{22})\begin{pmatrix} Q_1^{\mathrm{T}} \\ Q_2^{\mathrm{T}} \end{pmatrix} \tag{3.86}$$

3.2.4 在轨辨识实例

以某卫星模型为例，使用 ITD 法进行模态辨识。ITD 法的具体识别过程和实施要点如下：

① 首先对被测试结构以某种方式激起自由振动响应，可以利用推进器激励产生冲击时，测量太阳阵上的自由振动响应实现。

② 对被识别的结构系统的自由衰减响应按照一定的要求进行记录，记录的响应为加速度信号，因为要进行振型分析，所以测点的布置个数要能全面反映其模态阶数，否则不能全面反映其分析范围内的模态阶数。如若仅进行单个测点的布置，则仅能识别模态频率和阻尼比，本例进行了 6 个点的布局以反映前三阶模态振型。

根据在 ADAMS 中进行模态辨识的仿真数据，导入 ITD 模型中进行辨识方法的有效性检验。其振型如图 3.13～图 3.15 所示。

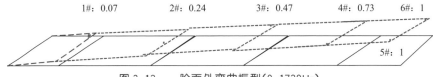

图 3.13 一阶面外弯曲振型(0.1739Hz)

根据在 ITD 模型中计算的结果可以看出，无论是模态频率还是模态振型都能很好地辨识，可见 ITD 法能够体现出其有效性。

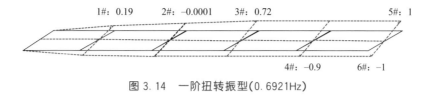

1#: 0.19　　2#: −0.0001　　3#: 0.72　　5#: 1

4#: −0.9　　6#: −1

图 3.14　一阶扭转振型(0.6921Hz)

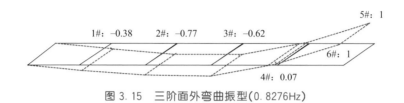

1#: −0.38　　2#: −0.77　　3#: −0.62　　5#: 1

6#: 1

4#: 0.07

图 3.15　三阶面外弯曲振型(0.8276Hz)

本章小结

　　通过对挠性结构低频微振动测量技术的研究,本章对常用的在轨模态辨识技术进行了介绍,并且给出了在轨模态辨识的实例。模态辨识技术能为姿轨控系统提供有效的参数,从而避免挠性附件与低频振源的耦合,以此来达到辨识耦合振动工程风险的目的。这类方法具有较高的可靠性和一定的自适应调节性,可用于修正航天器动力学模型,也是进行挠性振动控制的基础。

参 考 文 献

[1]　王豪,董广明,陈进,等.线调频小波 WVD 用于非平稳信号分析研究[J].北京信息科技大学学报(自然科学版),2020,35(05):5-8,70.

[2]　张弛,董广明,赵发刚.航天器典型结构热致振动产生条件结构影响因素分析[J].噪声与振动控制,2020,40(05):33-38.

[3]　陈剑雨,董广明,陈进,等.基于 Vold-Kalman 阶次提取的非平稳声源定位方法[J].噪声与振动控制,2021,41(4):1-4.

[4]　张弛,董广明,陈进,等.航天器热-结构耦合故障机理与解决方案研究综述[C].2020 年全国设备监测诊断与维护学术会议,福建,2020.

[5]　赵煜,周东强."海洋二号"卫星主动段、自由飞行段力学环境测量与分析[J].航天器环境工程,2012,29(04):458-463.

[6]　张振华,杨雷,庞世伟.高精度航天器微振动力学环境分析[J].航天器环境工程,2009,26

(6):528-534.

[7]　马兴瑞,于登云,韩增尧,等. 星箭力学环境分析与试验技术研究进展[J]. 宇航学报,2006,27(3):323-331.

[8]　Kammer D C. Sensor placement for on-orbit model identification and correlation of large space structure[J]. J. of Guidance,Control and Dynamics,1991,14(2):251-259.

[9]　Anthony T,Andersen G. On-orbit modal identification of the hubble space telescope[C]. Proceedings of the American Control Conference Seattle,Washington,1995.

[10]　Sylvester C M. System identification of an on orbit spacecraft's antenna dynamics[D]. Ohio:Department of the Air Force Air University,2009.

[11]　Bayard D S,Hadaegh F Y,Yam Y,et al. Automated on-orbit frequency domain identification for large space structures[J]. Automatica,1991,27:931-946.

[12]　Yamaguchi I,Kida T,Komatsu K,et al. ETS-Ⅵ on-orbit system Identification experiments[J]. JSME International Journal,1997,40(4):623-629.

[13]　山口功,葛西时雄. 航天工程领域的系统辨识[J]. 控制工程,2003,6:51-58.

第 **4** 章

低频微振动抑制技术

本章研究的低频微振动主要对象是航天器挠性附件,挠性附件主要是指航天器大型天线、太阳阵、桁架式结构等附属在卫星平台上的低频结构。挠性附件由于尺寸较大,一般具有低频特性,这种结构在受到外部激励或者卫星机动时会产生低频扰动,该扰动可能会耦合进卫星姿轨控系统中,造成姿态稳定度和指向精度误差增大,进而对任务造成影响。

本章主要总结了卫星中常用的挠性结构低频微振动抑制方法,并给出几种典型的设计实例。

4.1　低频挠性附件结构及影响

随着卫星朝高分辨率的方向发展,大型挠性部件在航天工程中的使用也越来越多。挠性化、大型化和轻型化逐渐成为航天器结构发展的一个重要方向[1]。如图 4.1(a)所示为核分光望远镜阵列(NuSTAR),其长达数十米的可展开桁架为光学载荷提供支撑;詹姆斯·韦伯太空望远镜结构如图 4.1(b)所示,展开的次镜结构以及遮光板均为挠性附件;空间站机械臂结构如图 4.1(c)所示,可实现目标捕获、载荷转移和舱外状态监视;"天宫一号"空间站[图 4.1(d)]机械臂是典型的挠性结构,空间站依托桁架结构形成组合体,太阳翼及冷板等外部设备均可安装在桁架结构上。这些大型挠性结构由于自身小重量、低刚度、弱阻尼的特点,受到扰动

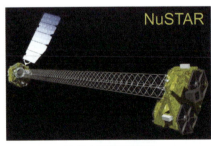

(a) 核分光望远镜阵列

(b) 詹姆斯·韦伯太空望远镜

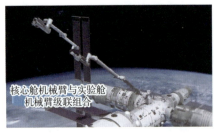

(c) 空间站机械臂

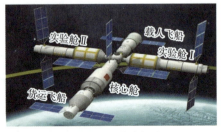

(d) "天宫一号"空间站

图 4.1　航天器结构中的典型挠性部件

后就容易激起频率低、幅度大、持续时间长的振动。

挠性部件的低频振动会严重影响卫星的正常工作,如降低光学载荷的分辨率和成像精度,增大通信载荷的误码率,甚至会与卫星的姿态运动耦合,导致航天器任务失效[2]。美国学者研究表明,角秒级的角振动,即可对轨道高度 500km 的对地观测卫星造成星下点成像定位超过 5m 的误差[3]。受大型挠性结构的振动而导致卫星载荷无法正常工作的例子有很多,例如:"资源一号"卫星 01 星由于相机侧镜产生的挠性振动导致获得的图像精度受到干扰[4];"风云三号"卫星也发生过太阳阵低频振动与成像仪运动耦合,从而造成巨大损失[5]。对挠性振动研究不足导致航天事故的例子有很多,例如:1982 年,美国"Landsat-4"号卫星的观测仪由于卫星太阳阵驱动系统和卫星主体姿态控制系统相互产生耦合作用,导致观测仪性能受到严重影响[6];1990 年,哈勃太空望远镜[图 4.2(a)]在进出阴影时由于挠性太阳阵的热变形引起其弹性振动,导致整个望远镜系统姿态稳定性下降,从而影响了图像的质量[7];我国"东方红三号"卫星[图 4.2(b)]由于太阳阵挠性参数估计不准,持续振动,导致频繁喷气[8];日本的先进地球观测卫星 1 号(Adeos-1)因太阳阵恒定张力机构摩擦加大,张力重复波动导致卫星最后彻底失效[9]。以上这些事故产生的主要原因是对航天器模型的研究和分析不够到位,对太空环境对航天器的影响考虑得不够充分,从而导致在地面仿真试验时没有能够充分模拟挠性航天器的运行状态和运行环境,未考虑一些重要的外部影响因素,导致挠性航天器在太空正式运行时发生部分功能指标降低、失效,甚至是彻底失败[10]。因为挠性附件结构刚度低,模态频率密集,其转动、展开或者收缩通常会使系统的动力学结构特性和参数发生变化。因此,显著的挠性性质对航天器姿态控制系统的控制能力要求更高。另外,航天器本体的姿态运动或者转动也会引起挠性附件的振动,反之,当挠性附件的振动低频模态与系统的带宽有重合时,挠性振动就会与航天器的控制作用产生相互影响,对航天器的姿态控制产生扰动,从而影响航天器姿态控制效果和正常运行。

(a)哈勃太空望远镜　　　　　　　　(b)"东方红三号"卫星

图 4.2　产生过挠性振动故障的航天器

综上,从航天器发展来看,大型化、轻质化挠性附件的安装使用已经成为主流趋势,由此带来的系统特性改变十分明显,以太阳电池阵为代表的挠性大型结构虽然是轻质结构,但由于尺寸巨大,质量和转动惯量在整个系统中所占的比重明显上升,挠性附件的振动对系统的影响越来越明显。这些挠性结构振动基频一般低至亚赫兹,而且结构阻尼较小、振动衰减耗时长。当航天器受到外部干扰(如撞击、热交变等)、系统内部干扰(如天线、微波成像仪等偏心结构的运动等)和有姿态机动任务时,挠性附件将很容易被激起振动。研究航天器挠性结构振动抑制的相关方法,可提升我国的航天探测能力,进一步促进空间技术的发展,这对于我国从航天大国走向航天强国具有重要的现实意义。

4.2 挠性结构航天器建模方法

挠性航天器进行动力学建模前,首先需要对航天器的挠性形变进行描述,目前描述挠性形变的方法主要有以下几种。

(1)分布参数法

分布参数法无需任何抽象与简化,直接将挠性结构当作一个连续体来进行描述,能够准确地表征航天器的挠性形变,但采用该方法建立的偏微分方程形式复杂,难以求解。

(2)集中参数法[11]

集中参数法将连续的挠性结构离散为若干质量点来进行描述,通过将质量离散化,简化了系统分析过程,适用于描述振幅大、频率低的挠性振动,但对于小形变挠性体的建模精度不高。

(3)有限元法[12]

有限元法将航天器的挠性结构分割为有限个质量节点,各节点之间满足相应的力和位移协调条件,根据这些协调条件将离散的节点集成到一起,便可以得到整个挠性结构的形变情况。有限元模型的阶数较高,在使用之前需要对其进行适当降阶。

(4)模态坐标法

模态坐标法通过定义广义模态坐标和模态振型,将挠性结构的振动动力学进行模态解耦,动力学模型的最终形式为微分方程,便于控制器设计,比较典型的方法有约束模态法[13]和非约束模态法[14]。

在合理准确地描述挠性部件振动的基础上,开展挠性航天器的动力学建模的工作。目前常用的动力学建模方法主要有以下几种。

（1）牛顿-欧拉法

该方法在建立动力学方程时，先将一个复杂多体隔离成多个单体，采用动量和动量矩定理分别对这些单体进行建模，再将建模结果组合到一起，得到整个系统的动力学方程。牛顿-欧拉法物理意义清晰，但是分析过程繁琐复杂。

（2）凯恩法

该方法将广义速率作为独立变量，通过引入偏速度和偏角速度计算系统的广义力和广义惯性力，然后依据 d'Alembert-Lagrange 原理推导动力学方程。凯恩法建模过程比较晦涩，不便于理解和分析，但建模过程较为简单，已形成了规范化的建模流程。

（3）拉格朗日法

该方法首先求取系统内各质点的动能及势能表达式，建立系统的拉格朗日函数，进而通过求解拉格朗日偏微分方程建立系统的动力学模型。拉格朗日法过程简单，无须对约束力和反约束力进行分析，但是其计算量较大。

在模态空间下表征的大挠性卫星动力学模型，其维数是无穷大的，然而航天器搭载敏感器和执行机构的数目，以及星载计算机的运算能力都是有限的。为了方便控制系统设计，降低系统的复杂程度，必须对大挠性卫星的动力学模型进行适当的降阶处理。在控制领域中，有许多成熟的模型降阶方法，如 Hessenberg 法、系统内平衡法、代价分析法等。在应用这些方法对动力学模型进行降阶时，还需要考虑系统的惯性完备性，使得被截断模态的有效质量在其刚体质量中所占的比重是一个允许忽略的小量。

4.3　挠性结构低频振动抑制方法

目前，针对大型挠性结构的低频振动抑制技术主要包括串联被动阻尼元件、串联主动抑振平台，以及采用姿轨控系统算法等低频振动抑制方法。

4.3.1　被动阻尼元件抑振

为了降低桁架结构低频振动对光学载荷成像精度的影响，JPL（喷气推进实验室）与 MIT（麻省理工学院）共同研制了一种黏滞流体阻尼器，通过在桁架结构中串联阻尼器来实现桁架结构的振动抑制[15]。该阻尼器结构如图 4.3 所示，轴向长度为 5in（约 12.7cm），当轴向位移传递到阻尼器时，弓形结构被挤压产生较大的变形，阻尼液被强迫通过阻尼孔，产生流体的剪切应力，损耗能量，达到阻尼效果。JPL 将该阻尼器串联在地面桁架结构上完成了试验验证，试验方案如图 4.4 所示。

在桁架上施加激励,测量桁架末端光学载荷处的位移输出,并与未安装阻尼器时的响应进行对比,试验结果如图 4.5 所示。在桁架上串联阻尼器,能够将结构的共振放大系数由几百降低至个位数,同时桁架的基频仅降低 5% 左右。这说明在桁架上安装阻尼器,可以有效降低桁架结构的共振峰值,同时可以保证结构的刚度在安装阻尼器后无显著降低。验证了安装阻尼器对于桁架结构振动抑制的有效性。

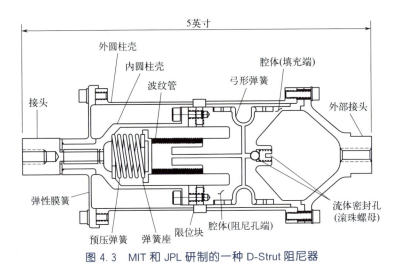

图 4.3　MIT 和 JPL 研制的一种 D-Strut 阻尼器

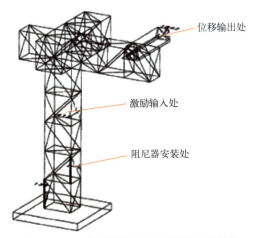

图 4.4　JPL 的桁架安装阻尼器的试验方案

　　日本学者 Junjiro Onoda 提出的串联磁流变阻尼器的桁架结构振动抑制方案如图 4.6 所示。通过在桁架串联磁流变阻尼器实现振动抑制,根据桁架末端的位移响应调节阻尼也可以实现变阻尼的半主动控制。其设计的阻尼器剖视图详见图 4.7。

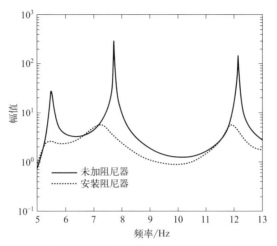

图 4.5　JPL 阻尼器在桁架上的效果

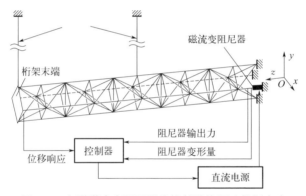

图 4.6　串联磁流变阻尼器的桁架结构振动抑制方案

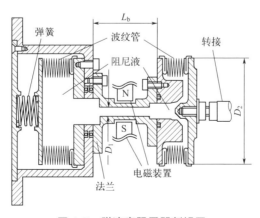

图 4.7　磁流变阻尼器剖视图

4.3.2 主动抑振方法

除串联被动阻尼器外,还可以采用主动构件作为阻尼元件代替部分桁架杆件,通过控制主动构件增加挠性结构的阻尼,抑制挠性振动。近年来,采用智能材料对挠性部件进行振动抑制也取得了长足进展,其具有质量小、响应迅速、可兼作传感器与作动器等优点,适用于挠性体振动抑制。图 4.8 所示为在地面使用主动杆代替大型环形天线结构中的部分桁架[16],并进行振动控制试验,位移响应幅值可衰减 92.3%。

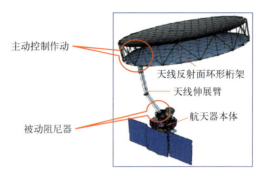

图 4.8 主动杆代替部分桁架原理

在桁架根部串联压电作动杆对挠性部件进行控制的原理如图 4.9 所示。此外,陈春强等[17]将悬臂板设计成电流变夹层板结构,利用变刚度控制降低悬臂板的振动水平。孙杰等[18]将压电纤维复合材料分布式布置在挠性体表面,采用线性二次型最优控制算法进行主动控制,可以实现对航天器挠性振动的快速抑制。文献[19]首先通过分力合成方法设计控制力矩对挠性系统进行姿态机动,针对模型参数不确定性和外部干扰导致系统存在残余振动,以压电智能材料为执行器提出了一种最优正位置反馈控制器,针对振动系统模型的非匹配不确定性问题,提出了一种动态输出反馈变结构控制器。仿真分析表明,复合控制方法能够在保证系统姿态精度的同时对残余振动进行有效控制。

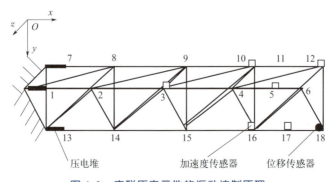

图 4.9 串联压电元件的振动控制原理

串联多自由度主动平台也是降低挠性附件低频振动的常用方法。基于并联机构 Stewart 平台的挠性振动抑制方法原理如图 4.10 所示,实质上是一种根部控制策略,通过控制上平台的位姿来实现抑制挠性体振动的目的,克服了挠性结构表面难以加装作动器或者作动器驱动力不足的缺点,在大型复杂挠性航天器的挠性振动抑制中具有很好的应用前景。但利用以压电元件为主的智能材料控制挠性振动的方法对于振幅大、基频小的挠性振动存在驱动力不足的问题。此外,在空间大型挠性体上布置压电驱动器会影响挠性体的收拢和展开过程,增加系统的附加质量,降低系统的可靠性,在工程应用中需要详细分析。

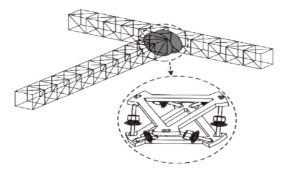

图 4.10 基于并联机构 Stewart 平台的挠性振动抑制方法原理

4.3.3 采用姿轨控系统算法抑制低频振动

通过姿轨控内部算法减小挠性部件低频振动对姿态的影响是常用的手段,因其不引入额外的硬件而具有低成本优势。一般常用前馈控制方法进行航天器挠性附件低频振动的抑制,具体来讲,有输入成形和分力合成两种方法[20]。

输入成形方法是指将具有一定规律的控制指令与脉冲序列相卷积,最终得到的结果作为系统的控制输出。控制规律设计与系统的运动需求相关。而脉冲序列的设计需要以获取系统频率和阻尼系数为基础。Tuttle 等[21]在对挠性航天器进行地面控制实验时,将输入成形方法对挠性附件振动的控制效果做了验证,实验结果表明,该方法振动控制效果明显。Banerjee[22]以带挠性天线的航天器为研究对象,使用输入成形方法对其振动进行控制,仿真结果表明,在该方法的作用下,挠性天线的残余振动量明显降低。国内的施桂国等[23]提出了对太阳阵原始转速指令进行整型并补偿电机定位扭矩的控制策略,该策略对于设计参数误差和模型参数变化具有较强的鲁棒性。许多其他的控制策略已经和输入成形方法结合使用来控制系统的运动。Song 等[24]将脉冲调宽调频(PWPF)调制器和输入成形方法相结合,来抑制带有挠性附件的航天器的振动,并且达到了较好的控制效果。Hu 等[25]设计变结构输入成形器消除挠性系统的残留振动。Mohamed 等提出了基于输入成形方法的前馈控制和基于 PID 的反馈控制相结合的控制方法,并通过挠性机械臂的试验,验证了该方法的有效性。Newman 等[26]针对空间机械臂多频率定位运动引起的末端执行器的振动,设计了输入成形和神经网络相结合的振动抑制方法。

分力合成方法的实质是利用几个相同或相似的随时间变化的力作为分力,它们按一定的规律沿时间轴排列合成为挠性系统的输入,可在实现指定刚体运动的同时有效抑制对系统影响较大的任意多阶振动分量(挠性系统的刚体运动要求由分力的时变规律来保证,各分力在时间轴上的排列规则用以抑制振动)。只需知道需要抑制的各阶振动的频率和阻尼即可,无需大量、复杂的数值计算。Hu 等[27]以带喷气机构执行器的挠性航天器为研究对象,将分力合成主动振动控制方法与滑模变结构控制相结合,对挠性航天器进行姿态机动及振动控制。张建英等[28]从频域角度出发,将通过分力合成方法设计的姿态控制力矩应用脉宽调制(pulse-width modulation)转换成一系列常幅值的控制力矩,以解决挠性航天器姿态机动和姿态机动过程中的挠性附件振动问题。Liu 等[29]提出将分力合成方法与脉冲调宽调频技术相结合的思路。通过对脉冲调宽调频相关参数的设计最终得到目标控制力矩指令。该方法的主要优势在于通过合理设计脉冲周期数避免控制溢出问题。

姿轨控系统算法对挠性部件振动的控制效果较好,但当航天器受到外界干扰时,控制效果容易受到影响,并且其应用局限于挠性航天器姿态机动过程。

4.4 低频微振动被动控制技术

低频微振动对星体扰动抑制的一个经典案例为哈勃太空望远镜在进出阴影时太阳阵受到热致振动的抑制。哈勃太空望远镜采用黏弹性阻尼材料设计了阻尼器,将阻尼器串联在太阳阵和星体之间来快速衰减低频振动。本节通过类似的被动隔振方案,以星上典型的挠性部件太阳阵为例,通过在太阳阵根部进行流体阻尼器的设计来进行低频振动抑制。

4.4.1 总体方案

为了抑制太阳阵的低频振动,采用在太阳阵根部与星体连接处串联安装流体阻尼器的方法,增加太阳阵结构的阻尼比,提高结构的振动衰减能力,在每个振动周期内通过阻尼消耗能量来达到低频振动快速衰减的目的。本节的阻尼器安装方案如图 4.11 所示。

流体阻尼器安装在太阳阵根部的连接架与卫星星体之间,当太阳阵电池板受到激励产生低频振动时,激励位移传递到流体阻尼器处使阻尼器发生形变,进而压

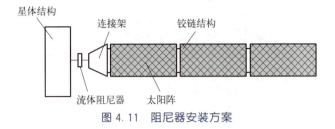

图 4.11　阻尼器安装方案

迫阻尼器内阻尼液在阻尼腔内流动,由于阻尼效应消耗能量,从而起到振动抑制的作用。

4.4.2　模态分析

一般来讲,太阳阵的基频越高越有利于卫星姿轨控的控制,然而串联阻尼器会带来整体基频降低的影响,因此在采用串联被动阻尼器的方案时,串联阻尼器后对整体模态的影响需要关注。对太阳阵基频的影响分析一般通过太阳阵的模态分析完成。太阳阵的三维模型如图 4.12 所示,其主要部分为太阳阵帆板与连接架。左端安装在卫星星体上,将连接架左端视为固定端约束。

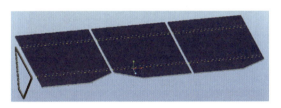

图 4.12　太阳阵三维模型

太阳阵帆板为多层结构,如图 4.13 所示,主要由内部铝蜂窝芯子、芯子内埋梁、芯子外上下两层碳纤维蒙皮以及帆板表面安装的电池片组成。帆板之间的铰链通过帆板内埋梁相连。

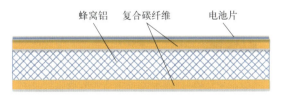

图 4.13　太阳阵帆板结构模型

建立太阳阵有限元模型,如图 4.14 所示。对帆板上下层碳纤维蒙皮进行复合材料铺层,使用壳单元对帆板各层进行建模;内埋梁与连接架采用梁单元进行模拟;各铰链结构简化为弹簧单元。在连接架底端施加固定约束并进行模态分析,安装阻尼器前后太阳阵前三阶模态如图 4.15 所示。

图 4.14　太阳阵有限元模型

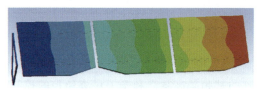

(a) 太阳阵一阶模态(0.721Hz)

(b) 太阳阵二阶模态(1.962Hz)

(c) 太阳阵三阶模态(2.055Hz)

(d) 安装阻尼器后太阳阵一阶模态(0.708Hz)

(e) 安装阻尼器后太阳阵二阶模态(1.944Hz)

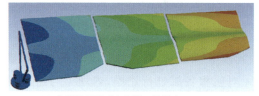

(f) 安装阻尼器后太阳阵三阶模态(2.058Hz)

图 4.15　安装阻尼器前后太阳阵前三阶模态

安装阻尼器前后太阳阵前六阶模态频率如表 4.1 所示,流体阻尼器的安装使太阳阵前六阶模态频率降低约 3%,对原结构频率影响不大。

表 4.1 安装阻尼器前后的模态频率变化

	安装阻尼器前	安装阻尼器后
一阶模态频率/Hz	0.721	0.708
二阶模态频率/Hz	1.962	1.944
三阶模态频率/Hz	2.055	2.058
四阶模态频率/Hz	3.529	3.483
五阶模态频率/Hz	4.126	4.126
六阶模态频率/Hz	4.304	4.300

4.4.3 减振效果仿真分析

建立带有流体阻尼器的太阳阵有限元模型,采用流固耦合的有限元仿真方法,对流体部分与固体部分分别进行网格划分。最终固体部分的有限元模型如图 4.16 所示。

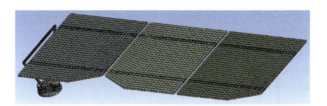

图 4.16 安装阻尼器的太阳阵固体部分有限元模型

为了获取多阶模态抑制效果,通常采用多个阻尼器并联的构型,对三个互相独立的流场进行网格划分。流体部分的有限元模型如图 4.17 所示。

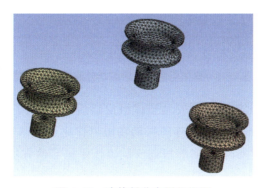

图 4.17 流体部分有限元模型

将阻尼器底端 B 设置为固定端,向阻尼器与太阳阵之间的连接架 A 施加持续时间为 1s、大小为 10N 的力激励,将固体与流体接触的面设置为耦合面进行仿真分析。通过流固耦合的方法仿真得到了太阳阵上 C、D、E 三点速度随时间变化的情况,得到安装该阻尼器前后太阳阵振动衰减情况。仿真参数设置如图 4.18 所示。

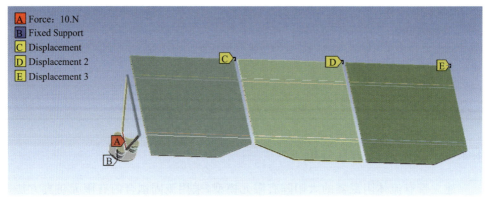

图 4.18   仿真参数设置

在上述参数设置下,对阻尼器介入方案进行仿真分析,并对图 4.18 中所示 C、D、E 三点的速度进行计算,仿真结果如图 4.19～图 4.21 所示。

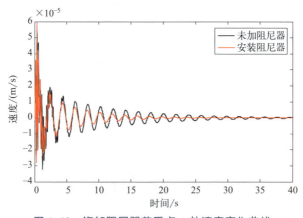

图 4.19   施加阻尼器前后点 C 处速度变化曲线

由图中可知,在太阳阵根部安装流体阻尼器后,C、D、E 三点速度响应幅值随时间快速降低,激励停止后太阳阵的振动在阻尼作用下衰减更快,可达到约 30% 的衰减效果。由此可见,在太阳阵根部安装流体阻尼器的方法对于太阳阵振动的抑制有着明显的效果。

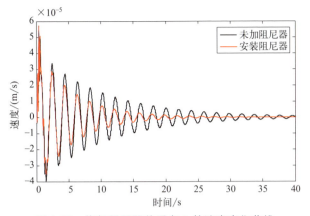

图 4.20　施加阻尼器前后点 D 处速度变化曲线

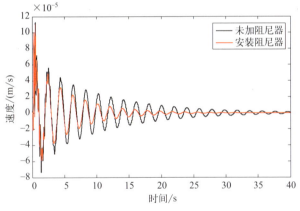

图 4.21　施加阻尼器前后点 E 处速度变化曲线

4.4.4　流体阻尼器减振有效性验证试验

在地面进行低频挠性振动抑制的试验实际上较为困难,因为要考虑地面重力的影响以及风阻的影响等。本节对于根部串联阻尼器采用较为简化的配重方式进行,将阻尼器串联在挠性长杆根部,验证其对低频振动抑制的有效性。试验方案如图 4.22 所示,试验装置如图 4.23 所示。

本试验将流体阻尼器串联在挠性长杆根部,将阻尼器另一端安装在固定端,在挠性长杆底部安装配重质量块使得整体结构基频在 1Hz 左右,向长杆底部施加一定的位移激励并使其自由衰减,通过加速度传感器收集挠性长杆的加速度响应随时间的变化情况。

通常的试验流程包括:

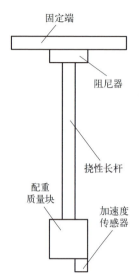

图 4.22　流体阻尼器减振有效性
验证试验方案

图 4.23　流体阻尼器减振有效性
验证试验装置

① 组装流体阻尼器工装;

② 将固定端、未填充阻尼液的流体阻尼器、挠性长杆与配重质量块串联搭建成测试系统;

③ 根据预先设计的试验方案向挠性长杆施加一个初始位移,保证挠性长杆振动的自由衰减满足试验要求;

④ 记录加速度传感器测得的挠性长杆底部的加速度响应;

⑤ 将未填充阻尼液的流体阻尼器替换为填充了阻尼液的流体阻尼器并进行上述试验,记录试验数据;

⑥ 多次进行上述试验步骤,得到未填充与填充阻尼液时挠性长杆底部加速度随时间的变化情况并将之进行对比,验证流体阻尼器减振的有效性。

对试验结果进行处理,对比分析阻尼器充液前后挠性长杆根部的加速度响应随时间变化情况,在相同的初始激励幅值下,分别施加大激励和小激励,典型工况下阻尼器充液前后加速度衰减情况如图 4.24 和图 4.25 所示。

评价阻尼器的抑振效果可通过两种方式进行,即在相同的初始幅值下,相同时间的衰减程度,和到达相同幅值所用时间。可以看出,大激励下,施加阻尼后加速度从 $0.035g$ 衰减到 $0.006g$ 需要的时间缩短了 21.7%;小激励下,施加阻尼后加速度由 $0.015g$ 自由衰减 60s 后,加速度幅值由 $0.0064g$ 衰减到 $0.0048g$,加速度

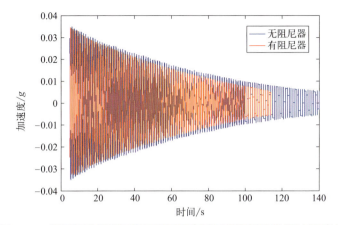

图 4.24　相同激励幅值下有无阻尼器衰减到相同幅值所用时间对比

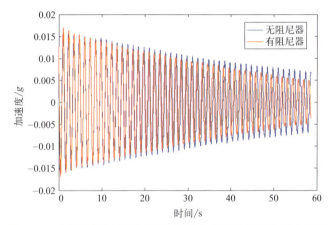

图 4.25　相同激励幅值下有无阻尼器在相同时间下的衰减情况

幅值衰减了 25%。证明了根部串联阻尼器抑振的有效性。

4.5　低频微振动半主动控制技术

半主动控制是借助少许能量调节控制装置,通过改变振动体系刚度或阻尼特性实施反馈控制的技术。其原理如图 4.26 所示。其特点是不需要大量外部能源输入,控制装置能够依据结构的反应信息或外界载荷的激励信息,主动地调节控制装置自身参数以适应外界环境特性,更优地减少结构响应。与主动控制相比,由于不需要外

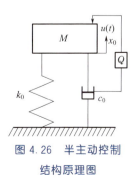

图 4.26　半主动控制结构原理图

部能源输入,避免了主动控制成本较高、系统工作可靠性较难保障的缺点,是一种工程化较强的方法。其工程实现的难点在于合适的半主动执行媒介,本节以可调节阻尼的磁流变阻尼器为例,进行半主动控制的说明。

4.5.1   半主动控制执行元件

磁流变阻尼器(MRD)是智能流变液体的一种典型应用,因具有结构简单、体积较小、响应迅速、可调范围广、阻尼力大、稳定性好、低功耗和可控性好等特点,被广泛应用于汽车、船舶、桥梁、建筑及军事等领域的减振。

作为减振系统中的关键执行器,磁流变阻尼器的结构设计直接关系到磁流变阻尼器的性能指标,如响应速度、动态可调范围、输出阻尼力及能量损耗。所以,对磁流变阻尼器进行结构、电磁回路设计与优化,保证磁流变阻尼器发挥最大的工作性能,是磁流变阻尼器设计、开发及应用的一个重要环节。

4.5.1.1   磁流变阻尼器原理

流变液体作为一种新型的智能流体材料,包括磁流变液体(MRF)和电流变液体(ERF)。其最主要的特性就是流变效应,即其流变性能可以随着外部电/磁场变化而变化。在外加电/磁场作用下,流变液体可以毫秒级的速度由流体状态转化为类固态;而当撤销外加电/磁场作用时,它可迅速从类固态转化为流体状态,且这种转化可逆。如图 4.27 所示为 MRF 的磁致屈服应力曲线及颗粒结构演变示意图。在外界磁场激励下,铁磁颗粒在外界磁场的作用下发生磁化现象,颗粒之间由于磁相互作用力形成平行于磁场方向的柱状结构或者链状结构,这些结构的存在大大增强了屈服强度,且其屈服应力会随着外界磁场强度的增强而增强,屈服强度的增强在宏观上表现为 MRF 的黏度(阻尼)会增强。流变液体因其优异的可控性能,

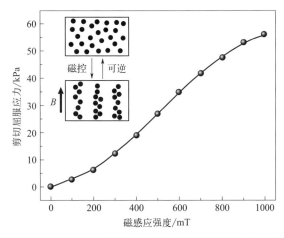

图 4.27   MRF 的磁致屈服应力曲线及颗粒结构演变示意图

被广泛应用于各种智能控制器,如电/磁流变阻尼器、电/磁流变阀以及电/磁流变离合器等。

从流变学的角度来说,磁流变液体和电流变液体是相似的,即二者的流变学特性可以用相同的本构模型进行量化,且它们的屈服应力都是由外场进行控制的。但是相比于电流变液体,磁流变液体对外界刺激的响应更大,并且能够避免电流变液体的高压击穿现象。

磁流变阻尼器的性能指标包括输出阻尼力、可调范围、响应速度等。而所有的性能指标都与阻尼器的结构直接或间接相关。合理地设计磁流变阻尼器的结构和尺寸不仅能使其工作性能优良,同时还能提高磁路的利用率,使阻尼器整体结构更加紧凑,易于安装。

4.5.1.2　磁流变阻尼器结构设计

结合应用环境与结构尺寸要求,一般的阻尼器设计可以考虑如图 4.28 所示的三种磁流变阻尼器(MRD)结构方案。

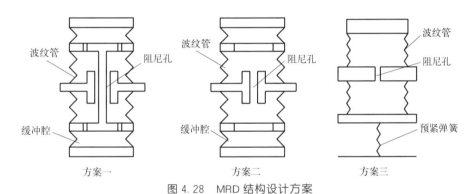

图 4.28　MRD 结构设计方案

方案一为带缓冲腔环形阻尼孔式 MRD,方案二是圆形阻尼孔式 MRD,方案三则将预紧弹簧独立于阻尼器本身。

4.5.1.3　磁流变阻尼器电磁回路设计

根据磁流变阻尼器的工作特点,磁路设计的目标是在磁流变阻尼器尺寸确定的前提下,尽量提高工作区域的磁感应强度以满足输出阻尼力和可调范围的要求。为准确计算磁场分布,有必要采用有限元方法对工作区域的磁路进行优化仿真,如图 4.29 所示。可采用响应面法建立二阶预测模型描述磁感应强度与结构参数之间的关系,这种获得磁感应强度的方法,不仅可以保证精度,还可以减少优化所需的时间。预测模型可表示为

$$y = \beta_0 + \sum_{i=1}^{K} \beta_i x_i + \sum_{i=1}^{K} \beta_{ii} x_i^2 + \sum_{j=1}^{K-1} \sum_{i=j+1}^{K} \beta_{ji} x_j x_i \tag{4.1}$$

式中，K 为结构变量数量；x_i 为结构变量；β 为常数系数，需拟合得到。

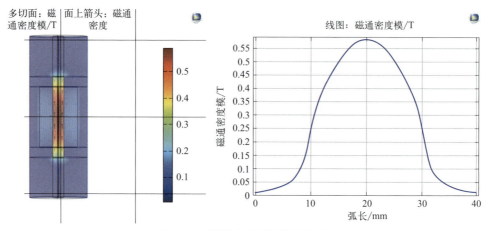

图 4.29   磁路有限元仿真示意图

为了验证响应面模型的准确度，须对其进行预测能力的评估，一般采用 R_2 对响应面模型进行检验，R_2 表达式见式(4.2)。R_2 判定系数表示响应面值与真实值之间的差异程度，在 $0 \sim 1$ 之间取值，当 R_2 越趋近于 1，说明预测模型拟合出的曲线越能真实地反映实际模型，即精度越高。

$$R_2 = 1 - \frac{\sum_{i=1}^{n}(y_{rp} - y_i)^2}{\sum_{i=1}^{n}(y_i - \overline{y}_i)^2} \tag{4.2}$$

式中，y_{rp} 为响应面模型预测的磁感应强度值；y_i 为有限元仿真得到的磁感应强度值；$\overline{y}_i$ 为有限元仿真得到的磁感应强度值的平均值。

一般来说，磁流变阻尼器有两种电磁回路设计方式。第一种设计方式为平行磁场，即直接将线圈装置于流道外部，产生与 MRF 流动方向平行的磁场。具体结构如图 4.30 所示，图 4.31 所示为 MRF 流道磁场强度仿真云图，图 4.32 为 MRF 流道磁场强度与横向路径关系曲线。根据仿真结果，剪切屈服应力可达 25kPa 左

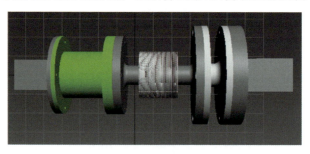

图 4.30   平行磁场结构示意图

右,可以满足一般磁流变阻尼器的工作磁场需求。

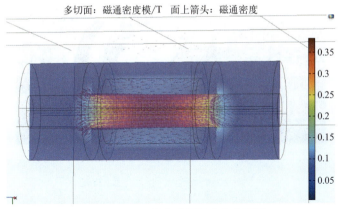

图 4.31　MRF 流道磁场强度仿真云图

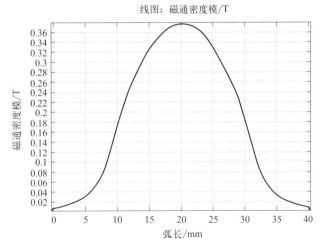

图 4.32　MRF 流道磁场强度与横向路径关系曲线

　　这种方式的优点是线圈结构简单,所需空间小,可绕线圈匝数高,可以产生更高的磁场,安装稳定,对阻尼器结构影响较小。但是磁力线方向与流动方向平行,磁流变效应会打折扣,对阻尼力可调范围有一定的削减。

　　第二种设计方式为垂直磁场,为实现较大的磁流变效应,考虑剪切模式。垂直磁场结构示意如图 4.33 所示,设计“日”字形导磁装置,将线圈绕制在环臂,形成环形磁场回路,纵向经 MRF 流道,产生与 MRF 流动方向垂直的磁场。图 4.34 为剪切式结构仿真模型图,图 4.35 为 MRF 流道磁场强度仿真云图,图 4.36 为 MRF流道磁场强度与纵向路径关系曲线。对流道的结构进行仿真分析,可以发现,当参数选择得当时,剪切屈服应力可达 30kPa 左右,可满足磁流变阻尼器对工作磁场的要求。

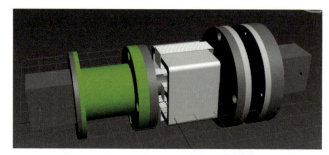

图 4.33 垂直磁场结构示意图

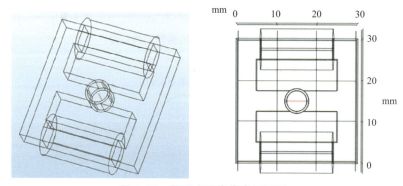

图 4.34 剪切式结构仿真模型图

垂直磁场方案的优点是磁场方向与颗粒链和流动剪切方向垂直,可以充分发挥磁流变效应,这种设计符合传统磁流变阻尼器的设计要求。缺点是附加装置复

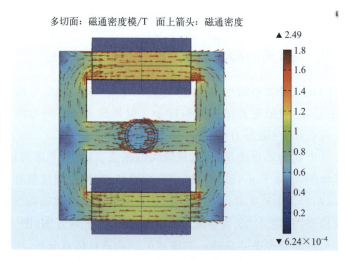

图 4.35 MRF 流道磁场强度仿真云图

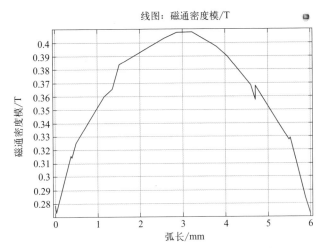

图 4.36　MRF 流道磁场强度与纵向路径关系曲线

杂,线圈安装空间有限,流道壁厚太大会导致工作磁场较低。

4.5.2　半主动控制算法

磁流变阻尼器通过系统反馈的信号调节电流来实现可变阻尼,从而对结构进行振动抑制。本节通过 Simulink 建立了磁流变阻尼器的半主动控制系统模型,对半主动控制算法进行研究,采用低阶模态匹配最优阻尼、PID 控制、开关天棚控制、连续天棚控制算法,建立集成半主动控制器的磁流变阻尼器半主动控制系统,研究了几种经典半主动控制算法的振动控制效果。

(1)低阶模态匹配最优阻尼的 MRD 半主动控制

空间挠性结构的在轨振动形式并非一成不变,当输入的激励不同时,桁架结构的振动频率及幅值也不相同。设计的磁流变阻尼器可实现变阻尼,根据挠性部件的不同振动频率对阻尼进行调节,使磁流变阻尼器的输出阻尼系数与结构振动频率相匹配,从而达到最优控制效果。

低阶模态匹配最优阻尼的半主动控制原理如图 4.37 所示,当挠性部件收到外界的干扰信号之后,产生振动信号。通过传感器测量隔振对象的加速度、位移等状态量的输出时域信号,经过 FFT 得到低频振动的频率,根据频率匹配阻尼系数,并将控制电流实时反馈给磁流变阻尼器,从而调节阻尼系数,实现依据精确低阶模态匹配最优阻尼的半主动闭环控制。

(2)PID 半主动控制算法

比例、积分、微分控制又叫 PID 控制,是目前应用最广泛的一种闭环控制器,其结构简单,不需要对系统进行精确建模,由比例单元 P、积分单元 I 和微分单元 D 组成。PID 控制的基础是比例控制,比例控制能够加快系统响应,减小静差,但会使得系统

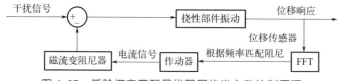

图 4.37 低阶模态匹配最优阻尼的半主动控制原理

的超调量变大,稳定性变差;积分控制可消除稳态误差,降低超调,增加系统的稳定性,积分控制是一种修复控制,只要有偏差就会往消除偏差的方向去控制;微分控制可加快系统响应速度以及减弱超调趋势。PID 的控制基本原理如图 4.38 所示。

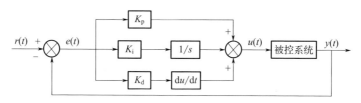

图 4.38 PID 控制基本原理

系统的控制方程为

$$u(t) = K_p \left[e(t) + \frac{1}{T_i} \int_0^t e(t) \mathrm{d}t + T_d \frac{\mathrm{d}e(t)}{\mathrm{d}t} \right] \tag{4.3}$$

传递函数为

$$G(s) = \frac{U(s)}{E(s)} = K_p \left(1 + \frac{1}{T_i s} + T_d s \right) = K_p + \frac{K_i}{s} + K_d s \tag{4.4}$$

图 4.39 所示为在 Simulink 中建立 PID 控制的仿真模型。

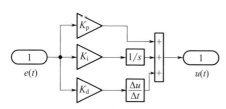

图 4.39 PID 控制的仿真模型

(3)开关天棚控制算法

目前应用最多的磁流变阻尼器控制策略是开关天棚控制策略,该方法由 Karnopp 在 1974 年首先提出。天棚控制算法是以隔振对象速度作为负反馈信号调节阻尼实现闭环控制。如图 4.40 所示为理想天棚与等效天棚的模型,位移激励 x_1 由 m_1 输入,传递到隔振对象 m_2 的位移响应为 x_2。理想的天棚阻尼控制策略假设存在一个虚拟的天棚,在隔振对象 m_2 与这个虚拟的天棚之间存在一个虚拟的天棚阻尼器,天棚阻尼器能够提供一个阻尼力使得 m_2 的输出位移最小,理想的天棚阻尼力 $F_{sky} = -C_{sky} \dot{x}_1$,其中 C_{sky} 为理想的天棚阻尼系数,理想的天棚阻尼力能够使得系统的振动抑制效果达到最佳。理想天棚阻尼器无法实现,工程中一般通过安装可调阻尼的半主动阻尼器来等效天棚阻尼器,产生与理想天棚阻尼器相同的控制力,从而抑制振动。设计的磁流变阻尼器属于一种可调阻尼的半主动阻尼器，C_{mag} 为磁流变阻尼系数。

假设 F_{sky} 和 F_{mag} 分别为理想天棚阻尼力和磁流变阻尼力，规定速度方向向上为正，x_1 和 $\dot{x}_1$ 分别为 m_1 的位移和速度，x_2 和 $\dot{x}_2$ 分别为 m_2 的位移和速度。$\dot{x}_{21} = \dot{x}_2 - \dot{x}_1$ 代表 m_1 和 m_2 的速度差，当 $\dot{x}_{21} > 0$ 时，表示 m_1 和 m_2 之间的距离越来越大；当 $\dot{x}_{21} < 0$ 时，表示 m_1 和 m_2 之间的距离越来越小。根

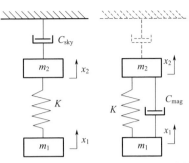

图 4.40　理想天棚控制与等效天棚控制

据 $\dot{x}_2$ 与 $\dot{x}_{21}$ 的正负关系，可以将系统的运动状态分为四种情况：

① 当 $\dot{x}_2 > 0$ 且 $\dot{x}_{21} > 0$ 时，此时 m_2 运动方向向上，而 m_1 和 m_2 之间的距离越来越大，天棚阻尼器被压缩，天棚阻尼力 F_{sky} 的方向向下，而磁流变阻尼器被拉伸，磁流变阻尼力的方向也向下，此时磁流变阻尼力与天棚阻尼力的方向相同。

② 当 $\dot{x}_2 > 0$ 且 $\dot{x}_{21} < 0$ 时，此时 m_2 运动方向向上，而 m_1 和 m_2 之间的距离越来越小，天棚阻尼器被压缩，天棚阻尼力 F_{sky} 的方向向下，而磁流变阻尼器也被压缩，磁流变阻尼力的方向向上，此时磁流变阻尼力与天棚阻尼力的方向相反。

③ 当 $\dot{x}_2 < 0$ 且 $\dot{x}_{21} > 0$ 时，此时 m_2 运动方向向下，而 m_1 和 m_2 之间的距离越来越大，天棚阻尼器被拉伸，天棚阻尼力 F_{sky} 的方向向上，而磁流变阻尼器被拉伸，磁流变阻尼力的方向也向下，此时磁流变阻尼力与天棚阻尼力的方向相反。

④ 当 $\dot{x}_2 < 0$ 且 $\dot{x}_{21} < 0$ 时，此时 m_2 运动方向向下，而 m_1 和 m_2 之间的距离越来越小，天棚阻尼器被拉伸，天棚阻尼力 F_{sky} 的方向向上，而磁流变阻尼器被压缩，磁流变阻尼力的方向也向上，此时磁流变阻尼力与天棚阻尼力的方向相同。

总结以上四种运动状态可以发现，当 $\dot{x}_2$ 与 $\dot{x}_{21}$ 正负号相同，即 $\dot{x}_2 \dot{x}_{21} > 0$ 时，此时天棚阻尼力与磁流变阻尼力的方向相同；当 $\dot{x}_2$ 与 $\dot{x}_{21}$ 正负号相反，即 $\dot{x}_2 \dot{x}_{21} < 0$ 时，此时天棚阻尼力与磁流变阻尼力的方向相反。想要使磁流变阻尼器尽可能与天棚阻尼器的控制效果接近，就要让磁流变阻尼力在与等效天棚阻尼力方向相同时施加饱和电流，使阻尼最大；让磁流变阻尼力在与等效天棚阻尼力方向相反时不施加电流，使阻尼最小。在天棚阻尼控制下阻尼在最大值与最小值两种模式之间变化，类似于开关，因此传统的天棚阻尼控制也被称为开关阻尼控制。天棚阻尼的原理可以写成式（4.5）。

$$C_{mag} = \begin{cases} C_{max}, & \dot{x}_2 \dot{x}_{21} > 0 \\ C_{min}, & \dot{x}_2 \dot{x}_{21} \leqslant 0 \end{cases} \tag{4.5}$$

（4）连续天棚控制算法

传统的天棚阻尼控制实际上是一种开关控制，根据反馈的速度信号调节阻尼系数瞬时达到最大或者最小，无法实现连续控制，调节范围有限。为了将控制范围扩大，对传统的天棚控制算法作出改进，使其能够实现连续控制。

当调节磁流变阻尼器的输出阻尼力使其与天棚阻尼力相等时，就能得到连续天棚阻尼控制。天棚阻尼力大小为

$$F_{sky} = -C_{sky}\dot{x}_2 \tag{4.6}$$

而磁流变阻尼力为

$$F_{mag} = -C_{mag}(\dot{x}_2 - \dot{x}_1) \tag{4.7}$$

当磁流变阻尼力与天棚阻尼力方向相反时，仍然使磁流变阻尼器的输出阻尼力为最小，当磁流变阻尼力与天棚阻尼力方向相同时，使其连续变化，连续天棚阻尼控制算法如下所示：

$$C_{mag} = \begin{cases} C_{max}\dfrac{\dot{x}_2}{\dot{x}_2 - \dot{x}_1}, & \dot{x}_2\dot{x}_{21} > 0 \\ C_{min}, & \dot{x}_2\dot{x}_{21} \leqslant 0 \end{cases} \tag{4.8}$$

4.5.3　半主动控制仿真分析

为验证半主动控制策略的有效性，建立了 MRD 的半主动控制系统模型，仿真计算挠性部件的输出位移信号，并与被动控制进行对比，验证其对挠性部件振动抑制的有效性。

通过试验得到了磁流变阻尼器控制电流与阻尼系数的关系，建立了磁流变阻尼器的仿真模型。由于设计的磁流变阻尼器输出三参数阻尼，其动力学方程为

$$m\ddot{x} + K_1(x-u) + C(\dot{x} - \dot{x}_1) = 0$$
$$C(\dot{x} - \dot{x}_1) = NK(x_1 - u) \tag{4.9}$$

建立的磁流变阻尼器的仿真模型如图 4.41 所示，主要由控制电流、外界激励、隔振对象质量、阻尼系数、主刚度等组成。当外界激励设定为位移激励时，激励经过主刚度和阻尼单元传递至隔振对象，输入不同的控制电流时，系统输出的阻尼系数也不相同，振动控制的效果也不相同。

低阶模态匹配最优阻尼半主动控制系统的仿真模型如图 4.42 所示，根据挠性结构的在轨振动频率匹配对应的最优阻尼系数，调节控制电流，求解系统输出位移的时域信号，采用四阶龙格-库塔变步长法求解，总时间为 100s，得到隔振对象的绝对位移响应时域信号。

当输入低频正弦激励和冲击激励时，经过所设计的半主动控制系统后输出的位移响应以及阻尼变化如图 4.43 和图 4.44 所示。

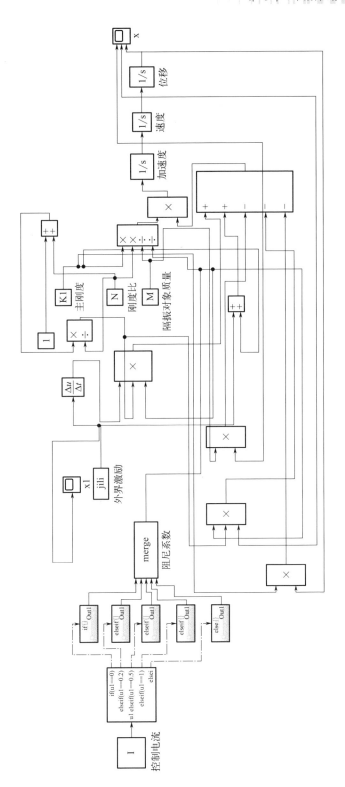

图 4.41 磁流变阻尼器的仿真模型

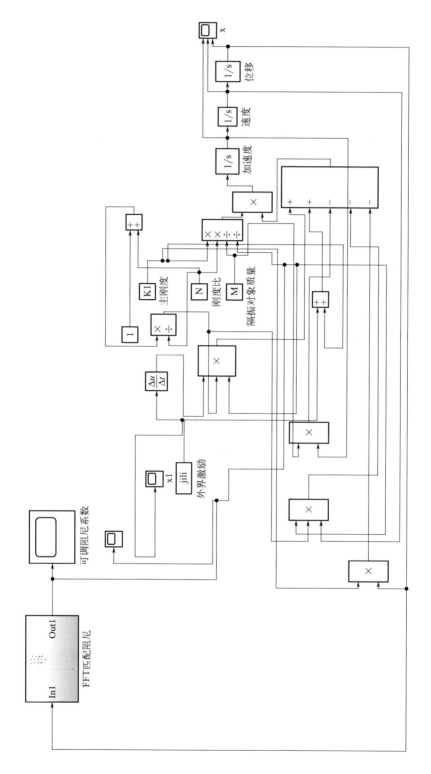

图 4.42 低阶模态匹配最优阻尼的 MRD 半主动控制系统仿真模型

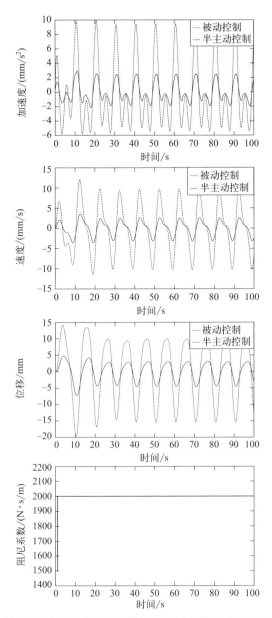

图 4.43　含有多频段的低频正弦激励下经低阶模态匹配最优阻尼半主动控制算法
控制后加速度、速度、位移响应与阻尼变化情况

　　仿真结果表明,相比于被动控制,在低频正弦激励下,半主动控制的挠性部件
的位移幅值降低了 60% 以上,冲击激励下完全衰减时间缩短了 50% 以上。

　　依据低阶模态匹配最优阻尼的半主动控制系统,能够有效地对不同振动形式
做出有效的抑制,相比于固定阻尼的被动控制,振动抑制效果更佳。

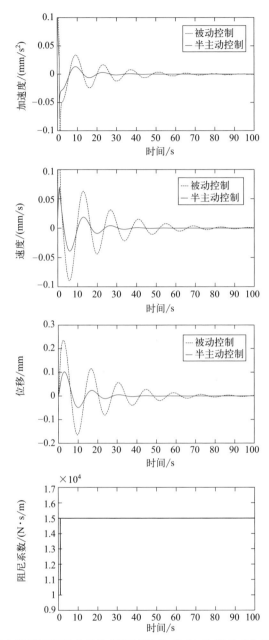

图 4.44　冲击激励下经半主动控制后加速度、速度、位移响应与阻尼变化情况

　　将 PID 控制器应用在磁流变阻尼器上,建立集成 PID 控制器的磁流变阻尼器半主动控制系统,其仿真模型如图 4.45 所示,控制目标为隔振对象的位移响应最小,并确定 PID 控制的三个参数。

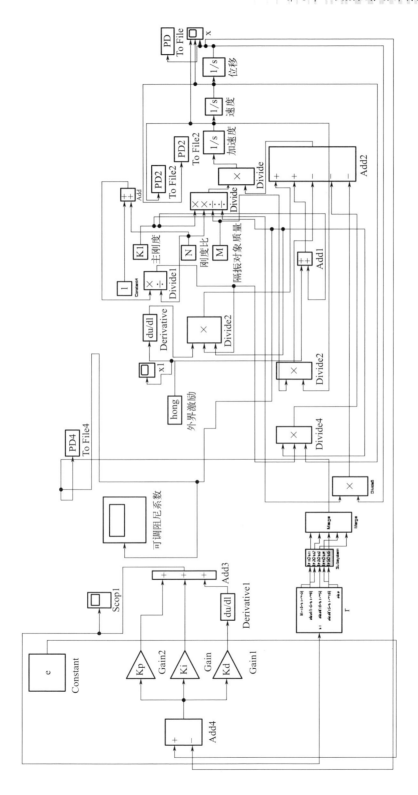

图 4.45 集成 PID 控制器的磁流变阻尼器半主动控制系统仿真模型

对于磁流变阻尼器半主动控制系统来说,控制的目的是使得隔振对象的位移响应尽可能地小。隔振对象的输出位移期望值为 0,当外界位移扰动作用在基座处使得隔振对象产生位移后,将此位移信号通过传感器测量并实时反馈给 PID 控制器,控制器计算出当前位移与期望位移之间的误差,计算出相应的电流信号对磁流变阻尼器的阻尼系数进行调节,实现闭环控制。

对于一个控制系统,评价指标主要包括稳定性、快速性和准确性,而 PID 控制器的三个参数直接决定了控制系统的性能。其中,比例控制系数 K_p 是主要参数,增大 K_p 可以增大系统响应,减小静差,同时会增加系统的超调量,导致系统稳定性变差。比例控制是一种即时控制,只要有偏差就会输出控制量,大部分系统只要有比例控制就能实现基本的快稳准需求。

PID 控制器参数的确定按照先比例、后微分、再积分的顺序进行调节。首先确定比例控制系数 K_p,设置积分控制系数 K_i、微分控制系数 K_d 均为 0,根据输出的稳态误差逐步调节比例控制系数 K_p,确定 K_p 之后,通过试凑法调节出 K_i 与 K_d。

当外界激励为多频正弦激励、冲击激励时,经过 PID 控制后输出的位移响应以及阻尼变化如图 4.46 和图 4.47 所示。

为验证 PID 阻尼控制的有效性,与被动阻尼控制进行对比,选择磁流变最大阻

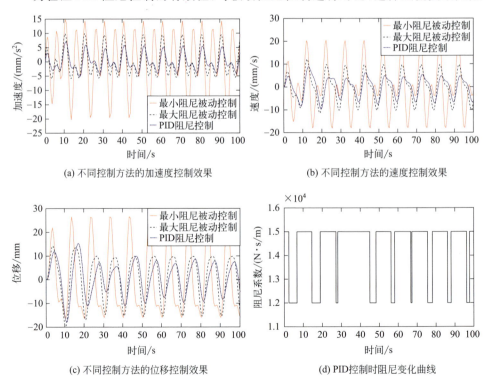

(a) 不同控制方法的加速度控制效果　　　　(b) 不同控制方法的速度控制效果

(c) 不同控制方法的位移控制效果　　　　(d) PID控制时阻尼变化曲线

图 4.46　多频正弦激励输入下 PID 控制后加速度、速度、位移响应与阻尼变化情况

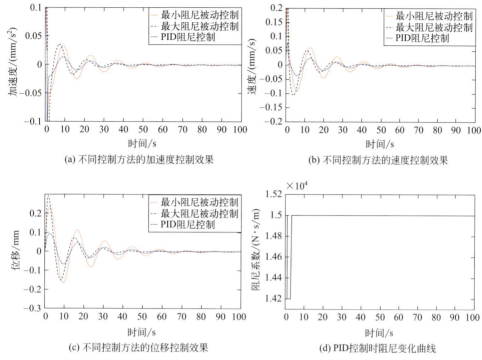

(a) 不同控制方法的加速度控制效果　　　(b) 不同控制方法的速度控制效果

(c) 不同控制方法的位移控制效果　　　(d) PID控制时阻尼变化曲线

图 4.47　冲击激励输入下 PID 控制后加速度、速度、位移响应与阻尼变化情况

尼与最小阻尼作为比较对象。当输入激励为含有多频段的低频正弦激励信号时，PID 阻尼控制的效果明显优于最大阻尼被动控制和最小阻尼被动控制，PID 输出阻尼在最大阻尼附近波动。当输入激励为冲击激励信号时，PID 控制输出的阻尼在受到冲击激励时产生一个幅度较小、持续时间短的突变性降低，控制效果与最小阻尼被动控制相比较显著，与最大阻尼被动控制的效果接近。

　　将天棚控制器用于磁流变阻尼器，建立集成天棚控制器的磁流变阻尼器半主动控制系统仿真模型，如图 4.48 所示。采用四阶龙格-库塔变步长法计算出该系统输出的加速度、速度、位移以及阻尼变化曲线，如图 4.49 和图 4.50 所示。

　　当输入激励为含有多频段的低频正弦激励信号时，天棚控制器通过调节控制电流输出阻尼在最大与最小值之间来回变化，并且其控制效果明显优于最小阻尼被动控制和最大阻尼被动控制。当输入激励为冲击激励信号时，天棚控制器输出阻尼为最大阻尼，控制效果与最小阻尼被动控制一致。

　　将连续天棚控制器用于磁流变阻尼器，建立集成连续天棚控制器的磁流变阻尼器半主动控制系统，其仿真模型如图 4.51 所示。

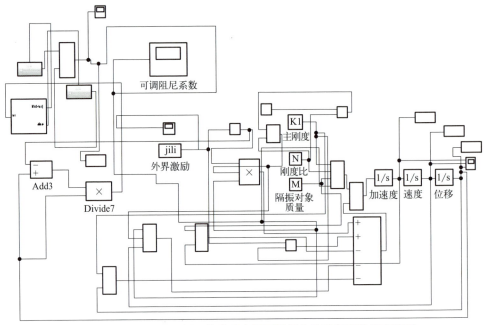

图 4.48 集成天棚控制器的磁流变阻尼器半主动控制系统仿真模型

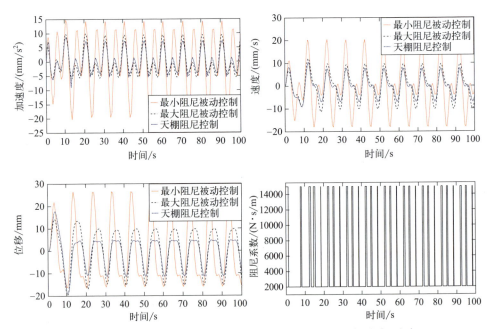

图 4.49 含有多频段的低频正弦激励输入下天棚控制后加速度、速度、
位移响应与阻尼变化情况

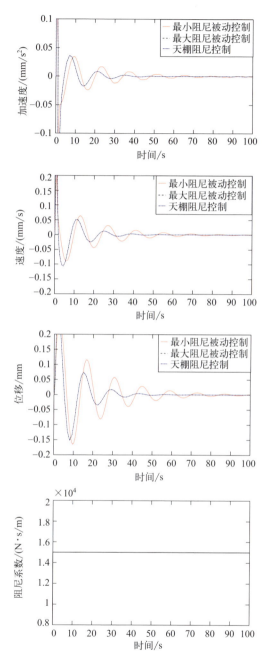

图 4.50 冲击激励输入下天棚控制后加速度、速度、位移响应及阻尼变化情况

输入含有多频段的低频正弦激励和冲击激励后,经过连续天棚控制器输出的加速度、速度、位移响应及阻尼变化曲线如图 4.52 和图 4.53 所示。

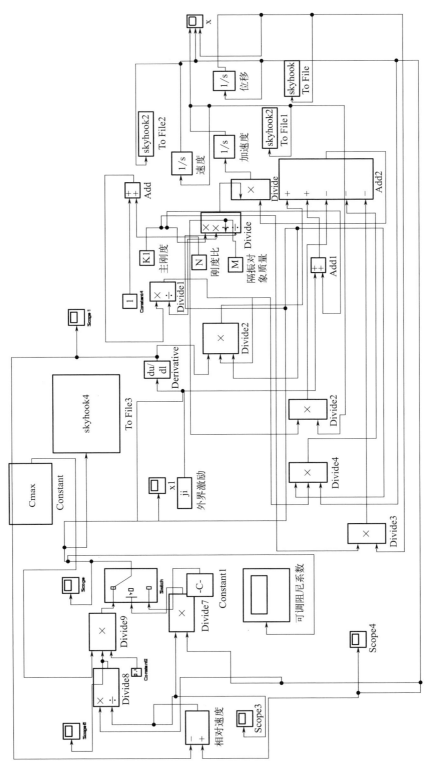

图 4.51 集成连续天棚控制器的磁流变阻尼器半主动控制系统仿真模型

　　天棚控制和 PID 控制属于经典控制。对几种控制方法进行比较,发现当输入的激励为含有多频段的低频正弦激励信号时,开关天棚控制与连续天棚控制的效果较好,PID 控制效果较差;当输入的激励为冲击激励信号时,连续天棚控制的效果较好,能在受到冲击的瞬间迅速调节阻尼系数,快速衰减冲击带来的位移响应,而开关天棚控制和 PID 控制效果相对较差;PID 控制和开关天棚控制算法较为简单但效果一般,而连续天棚控制算法相对简单,控制效果较好。

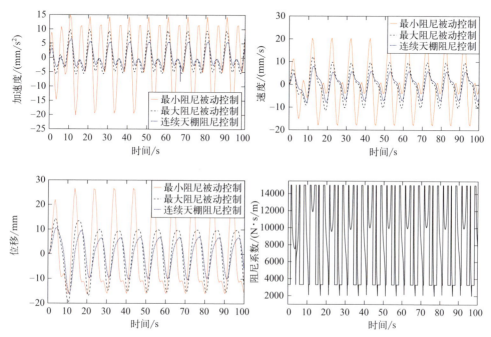

图 4.52　含有多频段的低频正弦激励输入下连续天棚控制后
加速度、速度、位移响应与阻尼变化情况

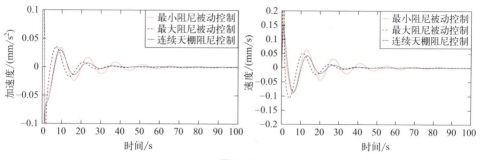

图 4.53

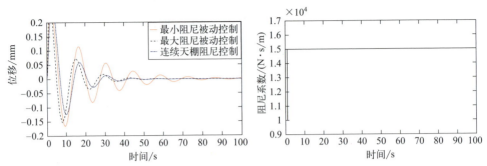

图 4.53 冲击激励输入下连续天棚控制后加速度、速度、位移响应与阻尼变化情况

4.6 低频微振动主动控制技术

主动控制通过外界能量注入抑制低频微振动,根据被控对象结构特性,控制各种作动元件实现对振动的抑制。低频微振动主要集中在空间大型柔性结构上。本节以 Stewart 平台控制柔性体为例,说明航天器低频微振动主动控制技术。柔性体低频微振动控制建模主要包括柔性体建模、主动作动装置建模、负载平台建模。

4.6.1 低频微振动主动控制建模

将 Stewart 平台串联在航天器本体和柔性体之间,如图 4.54 所示。基础平台与航天器本体通过固定约束连接,Stewart 平台与大型柔性体通过固定约束连接。下面分别建立柔性体、主动作动装置、负载平台的动力学模型。

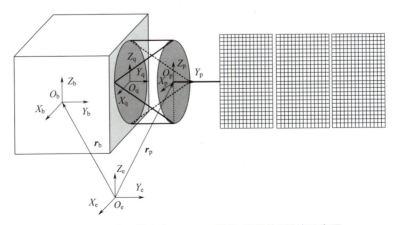

图 4.54 "航天器本体-Stewart 平台-柔性体"系统示意图

（1）柔性体建模

对于柔性体上质量为 m_k 的任意节点 h_k，当柔性体未变形时，位置矢量为 $\boldsymbol{\rho}_{k0}$，当柔性体变形后，位置矢量为 $\boldsymbol{\rho}_k$，如图 4.55 所示。

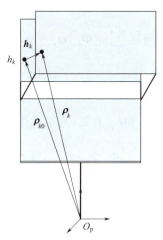

图 4.55　柔性体变形示意图

$\boldsymbol{\rho}_k$ 与 $\boldsymbol{\rho}_{k0}$ 的关系为

$$\boldsymbol{\rho}_k = \boldsymbol{R}_{\mathrm{ep}} \boldsymbol{\rho}_k^{\mathrm{p}} \tag{4.10}$$
$$= \boldsymbol{R}_{\mathrm{ep}}(\boldsymbol{\rho}_{k0}^{\mathrm{p}} + \boldsymbol{h}_k^{\mathrm{p}}) = \boldsymbol{\rho}_{k0} + \boldsymbol{h}_k$$

式中，节点 h_k 线位移 $\boldsymbol{h}_k$ 表示为 $\boldsymbol{h}_k = \boldsymbol{\Phi}_k \boldsymbol{\eta}_k$，$\boldsymbol{\Phi}_k$ 为柔性体振型，可通过有限元法求得，其具体形式为

$$\boldsymbol{\Phi}_k = \begin{bmatrix} \boldsymbol{\varphi}_{1k} & \boldsymbol{\varphi}_{2k} & \cdots & \boldsymbol{\varphi}_{Nk} \end{bmatrix} \tag{4.11}$$

式中，$k = 1, 2, \cdots, n$ 为节点编号；N 为柔性体振型截断数。$\boldsymbol{\eta}_k$ 为模态坐标向量，可表示为

$$\boldsymbol{\eta}_k = \begin{bmatrix} \boldsymbol{\eta}_{1k} & \boldsymbol{\eta}_{2k} & \cdots & \boldsymbol{\eta}_{Nk} \end{bmatrix}^{\mathrm{T}} \tag{4.12}$$

节点 h_k 的速度和加速度为

$$\boldsymbol{v}_k = \dot{\boldsymbol{r}}_{\mathrm{p}} + \boldsymbol{\omega}_{\mathrm{p}} \times \boldsymbol{\rho}_k + \dot{\boldsymbol{h}}_k \tag{4.13}$$
$$= \dot{\boldsymbol{r}}_{\mathrm{p}} + \boldsymbol{\omega}_{\mathrm{p}} \times (\boldsymbol{\rho}_{k0} + \boldsymbol{\Phi}_k \boldsymbol{\eta}_k) + \boldsymbol{\Phi}_k \dot{\boldsymbol{\eta}}_k$$

$$\dot{\boldsymbol{v}}_k = \ddot{\boldsymbol{r}}_{\mathrm{p}} + \boldsymbol{\omega}_{\mathrm{p}} \times \boldsymbol{\omega}_{\mathrm{p}} \times \boldsymbol{\rho}_k + \dot{\boldsymbol{\omega}}_{\mathrm{p}} \times \boldsymbol{\rho}_k + 2 \boldsymbol{\omega}_{\mathrm{p}} \times \dot{\boldsymbol{h}}_k + \ddot{\boldsymbol{h}}_k$$
$$= \ddot{\boldsymbol{r}}_{\mathrm{p}} + \boldsymbol{\omega}_{\mathrm{p}} \times \boldsymbol{\omega}_{\mathrm{p}} \times (\boldsymbol{\rho}_{k0} + \boldsymbol{\Phi}_k \boldsymbol{\eta}_k) + \dot{\boldsymbol{\omega}}_{\mathrm{p}} \times (\boldsymbol{\rho}_{k0} + \boldsymbol{\Phi}_k \boldsymbol{\eta}_k) + 2 \boldsymbol{\omega}_{\mathrm{p}} \times \boldsymbol{\Phi}_k \dot{\boldsymbol{\eta}}_k + \boldsymbol{\Phi}_k \ddot{\boldsymbol{\eta}}_k$$

$$\tag{4.14}$$

使用第二类拉格朗日方程推导柔性体的运动方程。柔性体的动能为

$$T = \frac{1}{2} \sum_{k=1}^{n} m_k \boldsymbol{v}_k^{\mathrm{T}} \boldsymbol{v}_k$$

$$= \frac{1}{2} \sum_{k=1}^{n} m_k [\dot{\boldsymbol{r}}_{\mathrm{p}} + \boldsymbol{\omega}_{\mathrm{p}} \times (\boldsymbol{\rho}_{k0} + \boldsymbol{\Phi}_k \boldsymbol{\eta}_k) + \boldsymbol{\Phi}_k \dot{\boldsymbol{\eta}}_k]^{\mathrm{T}} [\dot{\boldsymbol{r}}_{\mathrm{p}} + \boldsymbol{\omega}_{\mathrm{p}} \times (\boldsymbol{\rho}_{k0} + \boldsymbol{\Phi}_k \boldsymbol{\eta}_k) + \boldsymbol{\Phi}_k \dot{\boldsymbol{\eta}}_k]$$

$$= \frac{1}{2} \dot{\boldsymbol{\eta}}^{\mathrm{T}} \Big(\sum_{k=1}^{n} m_k \boldsymbol{\Phi}_k^{\mathrm{T}} \boldsymbol{\Phi}_k \Big) \dot{\boldsymbol{\eta}} + \dot{\boldsymbol{\eta}}^{\mathrm{T}} \Big(\sum_{k=1}^{n} m_k \boldsymbol{\Phi}_k \Big) \boldsymbol{\omega}_{\mathrm{p}} + \dot{\boldsymbol{\eta}}^{\mathrm{T}} \Big(\sum_{k=1}^{n} m_k \boldsymbol{\rho}_{k0} \times \boldsymbol{\Phi}_k \Big) \dot{\boldsymbol{r}}_{\mathrm{p}}$$

$$+ y_1(\boldsymbol{\omega}_{\mathrm{p}}) + y_2(\dot{\boldsymbol{r}}_{\mathrm{p}}) \tag{4.15}$$

式中，$y_1(\boldsymbol{\omega}_{\mathrm{p}}) + y_2(\dot{\boldsymbol{r}}_{\mathrm{p}})$ 仅与 $\boldsymbol{\omega}_{\mathrm{p}}$ 和 $\dot{\boldsymbol{r}}_{\mathrm{p}}$ 有关，与柔性体的振动无关。

由振型 $\boldsymbol{\Phi}_k$ 归一化条件，有 $\sum_{k=1}^{n} \boldsymbol{\Phi}_k^{\mathrm{T}} \boldsymbol{\Phi}_k = \boldsymbol{I}_N$，整理式（4.15）得

$$T = \frac{1}{2} \dot{\boldsymbol{\eta}}^{\mathrm{T}} \dot{\boldsymbol{\eta}} + \dot{\boldsymbol{\eta}}^{\mathrm{T}} \boldsymbol{B}_{\mathrm{t}}^{\mathrm{T}} \dot{\boldsymbol{v}}_{\mathrm{p}} + \dot{\boldsymbol{\eta}}^{\mathrm{T}} \boldsymbol{B}_{\mathrm{r}}^{\mathrm{T}} \dot{\boldsymbol{\omega}}_{\mathrm{p}} + y_1(\boldsymbol{\omega}_{\mathrm{p}}) + y_2(\dot{\boldsymbol{r}}_{\mathrm{p}}) \tag{4.16}$$

式中，$\boldsymbol{B}_{\mathrm{t}}$ 和 $\boldsymbol{B}_{\mathrm{r}}$ 分别为负载平台与柔性体之间的平动耦合系数矩阵和转动耦合系数矩阵，具体形式分别为

$$\boldsymbol{B}_{\mathrm{t}} = \sum_{k=1}^{n} m_k \boldsymbol{\rho}_{k0} \times \boldsymbol{\Phi}_k \tag{4.17}$$

$$\boldsymbol{B}_{\mathrm{r}} = \sum_{k=1}^{n} m_k \boldsymbol{\Phi}_k \tag{4.18}$$

柔性体的应变势能为

$$U = \frac{1}{2} \sum_{k=1}^{n} (\boldsymbol{\Phi}_k \boldsymbol{\eta}_k)^{\mathrm{T}} \boldsymbol{K}_k \boldsymbol{\Phi}_k \boldsymbol{\eta}_k = \frac{1}{2} \sum_{k=1}^{n} \boldsymbol{\eta}^{\mathrm{T}} \boldsymbol{\Phi}_k^{\mathrm{T}} \boldsymbol{K}_k \boldsymbol{\Phi}^{\mathrm{T}} \boldsymbol{\eta} = \frac{1}{2} \boldsymbol{\eta}^{\mathrm{T}} \boldsymbol{\Lambda}^2 \boldsymbol{\eta} \tag{4.19}$$

式中，$\boldsymbol{K}_k$ 表示第 k 个节点的刚度矩阵。根据振型 $\boldsymbol{\Phi}_k$ 的正交性质，有 $\sum_{k=1}^{n} \boldsymbol{\Phi}_k^{\mathrm{T}} \boldsymbol{K}_k \boldsymbol{\Phi}^{\mathrm{T}} = \boldsymbol{\Lambda}^2$。$\boldsymbol{\Lambda}^2 = \mathrm{diag}(\omega_1^2 \quad \omega_2^2 \quad \cdots \quad \omega_N^2) \in \mathbb{R}^{N \times N}$ 表示用有限元法求得的柔性体的各阶模态频率矩阵。

柔性体的拉格朗日动力学方程为

$$\frac{\partial(\boldsymbol{T} - \boldsymbol{U})}{\partial \eta_i} - \frac{\mathrm{d}}{\mathrm{d}t} \Big(\frac{\partial(\boldsymbol{T} - \boldsymbol{U})}{\partial \dot{\eta}_i} \Big) = 0, \quad i = 1, 2, \cdots, N \tag{4.20}$$

进而可得各模态相互解耦柔性体的振动方程：

$$\ddot{\boldsymbol{\eta}} + 2\boldsymbol{\xi} \boldsymbol{\Lambda} \dot{\boldsymbol{\eta}} + \boldsymbol{\Lambda}^2 \boldsymbol{\eta} = -\boldsymbol{B}_{\mathrm{r}}^{\mathrm{T}} \dot{\boldsymbol{\omega}}_{\mathrm{p}} - \boldsymbol{B}_{\mathrm{t}}^{\mathrm{T}} \dot{\boldsymbol{v}}_{\mathrm{p}} \tag{4.21}$$

式中，$\boldsymbol{\xi} = \mathrm{diag}(\xi_1 \quad \xi_2 \quad \cdots \quad \xi_N) \in \mathbb{R}^{N \times N}$ 为柔性体阻尼系数矩阵。

（2）主动作动装置建模

对于作动单元建模，如图4.56所示为单个作动单元矢量示意图，假设 $\boldsymbol{p}_i$ 为负

载平台质心 O_p 到万向铰 i 的矢量, q_i 为基础平台质心 O_q 到球铰 i 的矢量, q_{ui} 表示第 i 个上作动单元的质心到第 i 个万向铰的距离, q_{di} 表示第 i 个下作动单元的质心到第 i 个球铰的距离。

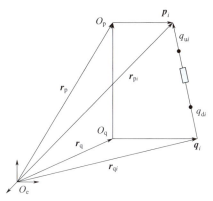

图 4.56 作动单元矢量图

第 i 个作动单元向量 $d_i (i=1,2,\cdots,6)$ 可表示为

$$
\begin{aligned}
\boldsymbol{d}_i &= \boldsymbol{r}_{pi} - \boldsymbol{r}_{qi} \\
&= (\boldsymbol{r}_p + \boldsymbol{R}_{eq} \boldsymbol{s}_i^q + \boldsymbol{R}_{ep} \boldsymbol{p}_i^p) - (\boldsymbol{r}_q + \boldsymbol{R}_{eq} \boldsymbol{q}_i^p) \\
&= \boldsymbol{R}_{ep} \boldsymbol{p}_i^p + \boldsymbol{R}_{eq} \boldsymbol{s}_i^q - \boldsymbol{R}_{eq} \boldsymbol{q}_i^p \\
&= \boldsymbol{p}_i + \boldsymbol{s} - \boldsymbol{q}_i
\end{aligned}
\tag{4.22}
$$

作动单元的长度为

$$
L_i = \| \boldsymbol{d}_i \|
\tag{4.23}
$$

作动单元的单位向量为

$$
\boldsymbol{g}_i = \boldsymbol{d}_i / L_i
\tag{4.24}
$$

万向铰和球铰处的位移、速度、加速度可分别表示为

$$
\begin{aligned}
\boldsymbol{r}_{pi} &= \boldsymbol{r}_p + \boldsymbol{p}_i \\
\boldsymbol{r}_{qi} &= \boldsymbol{r}_q - \boldsymbol{q}_i \\
\dot{\boldsymbol{r}}_{pi} &= \dot{\boldsymbol{r}}_p + \boldsymbol{\omega}_p \times \boldsymbol{p}_i \\
\dot{\boldsymbol{r}}_{qi} &= \dot{\boldsymbol{r}}_q + \boldsymbol{\omega}_q \times \boldsymbol{q}_i \\
\ddot{\boldsymbol{r}}_{pi} &= \ddot{\boldsymbol{r}}_p + \dot{\boldsymbol{\omega}}_p \times \boldsymbol{p}_i + \boldsymbol{\omega}_p \times \boldsymbol{\omega}_p \times \boldsymbol{p}_i \\
\ddot{\boldsymbol{r}}_{qi} &= \ddot{\boldsymbol{r}}_q - \dot{\boldsymbol{\omega}}_q \times \boldsymbol{q}_i - \boldsymbol{\omega}_q \times \boldsymbol{\omega}_q \times \boldsymbol{q}_i
\end{aligned}
\tag{4.25}
$$

式中, $\dot{\boldsymbol{\omega}}_p$ 和 $\dot{\boldsymbol{\omega}}_q$ 分别为负载平台和基础平台的角加速度。

万向铰和球铰处的位移、速度、加速度与作动单元向量之间的约束关系为

$$\dot{\pmb r}_{pi}-\dot{\pmb r}_{qi}=\dot{\pmb d}_i+\pmb\omega_i\times\pmb d_i \tag{4.26}$$

$$\ddot{\pmb r}_{pi}-\ddot{\pmb r}_{qi}=\ddot{\pmb d}_i+\pmb\omega_i\times\pmb\omega_i\times\pmb d_i+\dot{\pmb\omega}_i\times\pmb d_i+2\pmb\omega_i\times\dot{\pmb d}_i \tag{4.27}$$

式中，$\pmb\omega_i$和$\dot{\pmb\omega}_i$分别为作动单元的角速度和角加速度垂直于轴向的分量；$\dot{l}_i$和$\ddot{l}_i$分别为作动单元轴向伸缩的速度和加速度。

对式(4.26)和式(4.27)分别整体叉乘$\pmb g_i$，得

$$\pmb\omega_i L_i=\pmb g_i\times(\dot{\pmb r}_p+\pmb\omega_p\times\pmb p_i-\dot{\pmb r}_q-\pmb\omega_q\times\pmb q_i) \tag{4.28}$$

$$\dot{\pmb\omega}_i L_i=\pmb g_i\times(\dot{\pmb r}_p+\dot{\pmb\omega}_p\times\pmb p_i+\pmb\omega_p\times\pmb\omega_p\times\pmb p_i-\dot{\pmb r}_q-\dot{\pmb\omega}_q\times\pmb q_i-\pmb\omega_q\times\pmb\omega_q\times\pmb q_i) \tag{4.29}$$

对式(4.28)和式(4.29)分别整体点乘$\pmb g_i$，得

$$\dot{d}_i=\dot{L}_i\pmb g_i=\pmb g_i\pmb g_i^{\mathrm T}(\dot{\pmb r}_p+\pmb\omega_p\times\pmb p_i-\dot{\pmb r}_q-\pmb\omega_q\times\pmb q_i) \tag{4.30}$$

$$\ddot{d}_i=\ddot{L}_i\pmb g_i=\pmb g_i\pmb g_i^{\mathrm T}(\dot{\pmb r}_p+\dot{\pmb\omega}_p\times\pmb p_i+\pmb\omega_p\times\pmb\omega_p\times\pmb p_i-\dot{\pmb r}_q-\dot{\pmb\omega}_q\times\pmb q_i-\pmb\omega_q\times\pmb\omega_q\times\pmb q_i) \tag{4.31}$$

将式(4.30)和式(4.31)写成矩阵形式：

$$\dot{L}_i=\begin{bmatrix}\pmb g_i^{\mathrm T}&\pmb g_i^{\mathrm T}\pmb p_i^{\times\mathrm T}\end{bmatrix}\begin{bmatrix}\dot{\pmb r}_q\\\pmb\omega_p\end{bmatrix}-\begin{bmatrix}\pmb g_i^{\mathrm T}&\pmb g_i^{\mathrm T}\pmb q_i^{\times\mathrm T}\end{bmatrix}\begin{bmatrix}\dot{\pmb r}_q\\\pmb\omega_q\end{bmatrix}=\pmb J_{pi}^{\mathrm T}\begin{bmatrix}\dot{\pmb r}_p\\\pmb\omega_p\end{bmatrix}-\pmb J_{qi}^{\mathrm T}\begin{bmatrix}\dot{\pmb r}_q\\\pmb\omega_q\end{bmatrix} \tag{4.32}$$

$$\ddot{L}_i=\begin{bmatrix}\pmb g_i^{\mathrm T}&\pmb g_i^{\mathrm T}\pmb p_i^{\times\mathrm T}\end{bmatrix}\begin{bmatrix}\dot{\pmb r}_p\\\pmb\omega_p\end{bmatrix}-\begin{bmatrix}\pmb g_i^{\mathrm T}&\pmb g_i^{\mathrm T}\pmb q_i^{\times\mathrm T}\end{bmatrix}\begin{bmatrix}\dot{\pmb r}_q\\\pmb\omega_q\end{bmatrix}+\pmb\zeta_{1i}\pmb g_i \tag{4.33}$$

式中，$\pmb p_i^{\times}$和$\pmb q_i^{\times}$分别为向量$\pmb p_i$和$\pmb q_i$的叉乘矩阵；$\pmb\zeta_{1i}=\pmb\omega_p\times\pmb\omega_p\times\pmb p_i-\pmb\omega_q\times\pmb\omega_q\times\pmb q_i$为高次项。

并联平台作动单元对基础平台和载荷平台的雅可比矩阵为

$$\pmb J_p=\begin{bmatrix}\pmb g_1&\pmb p_1^{\times}\pmb g_1\\\vdots&\vdots\\\pmb g_6&\pmb p_6^{\times}\pmb g_6\end{bmatrix},\quad \pmb J_q=\begin{bmatrix}\pmb g_1&\pmb q_1^{\times}\pmb g_1\\\vdots&\vdots\\\pmb g_6&\pmb q_6^{\times}\pmb g_6\end{bmatrix} \tag{4.34}$$

这样，就得到了平台坐标和作动单元滑动速度、加速度之间的变换关系。当平台的线速度和角速度已知时，可以求得作动单元的运动速度，这也是并联平台的速度反解问题。这个矩阵在系统不同工作空间下的模型描述中起重要的作用。

上、下作动单元质心处速度和加速度为

$$\dot{\pmb r}_{ui}=\dot{\pmb r}_p+\pmb\omega_p\times\pmb p_i+\pmb\omega_i\times(L_i-q_{ui})\pmb g_i \tag{4.35}$$

$$\dot{\pmb r}_{di}=\dot{\pmb r}_q+\pmb\omega_q\times\pmb q_i+\pmb\omega_i\times q_{di}\pmb g_i \tag{4.36}$$

$$a_{ui} = \frac{q_{ui}}{L_i}(E - g_i g_i^T)(\ddot{r}_p + \dot{\omega}_p \times p_i + \omega_p \times \omega_p \times p_i)$$

$$+ \left[E - \frac{q_{ui}}{L_i}(E - g_i g_i^T)\right](\ddot{r}_q + \dot{\omega}_q \times q_i - \omega_q \times \omega_q \times q_i) - q_{ui}\omega_i^2 g_i$$

$$= \ddot{r}_p + \dot{\omega}_p \times p_i - \frac{q_{ui}}{L_i}(E - g_i g_i^T)(\ddot{r}_p + \dot{\omega}_p \times p_i - \ddot{r}_q - \dot{\omega}_q \times q_i) + \zeta_{3i}$$

$$(4.37)$$

$$a_{di} = \frac{q_{di}}{L_i}(E_3 - g_i g_i^T)(\ddot{r}_p + \dot{\omega}_p \times p_i + \omega_p \times \omega_p \times p_i)$$

$$+ \frac{q_{di}}{L_i}(E_3 - g_i g_i^T)(\ddot{r}_q + \dot{\omega}_q \times q_i - \omega_q \times \omega_q \times q_i) - q_{di}\omega_i^2 g_i$$

$$= \ddot{r}_q + \dot{\omega}_q \times q_i + \frac{q_{di}}{L_i}(E - g_i g_i^T)(\ddot{r}_p + \dot{\omega}_p \times p_i - \ddot{r}_q - \dot{\omega}_q \times q_i) + \zeta_{4i}$$

$$(4.38)$$

式中，E_3 为三阶单位阵；高次项$\zeta_{3i} = \omega_i \times \omega_i \times q_{ui} g_i + \omega_p \times \omega_p \times p_i$，$\zeta_{4i} = \omega_i \times \omega_i \times q_{di} g_i + \omega_q \times \omega_q \times q_i$。

至此，完成了对作动单元的运动学分析，求出了上平台和作动单元间速度的转化关系，即雅可比矩阵。最后得出了上、下作动单元的质心速度和加速度，为下一步作动单元的动力学分析做好了准备。

第 i 个作动单元质心的受力分析如图 4.57 所示。$m_{ui}g$、$m_{di}g$ 分别为上、下作动单元所受的重力，g 为重力加速度，f_{ui}、f_{di} 分别为负载平台、基础平台对上、下作动单元的约束力，f_i 为上、下作动单元间的作用力。

根据牛顿第二定律，建立上作动单元和下作动单元的平衡方程为

$$-m_{ui}a_{ui} + m_{ui}g + f_{ui} + f_i = 0 \quad (4.39)$$
$$-m_{di}a_{di} + m_{di}g + f_{di} - f_i = 0 \quad (4.40)$$

根据欧拉方程，建立上作动单元和下作动单元的转动方程为

$$I_{ui}\dot{\omega}_i + \dot{\omega}_i^\times I_{ui}\omega_i + q_{ui}^\times f_{ui} - c_{pi}(\omega_i - \omega_p) = 0$$

$$(4.41)$$

$$I_{di}\dot{\omega}_i + \dot{\omega}_i^\times I_{di}\omega_i + q_{di}^\times f_{di} - c_{qi}(\omega_i - \omega_q) = 0$$

$$(4.42)$$

式中，I_{ui} 为上作动单元惯量矩阵；I_{di} 为下作动单元惯量矩阵；c_{pi} 为万向铰的阻尼系数；c_{qi} 为球铰的阻尼系数；$q_{ui} = q_{ui} g_i$；$q_{di} = q_{di}g_i$。

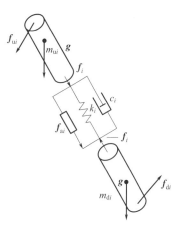

图 4.57 作动单元质心受力分析图

将式(4.41)和式(4.42)相加可得

$$(\mathbf{I}_{ui}+\mathbf{I}_{di})\dot{\boldsymbol{\omega}}_i+\dot{\boldsymbol{\omega}}_i^{\times}(\mathbf{I}_{di}+\mathbf{I}_{ui})\boldsymbol{\omega}_i+q_{ui}\mathbf{g}_i^{\times}\mathbf{f}_{ui}+q_{di}\mathbf{g}_i^{\times}\mathbf{f}_{di}+\mathbf{V}=0 \qquad (4.43)$$

式中，$\mathbf{V}=-c_{pi}(\boldsymbol{\omega}_i-\boldsymbol{\omega}_p)-c_{qi}(\boldsymbol{\omega}_i-\boldsymbol{\omega}_q)$ 为铰产生的摩擦力矩。

将式(4.39)和式(4.40)代入式(4.43)，化简可得

$$\begin{aligned}
&(\mathbf{I}_{ui}+\mathbf{I}_{di})\dot{\boldsymbol{\omega}}_i+\dot{\boldsymbol{\omega}}_i^{\times}(\mathbf{I}_{di}+\mathbf{I}_{ui})\boldsymbol{\omega}_i+(q_{ui}-q_{di})\mathbf{g}_i^{\times}\mathbf{f}_{ui} \\
&+q_{di}\mathbf{g}_i^{\times}[m_{ui}(\mathbf{a}_{ui}-\mathbf{g})+m_{di}(\mathbf{a}_{di}-\mathbf{g})]+\mathbf{V}_i=0
\end{aligned} \qquad (4.44)$$

令

$$\mathbf{D}_i=(\mathbf{I}_{ui}+\mathbf{I}_{di})\dot{\boldsymbol{\omega}}_i+\dot{\boldsymbol{\omega}}_i^{\times}(\mathbf{I}_{di}+\mathbf{I}_{ui})\boldsymbol{\omega}_i+q_{di}\mathbf{g}_i^{\times}[m_{ui}(\mathbf{a}_{ui}-\mathbf{g})+m_{di}(\mathbf{a}_{di}-\mathbf{g})]$$

$$U_i=q_{ui}-q_{di}$$

则式(4.44)可以写为

$$U_i\mathbf{g}_i^{\times}\mathbf{f}_{ui}=\mathbf{D}_i-\mathbf{V}_i \qquad (4.45)$$

式(4.45)两边同时叉乘 $\mathbf{g}_i$，化简得到 $\mathbf{f}_{ui}$ 为

$$\mathbf{f}_{ui}=(\mathbf{D}_i-\mathbf{V}_i)^{\times}\mathbf{g}_i/U_i+\mathbf{f}_{ui}\cdot\mathbf{g}_i\cdot\mathbf{g}_i \qquad (4.46)$$

将式(4.39)和式(4.40)投影到沿作动单元方向，可得

$$-m_{ui}\mathbf{a}_{ui}\mathbf{g}_i+m_{ui}\mathbf{g}\mathbf{g}_i+\mathbf{f}_{ui}\mathbf{g}_i+\mathbf{f}_i\mathbf{g}_i=0 \qquad (4.47)$$

化简得到 $\mathbf{f}_{ui}\mathbf{g}_i$ 为

$$\mathbf{f}_{ui}\mathbf{g}_i=m_{ui}\mathbf{a}_{ui}\mathbf{g}_i-\mathbf{f}_i\mathbf{g}_i-m_{ui}\mathbf{g}\mathbf{g}_i \qquad (4.48)$$

将式(4.47)代入式(4.48)，得到

$$\begin{aligned}
\mathbf{f}_{ui}&=(\mathbf{D}_i-\mathbf{V}_i)^{\times}\mathbf{g}_i/U_i+(m_{ui}\mathbf{a}_{ui}\mathbf{g}_i-\mathbf{f}_i\mathbf{g}_i-m_{ui}\mathbf{g}\mathbf{g}_i)\mathbf{g}_i \\
&=\frac{1}{q_{ui}-q_{di}}\{(\mathbf{I}_{ui}+\mathbf{I}_{di})\dot{\boldsymbol{\omega}}_i+\dot{\boldsymbol{\omega}}_i^{\times}(\mathbf{I}_{di}+\mathbf{I}_{ui})\boldsymbol{\omega}_i+q_{di}\mathbf{g}_i^{\times}[m_{ui}(\mathbf{a}_{ui}-\mathbf{g})+m_{di}(\mathbf{a}_{di}-\mathbf{g})]\}^{\times} \\
&\quad \mathbf{g}_i-\frac{1}{q_{ui}-q_{di}}[c_{pi}(\boldsymbol{\omega}_i-\boldsymbol{\omega}_p)+c_{qi}(\boldsymbol{\omega}_i-\boldsymbol{\omega}_q)]^{\times}\mathbf{g}_i+(m_{ui}\mathbf{a}_{ui}\mathbf{g}_i-\mathbf{f}_i\mathbf{g}_i-m_{ui}\mathbf{g}\mathbf{g}_i)\mathbf{g}_i
\end{aligned}$$
$$(4.49)$$

式(4.49)化简可得

$$\mathbf{f}_{ui}=\mathbf{Q}_{pi}(\ddot{\mathbf{r}}_p-\dot{\boldsymbol{\omega}}_p^{\times}\mathbf{p}_i)+\mathbf{Q}_{qi}(\ddot{\mathbf{r}}_q-\dot{\boldsymbol{\omega}}_q^{\times}\mathbf{q}_i)+\boldsymbol{\zeta}_{5i}-\mathbf{f}_i \qquad (4.50)$$

式中

$$\begin{aligned}
\mathbf{Q}_{pi}&=\frac{m_{ui}}{U_iL_i}(\mathbf{q}_{ui}^{\mathrm{T}}\mathbf{g}_i\mathbf{E}_3-\mathbf{q}_{di}\mathbf{g}_i^{\mathrm{T}})(\mathbf{g}_i^{\mathrm{T}}\mathbf{q}_{ui}\mathbf{E}_3-\mathbf{g}_i\mathbf{q}_{di}^{\mathrm{T}})+\frac{1}{U_iL_i}(\mathbf{I}_{ui}+\mathbf{I}_{di})(\mathbf{g}_i^{\mathrm{T}}\mathbf{g}_i\mathbf{E}_3-\mathbf{g}_i\mathbf{g}_i^{\mathrm{T}}) \\
&\quad +\frac{m_{ui}}{U_i}(\mathbf{q}_{ui}^{\mathrm{T}}\mathbf{g}_i\mathbf{E}_3-\mathbf{q}_{di}\mathbf{g}_i^{\mathrm{T}}+U_i\mathbf{g}_i\mathbf{g}_i^{\mathrm{T}})\left[\mathbf{E}_3+\frac{1}{L_i}(\mathbf{g}_i^{\mathrm{T}}\mathbf{q}_{ui}\mathbf{E}_3-\mathbf{g}_i\mathbf{q}_{di}^{\mathrm{T}})\right] \\
\mathbf{Q}_{qi}&=-\frac{m_{di}}{U_iL_i}(\mathbf{q}_{ui}^{\mathrm{T}}\mathbf{g}_i\mathbf{E}_3-\mathbf{q}_{di}\mathbf{g}_i^{\mathrm{T}}+U_i\mathbf{g}_i\mathbf{g}_i^{\mathrm{T}})(\mathbf{g}_i^{\mathrm{T}}\mathbf{q}_{ui}\mathbf{E}_3-\mathbf{g}_i\mathbf{q}_{di}^{\mathrm{T}})+\frac{1}{U_iL_i}(\mathbf{I}_{ui}+\mathbf{I}_{di}) \\
&\quad (\mathbf{g}_i^{\mathrm{T}}\mathbf{g}_i\mathbf{E}_3-\mathbf{g}_i\mathbf{g}_i^{\mathrm{T}})-\frac{m_{di}}{U_i}(\mathbf{q}_{ui}^{\mathrm{T}}\mathbf{g}_i\mathbf{E}_3-\mathbf{q}_{di}\mathbf{g}_i^{\mathrm{T}})\left[\frac{1}{L_i}(\mathbf{g}_i^{\mathrm{T}}\mathbf{q}_{ui}\mathbf{E}_3-\mathbf{g}_i\mathbf{q}_{di}^{\mathrm{T}})-\mathbf{E}_3\right]
\end{aligned}$$

$$\boldsymbol{\zeta}_{5i} = (m_{ui}\boldsymbol{\zeta}_{3i}\boldsymbol{g}_i - m_{ui}\boldsymbol{g}_i\boldsymbol{g})\boldsymbol{g}_i + \frac{1}{2U_i - L_i}[\dot{\boldsymbol{\omega}}_i^{\times}(\mathbf{I}_{di} + \mathbf{I}_{ui})\boldsymbol{\omega}_i + \boldsymbol{f}_{ui}]^{\times}\boldsymbol{g}_i$$

$$+ \frac{1}{2U_i - L_i}\boldsymbol{g}_i^{\times}\{m_{di}q_{di}\boldsymbol{\zeta}_{4i} - m_{ui}(L_i - 2U_i + q_{di})\boldsymbol{\zeta}_{3i} - [m_{di}q_{di} +$$

$$m_{ui}(L_i - 2U_i + q_{di})\boldsymbol{g}]\}^{\times}\boldsymbol{g}_i$$

下作动单元对基础平台的约束力 $\boldsymbol{f}_{di}$ 为

$$\boldsymbol{f}_{di} = -\boldsymbol{f}_{ui} + m_{di}\boldsymbol{a}_{di} + m_{ui}\boldsymbol{a}_{ui} + (m_{di} + m_{ui})\boldsymbol{g}$$

$$= -[\boldsymbol{Q}_{pi}(\ddot{\boldsymbol{r}}_p - \dot{\boldsymbol{\omega}}_p^{\times}\boldsymbol{p}_i) + \boldsymbol{Q}_{qi}(\ddot{\boldsymbol{r}}_q - \dot{\boldsymbol{\omega}}_q^{\times}\boldsymbol{q}_i) + \boldsymbol{\zeta}_{5i} - \boldsymbol{f}_i] + m_{di}\boldsymbol{a}_{di} + m_{ui}\boldsymbol{a}_{ui}$$

$$+ (m_{di} + m_{ui})\boldsymbol{g}$$

$$\tag{4.51}$$

至此,完成了作动单元的动力学建模,得到了作动单元与负载平台之间的作用力表达式,后续将使用该表达式建立负载平台的动力学方程。

(3)负载平台建模

如图 4.58 所示,设 m_p 和 m_s 分别为刚体平台和柔性体的质量,$\mathbf{I}_p$ 为负载平台绕其质心的转动惯量张量矩阵,$\mathbf{I}_s$ 为柔性体绕负载平台固连坐标系 $O_pX_pY_pZ_p$ 的转动惯量矩阵,质心在惯性系下的位置矢量为 $\boldsymbol{r}_s = \boldsymbol{R}_{ep}\boldsymbol{r}_s^p$,质心加速度为

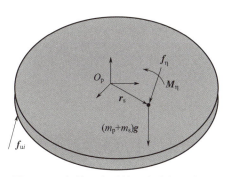

图 4.58 负载平台系统受力分析示意图

$$\boldsymbol{a}_p = \ddot{\boldsymbol{r}}_p + \dot{\boldsymbol{\omega}}_p^{\times}\boldsymbol{r}_s + \boldsymbol{\omega}_p^{\times}\boldsymbol{\omega}_p\boldsymbol{r}_s \tag{4.52}$$

利用牛顿力学法建立的负载平台的平衡方程为

$$-\sum_{i=1}^{6}\boldsymbol{f}_{ui} + (m_p + m_s)\boldsymbol{g} + \boldsymbol{f}_{\eta} = (m_p + m_s)\boldsymbol{a}_p \tag{4.53}$$

式中,$\boldsymbol{f}_{\eta} = \boldsymbol{B}_t\ddot{\boldsymbol{\eta}}$ 为柔性体振动产生的干扰力;$\ddot{\boldsymbol{\eta}}$ 为模态加速度。

根据欧拉方程,建立负载平台关于质心的转动方程:

$$\sum_{i=1}^{6}c_{pi}(\boldsymbol{\omega}_i - \boldsymbol{\omega}_p) - \sum_{i=1}^{6}\boldsymbol{p}_i^{\times}\boldsymbol{f}_{ui} + \boldsymbol{M}_{\eta} = \mathbf{I}_p\dot{\boldsymbol{\omega}}_p + \dot{\boldsymbol{\omega}}_p^{\times}\mathbf{I}_p\boldsymbol{\omega}_p \tag{4.54}$$

式中,$\boldsymbol{M}_{\eta} = \boldsymbol{B}_r\ddot{\boldsymbol{\eta}}$ 为柔性体振动产生的干扰力矩。

(4)作动支腿模型线性化

并联平台第 i 个作动器轴向力的线性模型如图 4.59 所示,作动器的刚度系数为 k_i,阻尼系数为 c_i,作动器音圈电机的驱动力为 f_{ai}。

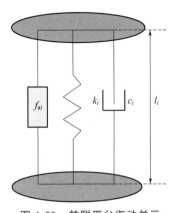

图 4.59　并联平台作动单元
轴向力线性模型

作动单元作动器的轴向力输出表达式为

$$f_i = f_{ai} - c_i \dot{L}_i - k_i (L_i - L_{i0}) \quad (4.55)$$

并联平台作动单元的轴向力写成矩阵形式为

$$\boldsymbol{F} = \boldsymbol{f}_a - \boldsymbol{c} \dot{\boldsymbol{\delta}}_l - \boldsymbol{k} \boldsymbol{\delta}_l \quad (4.56)$$

式中，

$$\boldsymbol{l} = \boldsymbol{L} - \boldsymbol{L}_0$$

$$\boldsymbol{F} = \begin{bmatrix} \boldsymbol{F}_1 & \cdots & \boldsymbol{F}_6 \end{bmatrix}^T, \boldsymbol{f}_a = \begin{bmatrix} f_{a1} & \cdots & f_{a6} \end{bmatrix}^T$$

$$\boldsymbol{c} = \mathrm{diag}\{ c_1 \quad \cdots \quad c_6 \}, \boldsymbol{k} = \mathrm{diag}\{ k_1 \quad \cdots \quad k_6 \}$$

可进一步变换为

$$\dot{L}_i = \frac{L_i - L_{i0}}{\Delta t} = \boldsymbol{J}_{pi}^T \begin{bmatrix} \dot{\boldsymbol{r}}_p \\ \boldsymbol{\omega}_p \end{bmatrix} - \boldsymbol{J}_{qi}^T \begin{bmatrix} \dot{\boldsymbol{r}}_q \\ \boldsymbol{\omega}_q \end{bmatrix} \quad (4.57)$$

Δt 表示极小的一段时间，于是

$$L_i - L_{i0} = \boldsymbol{J}_{pi}^T \begin{bmatrix} \dot{\boldsymbol{r}}_p \Delta t \\ \boldsymbol{\omega}_p \Delta t \end{bmatrix} - \boldsymbol{J}_{qi}^T \begin{bmatrix} \dot{\boldsymbol{r}}_q \Delta t \\ \boldsymbol{\omega}_q \Delta t \end{bmatrix} \quad (4.58)$$

其中，$\boldsymbol{r}_p = \dot{\boldsymbol{r}}_p \Delta t, \boldsymbol{r}_q = \dot{\boldsymbol{r}}_q \Delta t, \boldsymbol{\vartheta}_p = \boldsymbol{\omega}_p \Delta t, \boldsymbol{\vartheta}_q = \boldsymbol{\omega}_q \Delta t$ 是相对初始位置的位移和角位移。取初始值为 0，则

$$L_i - L_{i0} = \boldsymbol{J}_{pi}^T \begin{bmatrix} \boldsymbol{r}_p \\ \boldsymbol{\vartheta}_p \end{bmatrix} - \boldsymbol{J}_{qi}^T \begin{bmatrix} \boldsymbol{r}_q \\ \boldsymbol{\vartheta}_q \end{bmatrix} \quad (4.59)$$

并联平台作动单元的伸缩量矩阵为

$$\boldsymbol{L} - \boldsymbol{L}_0 = \boldsymbol{J}_p^T \begin{bmatrix} \boldsymbol{r}_p \\ \boldsymbol{\vartheta}_p \end{bmatrix} - \boldsymbol{J}_q^T \begin{bmatrix} \boldsymbol{r}_q \\ \boldsymbol{\vartheta}_q \end{bmatrix}$$

$$= \boldsymbol{J}_p^T \boldsymbol{x}_p - \boldsymbol{J}_q^T \boldsymbol{x}_q \quad (4.60)$$

式中，$\boldsymbol{x}_p = \begin{bmatrix} \boldsymbol{r}_p & \boldsymbol{\vartheta}_p \end{bmatrix}^T, \boldsymbol{x}_q = \begin{bmatrix} \boldsymbol{r}_q & \boldsymbol{\vartheta}_q \end{bmatrix}^T, \boldsymbol{L}$ 和 $\boldsymbol{L}_0$ 为并联平台作动单元的实时长度和标准长度。

因此，并联平台作动单元轴向力工作空间的线性模型为

$$\boldsymbol{F} = \boldsymbol{f}_a - \boldsymbol{c}(\boldsymbol{J}_p^T \dot{\boldsymbol{x}}_p - \boldsymbol{J}_q^T \dot{\boldsymbol{x}}_q) - \boldsymbol{k}(\boldsymbol{J}_p^T \boldsymbol{x}_p - \boldsymbol{J}_q^T \boldsymbol{x}_q) \quad (4.61)$$

(5)系统动力学方程

经过上述推导，构成了"并联平台-柔性体"的刚柔耦合系统动力学模型。由于空间微重力环境以及微小量级振动等特点，可暂不考虑上述公式中的重力项、几何非线性项以及高阶非线性量。同时使用作动单元轴向力线性方程近似代替作动单

元与负载平台的约束力,可以得到简化的"并联平台-柔性体"的刚柔耦合系统线性动力学方程。

负载平台系统动力学方程:

$$M_p \begin{bmatrix} \ddot{r}_p \\ \ddot{\vartheta}_p \end{bmatrix} + C_{pp} \begin{bmatrix} \dot{r}_p \\ \dot{\vartheta}_p \end{bmatrix} + K_{pp} \begin{bmatrix} r_p \\ \vartheta_p \end{bmatrix} + P \ddot{\eta} = J_p f_a \qquad (4.62)$$

柔性体振动方程:

$$\ddot{\eta} + C_{p\eta} \dot{\eta} + K_{p\eta} \eta = -P^T \begin{bmatrix} \ddot{r}_p \\ \ddot{\vartheta}_p \end{bmatrix} \qquad (4.63)$$

其中

$$M_p = \begin{bmatrix} m_p + m_s & m_{sr}^T \\ m_{sr} & I_p + I_s \end{bmatrix}$$ 为载荷平台系统的总质量矩阵;

$$m_{sr} = \sum_{k=1}^{n} \rho_{k0}^{\times} m_k + \sum_{k=1}^{n} m_k \Phi_k^{\times} \eta$$ 为柔性体的静矩;

$m_p = m_p E_3, m_p$ 为负载平台质量;

$m_s = m_s E_3, m_s$ 为柔性体质量;

K_{pp} 为并联平台作动单元作动器对柔性体质心的刚度矩阵;

C_{pp} 为并联平台作动单元作动器对柔性体质心的阻尼矩阵;

$K_{p\eta} = \text{diag}\{\omega_1^2 \quad \omega_2^2 \quad \cdots \quad \omega_n^2\}$ 为大柔性体的模态刚度矩阵;

$C_{p\eta} = \text{diag}\{2\xi_1\omega_1 \quad 2\xi_2\omega_2 \quad \cdots \quad 2\xi_n\omega_n\}$ 为大柔性体的模态阻尼矩阵。

定义系统的状态变量 $X = \begin{bmatrix} x_p & x_b & \eta \end{bmatrix}^T$,混合坐标动力学方程为

$$\begin{bmatrix} \dot{X} \\ \ddot{X} \end{bmatrix} = \begin{bmatrix} 0 & E \\ -M^{-1}K & -M^{-1}C \end{bmatrix} \begin{bmatrix} X \\ \dot{X} \end{bmatrix} + \begin{bmatrix} 0 \\ M^{-1} \end{bmatrix} U \qquad (4.64)$$

4.6.2 低频主动控制最优控制方法

图 4.60 为独立模态空间控制的基本原理,将系统在物理坐标下的动力学方程转换到模态空间上用模态坐标表示的解耦的动力学方程,在模态空间上根据各种控制理论设计控制律,得到被控系统的模态控制力,转换得到实际系统的控制力,通过对各主模态的控制实现对系统的控制。该方法具有计算简单、效率高、可满足实时性等优点。由于柔性体系统具有无穷阶,因此需要使用低阶控制器实现对柔性体高阶系统的控制。

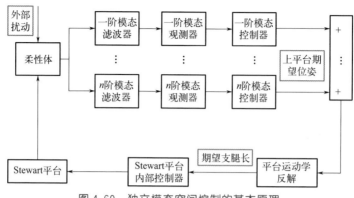

图 4.60　独立模态空间控制的基本原理

具有无限自由度的柔性体系统的结构动力学方程可以表示为

$$M\ddot{z} + C\dot{z} + Kz = G \tag{4.65}$$

式中，M 为质量矩阵；C 为阻尼矩阵；K 为刚度矩阵；$G = B_z\ddot{x}$ 为控制作用向量，B_z 为模态角动量矩阵；$z = \begin{bmatrix} z_1 & \cdots & z_n \end{bmatrix}^T$ 为结构振动响应，表示柔性体的节点物理空间位移。

柔性体的振动响应是由各阶模态叠加得到的，令 $z = \boldsymbol{\phi}\boldsymbol{\eta}$，其中 $\boldsymbol{\eta} = \begin{bmatrix} \eta_1 & \cdots & \eta_n \end{bmatrix}^T$ 为柔性体的模态坐标，$\boldsymbol{\phi}$ 为模态振型。将 $z = \boldsymbol{\phi}\boldsymbol{\eta}$ 代入式（4.65）得到

$$M\boldsymbol{\phi}\ddot{\boldsymbol{\eta}} + C\boldsymbol{\phi}\dot{\boldsymbol{\eta}} + K\boldsymbol{\phi}\boldsymbol{\eta} = G \tag{4.66}$$

式（4.66）两边乘 $\boldsymbol{\phi}^T$ 得

$$\boldsymbol{\phi}^T M\boldsymbol{\phi}\ddot{\boldsymbol{\eta}} + \boldsymbol{\phi}^T C\boldsymbol{\phi}\dot{\boldsymbol{\eta}} + \boldsymbol{\phi}^T K\boldsymbol{\phi}\boldsymbol{\eta} = \boldsymbol{\phi}^T G \tag{4.67}$$

由振型归一化条件以及主振型的正交性可得 $\boldsymbol{\phi}^T M\boldsymbol{\phi} = \boldsymbol{I}$，$\boldsymbol{\phi}^T K\boldsymbol{\phi} = \boldsymbol{\Lambda}^2$，并且经过变换 $\boldsymbol{\phi}^T C\boldsymbol{\phi} = 2\boldsymbol{\xi}\boldsymbol{\Lambda}$ 以及 $f_s = \boldsymbol{\phi}^T G$，式（4.67）可写为

$$\ddot{\boldsymbol{\eta}} + 2\boldsymbol{\xi}\boldsymbol{\Lambda}\dot{\boldsymbol{\eta}} + \boldsymbol{\Lambda}^2\boldsymbol{\eta} = f_s \tag{4.68}$$

式（4.68）可进一步解耦为系统各阶模态的动力学方程

$$\ddot{\eta} + 2\xi_u w_u \dot{\eta} + w_u^2 \eta = f_{su}, \quad u = 1, 2, \cdots, n \tag{4.69}$$

式中，ξ_u 为系统第 u 阶结构阻尼比；f_{su} 为系统第 u 阶模态控制力；w_u 为系统第 u 阶固有频率。

通过式（4.69）可得模态控制力，要实现对柔性体的振动控制，还需要得到对柔性体的物理控制力：

$$f_s = \boldsymbol{\phi}^T G = \boldsymbol{\phi}^T B_z \ddot{x}_p = B\ddot{x}_p \tag{4.70}$$

式中，$B = \boldsymbol{\phi}^T B_z$，为耦合作用矩阵。通过式（4.70）可知，对柔性体的实际控制作用为

$$\ddot{\boldsymbol{x}}_{\mathrm{p}} = \boldsymbol{B}^{-1} \boldsymbol{f}_{\mathrm{s}} \tag{4.71}$$

根据模态控制原理的分析,计算对柔性体振动抑制实际的控制力需要模态位移和模态速度信息,而在实际应用中无法直接通过传感器获得模态位移和模态坐标,只能从物理坐标中提取模态坐标。因此,可以使用加速度传感器采集柔性体物理加速度,然后将物理加速度转换为模态加速度。

物理加速度与模态加速度之间的转换可根据模态正交性设计的模态滤波器实现。柔性体节点的物理坐标与模态坐标的关系为 $\boldsymbol{z} = \boldsymbol{\phi}\boldsymbol{\eta}$,等式两边同时乘以 $\boldsymbol{\phi}^{\mathrm{T}}\boldsymbol{M}$,并由模态的正交性和归一化得

$$\boldsymbol{\eta} = \boldsymbol{\phi}^{\mathrm{T}}\boldsymbol{M}\boldsymbol{z} = \boldsymbol{\Gamma}^{\mathrm{T}}\boldsymbol{z} = \sum_{i=1}^{d} \boldsymbol{\Gamma}_i x_i \tag{4.72}$$

式中,d 为柔性体上的测点数;$\boldsymbol{\Gamma} = \boldsymbol{M}^{\mathrm{T}}\boldsymbol{\phi}$,为模态滤波器;$\boldsymbol{\Gamma}_i$ 为第 i 个测点的振型。

模态滤波器的求解主要有两种方法:

① 利用有限元软件进行柔性体模态分析并导出模态矩阵和质量矩阵。由于实际加工精度的影响,通过有限元软件获得的模态矩阵和质量矩阵和真实模型相比存在一定的误差。

② 利用试验模态分析技术求取模态滤波器。

对于复杂的柔性结构,其振型和质量矩阵难以精确获得,采用试验模态分析技术,根据柔性结构测点频率响应函数可求解模态滤波器。该方法具有精度高、实现简单等优点。

对于模态滤波器 $\boldsymbol{\Gamma} = \boldsymbol{M}^{\mathrm{T}}\boldsymbol{\phi}$,重新定义 $\boldsymbol{\Gamma}_u$ 为第 u 阶模态滤波器向量,根据模态的正交性和归一化条件,即 $\boldsymbol{\Gamma}_u$ 与第 u 阶振型的点积为 1,与除第 u 阶振型以外的其他振型正交。

$$\boldsymbol{\Gamma}_u^{\mathrm{T}}\boldsymbol{\phi} = \begin{cases} 1, & u = m \\ 0, & u \neq m \end{cases} \tag{4.73}$$

根据频响函数的定义,柔性结构在第 j 个自由度激励下的频响函数可以表示为

$$\boldsymbol{H}_j(w) = \sum_{u=1}^{n} \frac{\phi_{ju}\boldsymbol{\phi}_u^{\mathrm{T}}}{m_u \left[(w_u^2 - w^2) + \mathrm{j}2\xi_u w_u w\right]} \tag{4.74}$$

式中,ϕ_{ju} 为振型矩阵 $\boldsymbol{\phi}$ 中第 j 行第 u 列的元素,对应柔性体系统第 j 个自由度上第 u 阶振型参数;$\boldsymbol{\phi}_u$ 为柔性体第 u 阶振型向量;m_u 为模态质量,由振型归一化条件,有 $m_u = 1$。

将式(4.74)两边乘以 $\boldsymbol{\Gamma}_u^{\mathrm{T}}$ 得

$$\boldsymbol{\Gamma}_u^{\mathrm{T}} \boldsymbol{H}_j(w) = \sum_{i=1}^{n} \boldsymbol{\Gamma}_{iu}^{\mathrm{T}} \boldsymbol{H}_{ij}(w) = \frac{\phi_{ju} \boldsymbol{\Gamma}_u^{\mathrm{T}} \boldsymbol{\phi}_u^{\mathrm{T}}}{m_u \left[(w_u^2 - w^2) + \mathrm{j}2\xi_u w_u w\right]}$$

$$= \frac{\phi_{ju}}{m_u \left[(w_u^2 - w^2) + \mathrm{j}2\xi_u w_u w\right]} = a(w) \tag{4.75}$$

式中,ξ_u 和 w_u 可通过频响试验获取。

对于定点激励,ϕ_{ju} 为常数项,令 $\overline{\boldsymbol{\Gamma}}_u^{\mathrm{T}} = \boldsymbol{\Gamma}_u^{\mathrm{T}}/\phi_{ju}$ 为新的模态滤波器向量,式(4.75)可写为

$$\overline{\boldsymbol{\Gamma}}_u^{\mathrm{T}} \boldsymbol{H}_j(w) = \frac{1}{m_u \left[(w_u^2 - w^2) + \mathrm{j}2\xi_u w_u w\right]} = \overline{a}(w) \tag{4.76}$$

式中,$\boldsymbol{H}_j$ 为 $n \times 1$ 向量,n 为测点数,也是试验所用传感器的数目;模态滤波器向量 $\overline{\boldsymbol{\Gamma}}_u^{\mathrm{T}}$ 也为 $n \times 1$ 向量;选取数组观测频率 w,建立一个以 $\overline{\boldsymbol{\Gamma}}_u^{\mathrm{T}}$ 为未知量的方程组,便可求得模态滤波器向量 $\overline{\boldsymbol{\Gamma}}_u^{\mathrm{T}}$。

根据模态叠加原理,柔性体上节点的加速度响应为

$$\ddot{\boldsymbol{z}} = \sum_{i=1}^{N} \boldsymbol{\phi}_i \ddot{\boldsymbol{\eta}}_i \tag{4.77}$$

式中,N 为叠加的模态数。

对式(4.77)两边同时乘以模态滤波器 $\overline{\boldsymbol{\Gamma}}_u^{\mathrm{T}}$,将柔性体的物理加速度响应转为模态加速度响应。

$$\overline{\boldsymbol{\Gamma}}_u^{\mathrm{T}} \ddot{\boldsymbol{z}} = \ddot{\boldsymbol{\eta}}_i \tag{4.78}$$

本节柔性太阳阵的前三阶模态分别为绕 Z_p 轴弯曲、绕 X_p 轴侧摆和绕 Y_p 轴扭转,需要至少安装三个加速度计,测出太阳阵绕三个坐标轴运动的振动信息。三个加速度计的安装位置如图 4.61 所示。

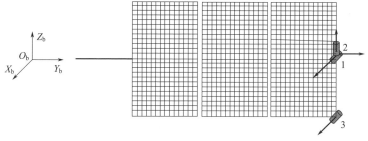

图 4.61 加速度计安装示意图

1、2 号加速度计安装在太阳阵末端中心,分别沿着 Z_p 轴和 X_p 轴方向安装,3 号加速度计安装在末端角处,与 1 号平行,则可以建立太阳阵绕 Z_p 轴弯曲产生的

沿 X_p 向的位移加速度 a_x、绕 X_p 轴侧摆产生的沿 Z_p 向的位移加速度 a_z、绕 Y_p 轴扭转产生的扭转角加速度 a_θ 与三个加速度计位移输出信号 s_1、s_2、s_3 之间的关系,如下:

$$\ddot{z} = \begin{bmatrix} a_x \\ a_z \\ a_\theta \end{bmatrix} = \begin{bmatrix} 1 & 0 & 0 \\ 0 & 1 & 0 \\ -\dfrac{1}{d} & 0 & \dfrac{1}{d} \end{bmatrix} \begin{bmatrix} s_1 \\ s_2 \\ s_3 \end{bmatrix} \tag{4.79}$$

仅通过柔性体的模态加速度无法完成模态控制器的设计,还需要通过模态加速度获得柔性体的模态位移和模态速度,因此,需要设计一个合理的状态观测器观测模态位移和模态速度。状态观测器是针对未知的状态变量,借助仅有的可测的输出变量以及已知的输入变量来求得状态变量估计值的方法,又称状态重构器。

将柔性体每一阶模态的动力学方程用状态方程表示为

$$\begin{cases} \begin{bmatrix} \dot{\eta}_i \\ \ddot{\eta}_i \end{bmatrix} = A_i \begin{bmatrix} \eta_i \\ \dot{\eta}_i \end{bmatrix} + B_i f_i \\ \\ y = C_i \begin{bmatrix} \eta_i \\ \dot{\eta}_i \end{bmatrix} \end{cases} \quad i = 1, 2, \cdots, n \tag{4.80}$$

式中,$A_i = \begin{bmatrix} 0 & 1 \\ -\omega_i^2 & -2\omega_i \xi_i \end{bmatrix}$, $B_i = \begin{bmatrix} 0 \\ 1 \end{bmatrix}$, $C_i = \begin{bmatrix} 0 & 1 \end{bmatrix}$。

采用基于独立模态空间的最优振动控制方法抑制柔性体振动的基本条件是要获得柔性体的模态位移和模态速度信息。因此,设计 Luenberger 状态观测器估计模态位移和模态速度。模态位移和模态速度的标准 Luenberger 状态观测器的形式为

$$\begin{bmatrix} \dot{\hat{\eta}}_i \\ \ddot{\hat{\eta}}_i \end{bmatrix} = A_i \begin{bmatrix} \hat{\eta}_i \\ \dot{\hat{\eta}}_i \end{bmatrix} + B_i f_i + K_i \left(y - C_i \begin{bmatrix} \hat{\eta}_i \\ \dot{\hat{\eta}}_i \end{bmatrix} \right) \tag{4.81}$$

式中,K_i 为 Luenberger 状态观测器的增益矩阵。

使用 Luenberger 状态观测器后的模态控制力为

$$f_i = \begin{bmatrix} h_{i1} & h_{i2} \end{bmatrix} \begin{bmatrix} \hat{\eta}_i \\ \dot{\hat{\eta}}_i \end{bmatrix} = H_i \begin{bmatrix} \hat{\eta}_i \\ \dot{\hat{\eta}}_i \end{bmatrix} \tag{4.82}$$

采用加速度传感器获得物理加速度信息,再由模态滤波器转为模态加速度,因

此改进标准的 Luenberger 状态观测器以满足设计。式(4.82)改为

$$
\begin{cases}
\begin{bmatrix} \dot{\hat{\eta}}_i \\ \ddot{\hat{\eta}}_i \end{bmatrix} = \boldsymbol{A}_i \begin{bmatrix} \hat{\eta}_i \\ \dot{\hat{\eta}}_i \end{bmatrix} + \boldsymbol{B}_i f_i + \boldsymbol{K}_i \left(y - \boldsymbol{C}_i \begin{bmatrix} \dot{\hat{\eta}}_i \\ \ddot{\hat{\eta}}_i \end{bmatrix} \right) \\
y = \boldsymbol{C}_i \begin{bmatrix} \dot{\eta}_i \\ \ddot{\eta}_i \end{bmatrix}
\end{cases}
\tag{4.83}
$$

令 $\boldsymbol{W}_r = (\boldsymbol{E} + \boldsymbol{K}_i \boldsymbol{C}_i)^{-1}$，$\boldsymbol{E}$ 为单位矩阵，式(4.83)进一步可化为

$$
\begin{bmatrix} \dot{\hat{\eta}}_i \\ \ddot{\hat{\eta}}_i \end{bmatrix} = \boldsymbol{W}_r \left(\boldsymbol{A}_i \begin{bmatrix} \hat{\eta}_i \\ \dot{\hat{\eta}}_i \end{bmatrix} + \boldsymbol{B}_i f_i + \boldsymbol{K}_i y \right)
\tag{4.84}
$$

记状态观测器的观测误差为

$$
\boldsymbol{e}_i = \begin{bmatrix} \hat{\eta}_i \\ \dot{\hat{\eta}}_i \end{bmatrix} - \begin{bmatrix} \eta_i \\ \dot{\eta}_i \end{bmatrix}
\tag{4.85}
$$

由式(4.84)和式(4.85)可得误差 $\boldsymbol{e}_i$ 的导数为

$$
\dot{\boldsymbol{e}}_i = \boldsymbol{W}_i \boldsymbol{A}_i \boldsymbol{e}_i
\tag{4.86}
$$

通过极点配置法，选取合适的 $\boldsymbol{K}_i$ 使矩阵 $\boldsymbol{W}_i \boldsymbol{A}_i$ 的极点都位于根轨迹图虚轴的左半平面，使状态观测器渐近稳定并且观测误差趋于 0，令状态观测器的极点为 p_o，合理地配置其极点 p_o，可使它满足状态观测器的性能需要。

以柔性体的第一阶模态为例，设计第一阶模态振动控制器。由推导可知柔性体的第一阶被控模态坐标的状态方程组为

$$
\begin{cases}
\begin{bmatrix} \dot{\eta}_1 \\ \ddot{\eta}_1 \end{bmatrix} = \begin{bmatrix} 0 & 1 \\ -k_{f1} & -c_{f1} \end{bmatrix} \begin{bmatrix} \eta_1 \\ \dot{\eta}_1 \end{bmatrix} + \begin{bmatrix} 0 \\ B_{r1} \end{bmatrix} \ddot{\vartheta}_{pz} \\
y = \boldsymbol{C}_1 \begin{bmatrix} \eta_1 \\ \dot{\eta}_1 \end{bmatrix}
\end{cases}
\tag{4.87}
$$

式中，$k_{f1} = w_1^2$；$c_{f1} = 2\xi_1 w_1$；$\ddot{\vartheta}_{pz}$ 为 Stewart 负载平台绕 Z_p 轴的角加速度；B_{r1} 为作用耦合项系数。

由式(4.87)可知，若要实现对柔性体第一阶模态的振动抑制，需要模态控制输入为 Stewart 角加速度。而一般由 Stewart 作动单元直接输出负载平台期望的角加速度比较困难，为此需要对式(4.87)进行改进，通过振动控制器直接产生的模态控制量为负载平台的欧拉角，令

$$
\begin{cases}
x_1 = \eta_1 - B_{r1} \vartheta_{pz} \\
x_2 = \dot{\eta}_1 - B_{r1} \dot{\vartheta}_{px} + c_{f1} B_{r1} \vartheta_{pz}
\end{cases}
\tag{4.88}
$$

得到新的包含第一阶模态的状态方程

$$\begin{bmatrix} \dot{x}_1 \\ \ddot{x}_2 \end{bmatrix} = \begin{bmatrix} 0 & 1 \\ -k_{f1} & -c_{f1} \end{bmatrix} \begin{bmatrix} x_1 \\ \dot{x}_2 \end{bmatrix} + \begin{bmatrix} -c_{f1} B_{r1} \\ c_{f1}^2 B_{r1} - k_{f1} B_{r1} \end{bmatrix} \vartheta_{pz} \tag{4.89}$$

接下来根据最优控制理论设计振动控制器。取性能指标函数为

$$S = \frac{1}{2} \int_{t_0}^{t_f} (\boldsymbol{x}^{\mathrm{T}} \boldsymbol{Q} \boldsymbol{x} + \boldsymbol{u}^{\mathrm{T}} \boldsymbol{R} \boldsymbol{u}) \mathrm{d}t \tag{4.90}$$

式中，$\boldsymbol{Q}$ 和 $\boldsymbol{R}$ 分别为正定和正半定矩阵，取值为

$$\boldsymbol{Q} = a_1 \begin{bmatrix} k_{f1} & 0 \\ 0 & 1 \end{bmatrix}, \quad \boldsymbol{R} = b_1 \begin{bmatrix} 1 & 0 \\ 0 & 1 \end{bmatrix}$$

最优反馈率为

$$\vartheta_{pz}^* = -\boldsymbol{R}^{-1} \boldsymbol{B}^{\mathrm{T}} \boldsymbol{P} \begin{bmatrix} x_1 \\ \dot{x}_2 \end{bmatrix} \tag{4.91}$$

式中，Riccati 矩阵 $\boldsymbol{P}$ 可由 Riccati 等式求得。

4.6.3 基于主动阻尼的柔性体振动抑制

将并联平台安装在卫星本体与柔性体之间，作为"卫星本体-并联平台-柔性体"航天器系统的主动阻尼装置，利用并联平台作动单元的作动力提供主动阻尼力快速抑制柔性振动。

并联平台作动单元作动器的质量远小于卫星本体和柔性体的质量，可忽略。考虑等效质量为 m_η，等效刚度为 k_s 的简化的柔性体，其单作动单元振动抑制原理示意图如图 4.62 所示。图中，m_p 和 m_b 分别是卫星本体、Stewart 负载平台；f_{ai}、c_i 和 k_i 分别为第 i 个作动单元作动器的作动力、阻尼系数和刚度系数；f_b 为作用在卫星本体上的单轴作用力或力矩；x_b、x_p 和 x_η 分别为卫星本体、并联平台以及柔性体的位移。

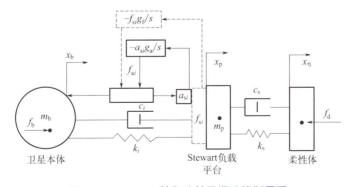

图 4.62 Stewart 单作动单元振动抑制原理

由牛顿-欧拉法建立单作动单元振动抑制系统动力学模型

$$m_\eta \ddot{x}_\eta + k_s(x_\eta - x_p) = -f_d$$
$$m_p \ddot{x}_p + k_s(x_p - x_\eta) + k_i(x_p - x_b) + c_i(x_p - x_b) = f_{ai}$$
(4.92)

对式(4.92)两边进行拉氏变换

$$\begin{bmatrix} m_p s^2 + k_i & -k_i \\ -k_i & m_b s^2 + k_i \end{bmatrix} \begin{bmatrix} x_p \\ x_b \end{bmatrix} = \begin{bmatrix} f_{ai} \\ f_d - f_{ai} \end{bmatrix}$$
(4.93)

未引入作动单元作动力 f_{ai}，直接干扰 f_d 为 0，由式(4.93)得到柔性体与卫星本体之间的位移传递函数

$$\frac{x_\eta}{x_b} = \frac{k_s(c_i + k_i)}{m_\eta m_p s^4 + (m_p k_s + m_\eta k_s + m_\eta c_i + m_\eta k_i)s^2 + c_i k_s + k_i k_s}$$
(4.94)

图 4.63 是柔性体与卫星本体位移传递幅频特性曲线图。当 f_{ai}、c_i 均为 0 时，系统有两个共振峰；当 c_i 不为 0，f_{ai} 为 0 时，即单作动单元振动抑制系统引入被动阻尼，第二个共振峰向右下方偏移，第一个共振峰无偏移。被动阻尼 c_i 对由卫星本体引起的柔性体振动抑制能力有限。

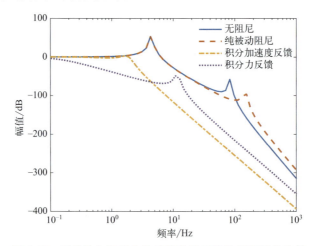

图 4.63   柔性体与卫星本体位移传递函数的幅频特性曲线

考虑由并联平台的作动单元提供主动阻尼力，因此引入基于绝对速度 $\dot{x}_p$ 的一般闭环反馈控制律：

$$F_{ai} = -H(s)sX_p(s)$$
(4.95)

式中，$H(s)$ 为反馈系数。柔性体与卫星本体之间的位移传递函数为

$$\frac{x_\eta}{x_b} = \frac{k_s(c_i + k_i)}{m_\eta m_p s^4 + m_\eta H s^3 + (m_p k_s + m_\eta k_s + m_\eta c_i + m_\eta k_i)s^2 + k_s H s + c_i k_s + k_i k_s}$$
(4.96)

绘制柔性体与卫星本体位移传递函数幅频特性曲线,如图 4.63 所示。为了增加闭环系统稳定性,分别引入积分加速度反馈 $f_{ai}=-g_a F_{si}/s$(图 4.63 中虚线部分)和积分力反馈 $f_{ai}=-g_f a_{si}/s$,被动阻尼 c_i 对由卫星本体引起的柔性体振动抑制效果有限,只能抑制一个共振峰;积分力反馈和积分加速度反馈同时抑制两个共振峰,且积分力反馈方法的振动衰减能力略优于积分加速度反馈。可以进一步根据最大阻尼以及积分力反馈增益进行控制参数的选取。

4.6.4　低频微振动主动抑制应用实例

前面建立了“卫星本体-Stewart 平台-柔性太阳阵”构成的虚拟样机,精确反映各可动部件组成的结构。本节通过将数学模型求解结果与虚拟样机仿真结果做对比,双向验证动力学数学建模和虚拟样机建模的正确性。虚拟样机仿真流程见图 4.64。

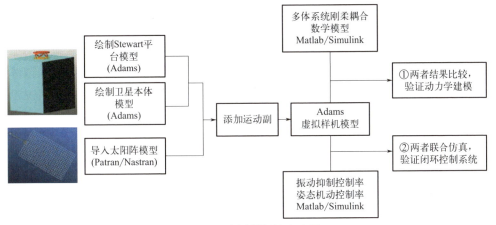

图 4.64　虚拟样机仿真流程

根据 Stewart 平台的基本参数建立立方体 UPS 构型的 Stewart 三维模型,包括负载平台、基础平台、六条作动单元。设置各个零部件的材料参数、质量、密度、体积等。在各个零部件之间添加约束,并完成零件装配。如图 4.65 所示,上作动单元与负载平台的接触铰点处为万向铰约束,上作动单元与下支腿之间为移动副,并添加弹簧阻尼单元提供弹簧力和阻尼力。负载平台与柔性太阳阵根部通过固定副连接,基础平台与卫星本体通过固定副连接,注意约束的方向是否正确,设置好运动副后定期对“卫星本体-Stewart 平台”的模型自由度进行确认,去除样机模型中的多余约束,无太阳阵的系统共有六个自由度。

采用积分力反馈控制器对浮动状况下的太阳阵振动进行控制仿真,控制参数 $g_f=0.8$。对比太阳阵在没有振动抑制和有振动抑制情况下的模态位移响应的仿

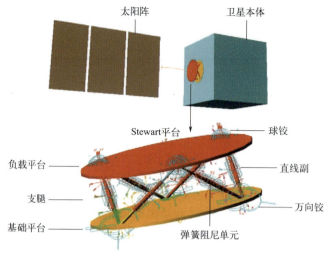

图 4.65　整星虚拟样机

真结果,如图 4.66 所示为前三阶太阳阵的模态位移响应曲线。由图可知,太阳阵一阶模态位移自由衰减至振幅的 40% 需要 35s,通过积分力反馈控制衰减时间缩短至 4.5s,衰减时间相比于自由衰减时间缩短了 86%,振动抑制效果明显;太阳阵二阶模态位移经过振动抑制,衰减时间更快,幅度更大;三阶模态位移衰减情况没有一二阶模态位移衰减显著。

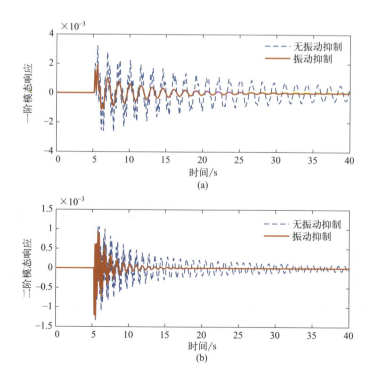

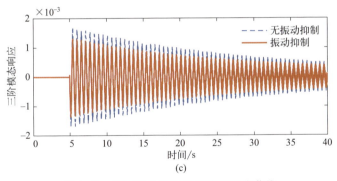

图 4.66 前三阶太阳阵模态位移响应曲线

图 4.67 是姿态机动中有振动抑制和无振动抑制时的模态位移响应曲线。由

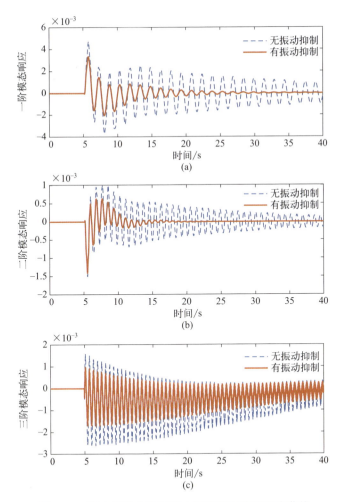

图 4.67 姿态机动中前三阶太阳阵模态位移响应曲线

图可知,从第5s开始姿态机动,激起太阳阵前三阶模态振动,并使振动中心发生偏移,20s内一、二、三阶模态位移相对于自由衰减,振幅分别衰减了91%、95%、60%。

　　联合仿真完成后,能直观看到卫星本体、Stewart平台运动与太阳阵振动多体动力学的动画演示。如图4.68所示,动画中太阳阵云图表示不同时间的太阳阵振动,时间为5.8s时与11.4s时,太阳阵云图呈现黄绿色,此时恰好处于机动加速段和机动减速段,卫星本体的姿态角加速度大,激起太阳阵振动;机动完成后呈现深蓝色,表明太阳阵柔性振动已经被抑制,设计的振动控制系统对柔性太阳阵振动抑制效果明显。

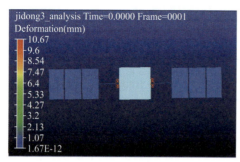
(a) 初始稳态控制段

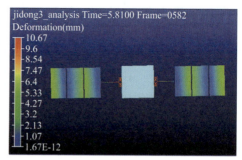
(b) 加速段

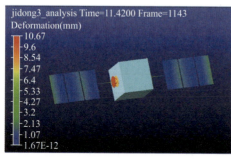
(c) 减速段

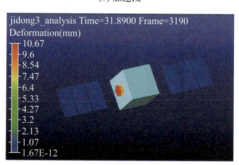
(d) 稳态段

图 4.68　虚拟样机仿真可视化场景

本章小结

　　本章主要对卫星挠性部件的低频振动抑制方法进行了介绍,为便于读者理解,介绍时尽量详尽地给出了推导过程,分别对被动阻尼抑振、半主动阻尼抑振以及主动低频振动控制进行了阐述,也结合具体工程实例,给出了涉及建模、设计、仿真或者试验流程等的各方面内容。低频振动抑制是在轨航天器实现高精度控制的基础,希望本章内容能为相关读者提供对应的解决方法。

参 考 文 献

[1] 王耀兵,马海全. 航天器结构发展趋势及其对材料的需求[J].军民两用技术与产品,2012 (07):8,15-18.

[2] 孟光,周徐斌,苗军. 航天重大工程中的力学问题[J].力学进展,2016,46(00):267-322.

[3] 庞世伟,郭倩蕊,贺玮,等. 某遥感卫星微振动对成像质量影响分析[J].航天器环境工程, 2019,36(01):47-55.

[4] 于登云,练敏隆,周峰,等. 微振动对高轨(GEO)遥感卫星图像质量的影响[J].中国科学: 信息科学,2019,49(01):74-86.

[5] Ataei M M,Salarieh H,Pishkenari H N,et al. Boundary control design for vibration suppression and attitude control of flexible satellites with multi-section appendages[J]. Acta Astronautica, 2020,173:22-30.

[6] 李金龙. 带太阳帆板卫星姿态控制方法研究[D].哈尔滨:哈尔滨工业大学,2009.

[7] 王向. 卫星姿态控制系统稳定性的研究[D].哈尔滨:哈尔滨工业大学,2012.

[8] 徐世东. 挠性航天器振动抑制及姿态模糊控制方法研究[D].哈尔滨:哈尔滨工业大学,2018.

[9] 李会超. 空间天气如何影响人类[J].太空探索,2019(6):40-45.

[10] Harland D M,Lorenz R. Space systems failures:Disasters and rescues of satellites,rocket and space probes[M]. Springer,2007.

[11] 张大钧. 柔性多体系统动力学理论方法与实验研究[D].天津:天津大学,1991.

[12] Li C,Sankar T S. Systematic methods for efficient modeling and dynamics computation of flexible robotic manipulators[J]. IEEE Transactions on Systems,Man,and Cybernetics, 1993,23(1):77-95.

[13] 吕旺,向明江,叶文郁,等. 挠性卫星在轨非约束模态计算研究[J].宇航学报,2014,35 (4):404-409.

[14] Liu L,Cao D,Tan X. Studies on global analytical mode for a three-axis attitude stabilized spacecraft by using the rayleigh-ritz method[J]. Archive of Applied Mechanics,2016,86: 1927-1946.

[15] Davis L,Workman B,Chu C C,et al. Design of a D-Strut and its application results in the JPL,MIT,and LaRC test beds[C]. 33rd Structures,Structural Dynamics and Materials Conference,1992:2274.

[16] 邹元杰,葛东明,刘绍奎,等. 航天器大型天线振动控制方案及其试验验证[J].航天器工程,2018,27(03):135-139.

[17] 陈春强,陈前. 电流变夹层板控制系统的传感器优化布置[J].振动与冲击,2017,36(04):

132-138.

[18]　孙杰,黄庭轩,朱东方,等. 基于压电纤维复合材料的航天器动力学建模与振动抑制[J]. 飞控与探测,2019,2(03):70-76.

[19]　Trinh H. Eigenvalue assignment for positive observers and itsfeasibility[J]. European Journal of Control,2017,36:10-17.

[20]　Saidi I,Gad E F,Wilson J L,et al. Development of passive viscoelastic damper to attenuate excessive floor vibrations[J]. Engineering Structures,2011,33(12):3317-3328.

[21]　Tuttle T D,Seering W P. Vibration reduction in flexible space structures using input shaping on mace:Mission results[J]. IFAC Proceedings Volumes,1996,29(1):1500-1505.

[22]　Banerjee A K. Dynamics and control of the WISP shuttle-antennaesystem[J]. Journal of the Astronautical Sciences,1993,41(1):73-90.

[23]　施桂国,朱庆华,张子龙. 一种主动抑制太阳帆板挠性振动的控制策略研究[J]. 上海航天,2016,33(03):61-66.

[24]　Song G,Buck N V,Agrawal B N. Spacecraft vibration reduction using pulse-width pulse-frequency modulated input shaper[J]. Journal of Guidance,Control,and Dynamics,1999,22(3):433-440.

[25]　Hu Q,Ma G,Shi Z. Integral variable structure/input shaping control of flexible spacecraft[C]. 2006 1st International Symposium on Systems and Control in Aerospace and Astronautics. IEEE,2006.

[26]　Newman M,Lu K,Khoshdarregi M. Suppression of robot vibrations using input shaping and learning-based structural models[J]. Journal of Intelligent Material Systems and Structures,2021,32(9):1001-1012.

[27]　Hu Q,Ma G. Maneuver and vibration reduction of flexible spacecraft using sliding mode/command shaping technique[J]. Journal of Harbin Institute of Technology,2006(04):477-488.

[28]　张建英,刘暾,郑立伟. 基于 PWM 的挠性航天器分力合成主动振动抑制方法[J]. 空间科学学报,2010,30(01):66-72.

[29]　Liu Y,Hu Q,Song W. Spacecraft vibration damping using shaped command input[C]. 2006 6th World Congress on Intelligent Control and Automation. IEEE,2006,2:6237-6241.

第 **5** 章
高频微振动抑制技术

航天器上的高频振源(几十到几百赫兹)会激励其安装部位的振动,该振动通过星体结构传递,进而引起敏感载荷安装部位的振动,以光学载荷为例,会造成光轴颤动、光路偏移和指向偏差,影响航天器的在轨性能。高频振源的微振动抑制方法多样,从实施对象上来讲,主要包括振源隔离、传递路径衰减以及敏感载荷隔离;从方法上来讲,主要包括被动隔振、被动吸振、主动吸振、阻尼减振等。实际上,考虑到可靠性、可实施性以及费效比,航天器上最常用的高频微振动抑制以被动隔振为主、主动隔振为辅。被动隔振理论较为成熟,国内外多家相关机构已有成熟的产品,主动隔振在振源上实施较少,但是对制冷机等施加柔性环节有诸多限制的地方,可以考虑采用主动吸振的方式进行微振动抑制。

本章首先介绍几种航天器典型高频振源,再简要对被动隔振理论进行总结,并以两种振源、不同构型隔振系统为工程应用对隔振设计进行介绍,此外,在对制冷机的振动抑制中还对主动吸振方法进行了说明。

5.1　高频振源介绍

5.1.1　振源种类

航天器上的高频振源主要指动量轮(或反作用飞轮)、控制力矩陀螺以及制冷机组。其中,动量轮和控制力矩陀螺是卫星姿轨控系统的执行元件,内部均含有轮状转动体。制冷机组的动子则通常为对置活塞动子的直线运动。

飞轮是最常用的姿轨控系统执行元件,飞轮实物构型以及内部组成见图5.1,内部飞轮由电机驱动,提供角动量。控制力矩陀螺的基本构型以及欧洲 Airbus 公司的控制力矩陀螺产品分别见图5.2和图5.3。相对于飞轮,控制力矩陀螺的高速

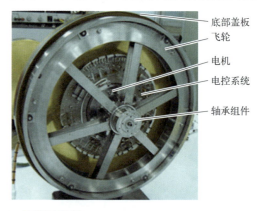

底部盖板
飞轮
电机
电控系统
轴承组件

图 5.1　飞轮示意图

转子还可以绕其转动轴的法向运动,引起陀螺效应,通常用于敏捷机动卫星。制冷机组广泛用于红外探测载荷,其中脉管制冷机的冷端没有运动部件,在空间中得到大量应用,其振动来源于压缩机的动子以及高压气体的运动,中国科学院理化技术研究所研制的脉管制冷机如图 5.4 所示。上述三类振源是航天器上最为主要的高频振动来源,具有典型性,因此后续介绍主要集中在此三类对象上。

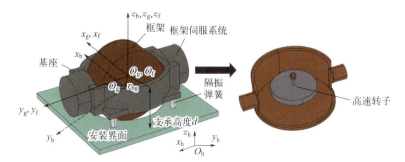

图 5.2　控制力矩陀螺基本构型图

图 5.3　欧洲 Airbus 公司的控制力矩陀螺

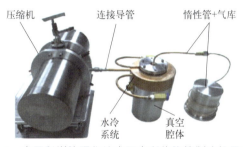

图 5.4　中国科学院理化技术研究所的脉管制冷机示意图

5.1.2　振动来源

5.1.2.1　质量不平衡

质量不平衡是回转机构(飞轮和控制力矩陀螺)最主要的扰动来源之一,其表现为转子惯性轴与旋转轴不重合。质量不平衡分为静不平衡和动不平衡,偶不平衡是两者的中间状态。如图5.5所示,静不平衡源自飞轮质心与其旋转轴的偏离,其在转子旋转过程中产生径向离心力,动不平衡源自飞轮主轴与旋转轴的偏置,其在转子旋转过程中产生径向力矩,在转子系$x_f y_f z_f$中表达式如式(5.1),形式为正弦曲线。

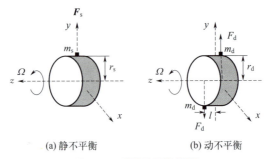

(a) 静不平衡　　　　　(b) 动不平衡

图 5.5　质量不平衡模型

$$\begin{cases} \boldsymbol{F}_s\big|_{x_f y_f z_f} = \begin{bmatrix} U_s\Omega^2\cos(\omega t+\theta_s) & U_s\Omega^2\sin(\omega t+\theta_s) & 0 \end{bmatrix}^T \\ \boldsymbol{M}_d\big|_{x_f y_f z_f} = \begin{bmatrix} U_d\Omega^2\cos(\omega t+\theta_d) & U_d\Omega^2\sin(\omega t+\theta_d) & 0 \end{bmatrix}^T \end{cases} \tag{5.1}$$

记为

$$\begin{cases} \boldsymbol{F}_s\big|_{x_f y_f z_f} = \begin{bmatrix} F_1 & F_2 & 0 \end{bmatrix}^T \\ \boldsymbol{M}_d\big|_{x_f y_f z_f} = \begin{bmatrix} M_1 & M_2 & 0 \end{bmatrix}^T \end{cases} \tag{5.2}$$

式中,$U_s = m_s r_s$,m_s为静不平衡质量,距旋转轴为r_s;$U_d = m_d r_d l$,m_d为动不平衡质量,距旋转轴为r_d,偏离轴向为l;通常初相位$\theta_s=0$;θ_d为动不平衡量引起的动态力矩的初始相位。

对于控制力矩陀螺,由于转子随框架旋转,最终由质量不平衡引起的广义力为

$$\begin{cases} \boldsymbol{F}_s = \begin{bmatrix} \cos(\omega t+\delta_0) & 0 & -\sin(\omega t+\delta_0) \\ 0 & 1 & 0 \\ \sin(\omega t+\delta_0) & 0 & \cos(\omega t+\delta_0) \end{bmatrix} \begin{bmatrix} F_1 \\ F_2 \\ 0 \end{bmatrix} \\ \boldsymbol{M}_d = \begin{bmatrix} \cos(\omega t+\delta_0) & 0 & -\sin(\omega t+\delta_0) \\ 0 & 1 & 0 \\ \sin(\omega t+\delta_0) & 0 & \cos(\omega t+\delta_0) \end{bmatrix} \begin{bmatrix} M_1 \\ M_2 \\ 0 \end{bmatrix} \end{cases} \tag{5.3}$$

其中，δ_0 为初始框架角。

5.1.2.2　轴承激励

回转机构中存在与转速成倍频关系的频率，可能由轴承中的不规则结构引起。轴承引起的扰动与轴承的类型直接相关，如传统球轴承或更加复杂的磁性轴承等。对于传统的机械轴承（以球轴承为例），滚珠、滚道和保持架的不规则性会导致部件之间发生额外的接触，从而产生频率为转子转速次谐波和高谐波的非线性扰动力和扭矩。

轴承扰动的振动频谱表现为转子转速的多种谐波，谐波的频率如表 5.1 所示，f_i、f_o 为轴承内外圈转速，z 为滚珠数。通常，轴承外圈固定，即 $f_o = 0$，内圈转速等于转子转速，即 $f_i = \Omega$。

表 5.1　轴承引起的谐波频率列表

频率	结构状态	内外圈都旋转
f_c	保持架旋转频率	$\left(1 - \dfrac{D_b}{D_m}\cos\alpha\right)\dfrac{f_i}{2} + \left(1 + \dfrac{D_b}{D_m}\cos\alpha\right)\dfrac{f_o}{2}$
f_{ri}	保持架通过内圈频率	$\left(1 + \dfrac{D_b}{D_m}\cos\alpha\right)\dfrac{f_i - f_o}{2}$
f_{bi}	滚动体通过内圈频率	$z\left(1 + \dfrac{D_b}{D_m}\cos\alpha\right)\dfrac{f_i - f_o}{2}$
f_{bo}	滚动体通过外圈频率	$z\left(1 - \dfrac{D_b}{D_m}\cos\alpha\right)\dfrac{f_i - f_o}{2}$

轴承系统中产生频率较为复杂，当保持架、滚珠等部件均随着转子一起转动时，各部件都会产生谐波激励，通常来说保持架由于自身的不平衡性，其引入的谐波激励幅值相对其他频率更为明显，因此假设其为

$$F_e = U_e \Omega_r^2 \tag{5.4}$$

其中，U_e 为等效质量不平衡量；Ω_r 为保持架或滚珠的转动角速度，表达式为

$$\Omega_r = 0.5\Omega(1 + D_b D_m^{-1}\cos\alpha_f) \tag{5.5}$$

其中，D_b 为滚珠直径；D_m 为轴承节径；α_f 为接触角。投影到转子系 $x_f y_f z_f$ 中为

$$\boldsymbol{F}_e\big|_{x_f y_f z_f} = \begin{bmatrix} F_e\cos(\Omega_r t + \varphi_e) & F_e\sin(\Omega_r t + \varphi_e) & 0 \end{bmatrix}^T \tag{5.6}$$

记为

$$\boldsymbol{F}_e\big|_{x_f y_f z_f} = \begin{bmatrix} F_3 & F_4 & 0 \end{bmatrix}^T \tag{5.7}$$

同样，由于转子随框架旋转，故最终由保持架引起的广义力为

$$\boldsymbol{F}_e = \begin{bmatrix} \cos(\omega t + \delta_0) & 0 & -\sin(\omega t + \delta_0) \\ 0 & 1 & 0 \\ \sin(\omega t + \delta_0) & 0 & \cos(\omega t + \delta_0) \end{bmatrix} \begin{bmatrix} F_3 \\ F_4 \\ 0 \end{bmatrix} \tag{5.8}$$

5.1.2.3　其他原因

上述两种是转动体振动来源的主要因素,而脉管制冷机属于直线运动部件,压缩机通常通过两个直线运动的活塞压缩气体,两个活塞对称布置,活塞的运动相位相反,反向可以很好地使运动力抵消,但是由于相位可能存在一定的误差,这也会使压缩机高速运动时的微振动量级增加。此外,制冷机需要压缩气体形成循环实现制冷功能,该压力会形成高压波动,也会激励压缩机的管壁产生高频振动。

5.2　高频隔振原理

高频隔振通常采用被动隔振方式实施,被动隔振也叫无源隔振,被动隔振不需要消耗能源、结构简单、可靠性高、成本低、容易大规模生产制造,相对于复杂的主动隔振更容易实现,目前是航天领域应用最为广泛的隔振技术。

被动隔振对中、高频振动抑制具有良好的效果。被动隔振主要使用弹性元件和阻尼元件来提供刚度和阻尼实现隔振,其隔振性能主要通过改变弹性元件的刚度和阻尼元件的阻尼来实现,本节介绍两种较为常用且典型的隔振模型,并对两种模型的基本隔振性能进行分析。

5.2.1　两参数隔振器理论模型

一般来讲,两参数隔振器是由一个弹簧和一个阻尼并联而成,可简化为图 5.6 所示的 Kevin 模型,图中 k 为弹簧刚度系数,c 为阻尼系数,x 为被隔对象位移,u 为基础位移。

在基础位移激励下,Kevin 模型的动力学方程为

$$m\ddot{x} + c\dot{x} + kx = ku + c\dot{u} \tag{5.9}$$

对式(5.9)进行 Laplace 变换,在零初始条件下可得

$$ms^2 X(s) + csX(s) + kX(s) = csU(s) + kU(s) \tag{5.10}$$

可得 Kevin 模型的位移传递函数:

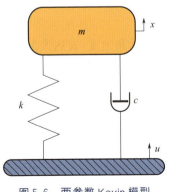

图 5.6　两参数 Kevin 模型

$$G(s) = \frac{X(s)}{U(s)} = \frac{cs+k}{ms^2+cs+k} \tag{5.11}$$

令 $s = j\omega$，可得 Kevin 模型的位移传递率：

$$T = |G(j\omega)| = \left[\frac{1+4\zeta^2\Omega^2}{(1-\Omega^2)^2+4\zeta^2\Omega^2} \right]^{1/2} \tag{5.12}$$

式中，ω 为基础激励角频率；$\zeta = c/(2\sqrt{mk})$ 为模型的阻尼比；$\Omega = \omega/\omega_n$ 为频率之

比，$\omega_n = \sqrt{\dfrac{k}{m}}$ 为两参数模型固有频率。

给出隔振模型的传递率，就可以对隔振系统的性能进行评价了，使用隔振系统的传递率来进行隔振效果的考核是最为常用的考核方式。

5.2.2　三参数隔振器理论模型

在两参数隔振模型的阻尼元件上串联一个弹簧就组成了三参数隔振器（国外也称松弛型阻尼），其原理图如图 5.7 所示。k_1 为弹簧刚度系数，k_2 为串联弹簧刚度系数，c 为阻尼系数，x 为被隔对象位移，x_1 为阻尼和串联弹簧之间节点的位移，u 为基础位移。

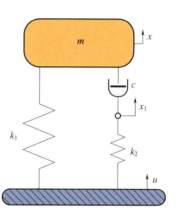

图 5.7　三参数隔振模型

在基础位移激励下，三参数隔振系统的动力学方程为

$$\begin{cases} m\ddot{x} + c(\dot{x}-\dot{x}_1) + k_1(x-u) = 0 \\ c(\dot{x}-\dot{x}_1) = k_2(x_1-u) \end{cases} \tag{5.13}$$

在零初始条件下对式（5.13）进行 Laplace 变换

$$\begin{cases} ms^2X(s) + csX(s) - csX_1(s) + k_1X(s) - k_1X_1(s) = 0 \\ csX(s) - csX_1(s) = k_2X_1(s) - k_2U(s) \end{cases} \tag{5.14}$$

将式（5.14）消去 $X_1(s)$，得到三参数隔振器的位移传递函数：

$$G(s) = \frac{X(s)}{U(s)} = \frac{ck(1+N)s + Nk^2}{mcs^3 + Nmks^2 + ck(1+N)s + Nk^2} \tag{5.15}$$

令 $s = j\omega$，可得三参数隔振器的位移传递率：

$$T = |G(j\omega)| = \left[\frac{1+4[(1+N)/N]^2\zeta^2\Omega^2}{(1-\Omega^2)^2 + (4/N^2)\zeta^2\Omega^2(N+1-\Omega^2)^2} \right]^{1/2} \tag{5.16}$$

式中，$N = k_2/k_1$ 为三参数隔振器的刚度比。

5.2.3 两参数和三参数隔振模型的对比

仔细观察可以看出,两参数隔振器是三参数隔振器的一种特例,当三参数隔振器中刚度比 N 趋近于无穷大时,三参数隔振器即变为两参数隔振器。为了更加直观分析这两种隔振器的隔振性能,本节将选取不同的参数进行数值仿真。

首先,研究刚度对隔振器隔振性能的影响。选定阻尼比 ζ 为 0.2,两参数隔振器以及不同刚度比 N 下的三参数隔振器绝对位移传递率曲线如图 5.8 所示。从图中可以看出:三参数隔振器的绝对位移传递率曲线在高频段比两参数隔振器的绝对位移传递率曲线更加陡峻;随着刚度比 N 的减小,三参数隔振器在高频段的绝对位移传递率降低。由此可见,三参数隔振器隔离高频振动的能力要强于两参数隔振器,降低阻尼器的连接刚度有助于改善阻尼隔振系统隔离高频振动的能力。

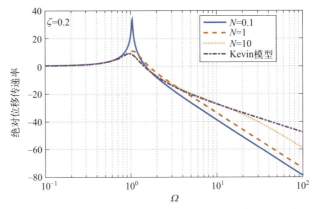

图 5.8　两参数隔振器以及不同刚度比下三参数隔振器绝对位移传递率的影响曲线: $\zeta = 0.2$

当阻尼比 ζ 为 0.02 时,得到两参数隔振器以及不同刚度比 N 的三参数隔振器绝对位移传递率曲线如图 5.9 所示。从图中可以看出,若阻尼比过小,两参数和三参数隔振系统的差别并不明显,仅在高频略有差别。因此,三参数隔振器要发挥更好的效果,是建立在较大的阻尼比条件下的。

其次,研究阻尼比对隔振器隔振性能的影响。不同阻尼比 ζ 对两参数、三参数隔振器的绝对位移传递率影响曲线如图 5.10、图 5.11 所示。从图 5.10 中可以看出:当频率比 $\Omega > \sqrt{2}$ 时,两参数隔振器传递率小于 1;当阻尼比较小时,两参数隔振器具有较好的高频振动衰减性能,然而共振峰值较大,较大的阻尼在抑制共振峰的同时却降低了两参数隔振器的高频衰减率。从图 5.11 可以看出,随着阻尼的增大,三参数隔振器的共振峰值呈现先减小后增大的趋势,选择合适的阻尼,三参数隔振器可以获得最小的共振放大峰值,阻尼的变化对三参数隔振器的高频衰减性能影响不大。

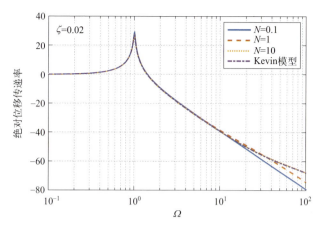

图 5.9 两参数隔振器以及不同刚度比下三参数隔振器绝对位移传递率的影响曲线：ζ＝0.02

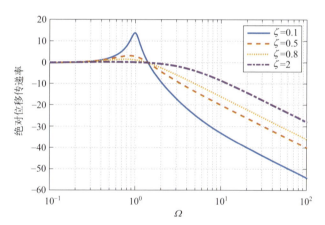

图 5.10 阻尼比对两参数隔振器绝对位移传递率的影响曲线

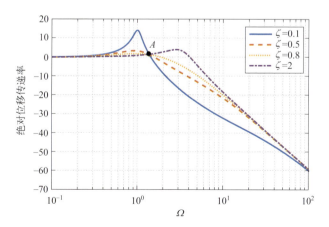

图 5.11 阻尼比对三参数隔振器绝对位移传递率的影响曲线：N＝10

观察图 5.11 可以发现,不同阻尼比下的传递率曲线有一个公共点 A,实际上,三参数隔振系统存在最优阻尼比。假如在刚度比固定时,取最优阻尼比,绝对位移传递率曲线峰值点记作 T_{opt},则 T_{opt} 的表达式为

$$T_{opt} = 1 + \frac{2}{N} \tag{5.17}$$

通过两种隔振器在相同参数下的比较可以发现,三参数隔振器相比于两参数隔振器,可以实现共振区大阻尼、高频区小阻尼的特性,具有良好的振动衰减性能。在采用三参数隔振器作为在轨微振动抑制装置时,可以通过式(5.17)计算出三参数隔振器的最优结构参数。

5.3 航天器高频隔振常用元器件

5.3.1 三参数阻尼器件

三参数隔振模型在隔振原理的介绍中由来已久,但真正付诸工程实践则是从哈勃太空望远镜的应用开始。哈勃太空望远镜是当时最先进的空间望远镜,对微振动的干扰进行了详细的分析,也首次使用了三参数阻尼器来进行飞轮微振动的隔离。

图 5.12 中的飞轮隔振器是霍尼韦尔(Honeywell)公司研制生产的,就是用于哈勃太空望远镜上的隔振装置,该装置由弹簧和黏性流体阻尼器并联组成,使用时每两个成一对,共三对均布在飞轮与固定结构之间,主要用于隔离飞轮轴向的微振动扰动。隔振装置阻尼力主要来源于中间的黏性流体在波纹腔中通过中间的阻尼孔来回流动的摩擦,弹簧提供轴向支撑刚度,装置可以通过改变阻尼孔的大小和黏性流体的种类来改变阻尼的大小。实验结果表明,安装该隔振装置后,飞轮产生的轴向高频扰动力降低明显,并且不会影响望远镜上姿态控制系统的正常工作。

在此基础上,霍尼韦尔公司的 Davis 等人设计了一种固有频率为 1.5Hz 的三参数流体阻尼隔振器(D-Strut)来隔离反作用飞轮产生的 2~300Hz 频带之间的微振动,其隔振装置截面图如图 5.13 所示。该隔振装置为三参数,和传统的两参数隔振装置相比,在具有相同的低频段隔振效果时,该隔振装置具有更好的高频隔振性能,其两端的第二级波纹管扮演着缓冲弹簧的角色。图 5.14 则为霍尼韦尔公司基于 D-Strut 开发的又一可承受大量级振动的三参数隔振器。

后来,Davis 等人在图 5.13 的被动隔振器基础上,添加了主动部分后设计出了混合 D-Strut 隔振器,并成功应用于高性能光学载荷的微振动隔离。该隔振器的

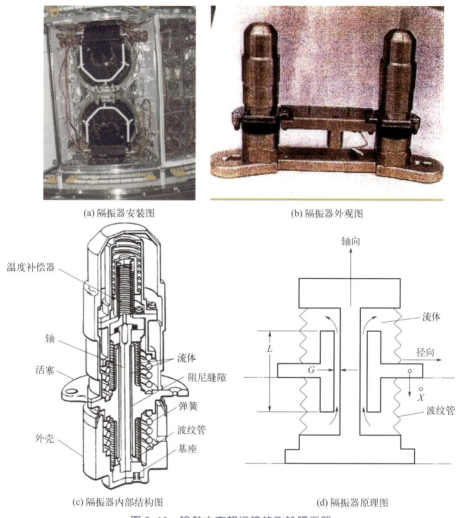

(a) 隔振器安装图 (b) 隔振器外观图

(c) 隔振器内部结构图 (d) 隔振器原理图

图 5.12 哈勃太空望远镜的飞轮隔振器

被动隔振部分使用流体阻尼来耗散振动能量并进行高频振动隔离,主动作动元件则主要对低频振动进行隔离,当主动隔振系统失效时,被动隔振部分也可以抑制传递至有效载荷的高频微振动。Davis 等人还设计了第二代主被动混合隔振器(AD-Strut),如图 5.15 所示,该隔振器的作动器由电磁作动器结合流体阻尼构成,具有良好的隔振效果。

　　基于 D-Strut 研制的隔振产品还有很多。Cobb 等人研制了一种主被动混合隔振平台(VISS),该装置主要用于抑制航天器制冷机在轨运行期间的微振动,VISS 中的关键部件 D-Strut 隔振器采用主被动一体化隔振技术(图 5.16),由音圈作动器、波纹管、连接杆等部件组成,波纹管中的液体通过小孔时可以消耗系统的能量

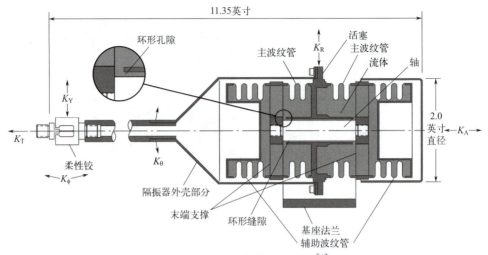

图 5.13   D-Strut 隔振器截面图[1]

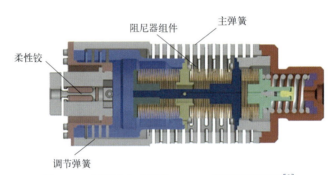

图 5.14   霍尼韦尔公司的 D-Strut 隔振器模型图[2]

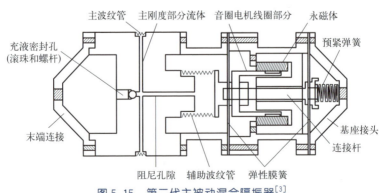

图 5.15   第二代主被动混合隔振器[3]

进而产生阻尼,音圈作动器进行主动控制,该平台对 5Hz 以上频率范围内的隔振
效果超过 20dB。由于隔振频率很低,该平台还安装了采用形状记忆合金材料制成

的发射锁装置,用于保护隔振装置经历发射段时不受破坏。

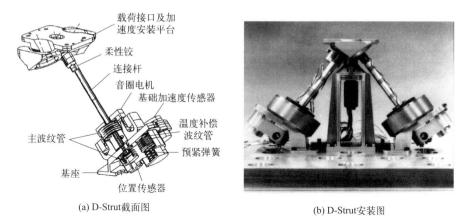

(a) D-Strut截面图

(b) D-Strut安装图

图 5.16 VISS 混合隔振平台(内含 D-Strut 隔振器)[4]

在采用被动方式进行微振动隔离时,有的时候在共振区需要大阻尼,因此需要进行可变阻尼的设计。基于 D-Strut,Davis 设计了一种通过调节流体通过孔隙大小进行阻尼调节的隔振器,如图 5.17 所示,其调节的动力源来自步进电机。类似的,日本宇宙航空研究开发机构(JAXA)的 Oh 等研制了一种用于抑制飞轮转子静不平衡引起的扰动力的变阻尼隔振装置 BMF(图 5.18)。该隔振装置将多个隔振单元安装在转子的旋转平面上,隔振单元由金属弹簧、波纹管和黏性流体组成,黏性流体通过小孔时可以消耗系统的能量进而产生阻尼,可通过调节小孔的大小改变黏性流体的流量来调节阻尼,调节动力源为记忆合金材料制成的作动器。

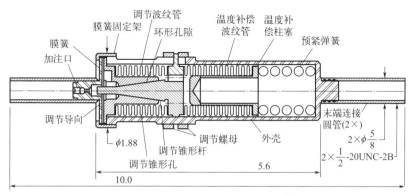

图 5.17 可变阻尼隔振器设计图[5]

隔振器的种类及构型还有许多,但都脱离不了刚度和阻尼设计的内涵,这里仅对流体阻尼器进行介绍,因为流体阻尼器得到了广泛的空间应用,并且其可设计的阻尼给多种类的隔振应用带来了便利。

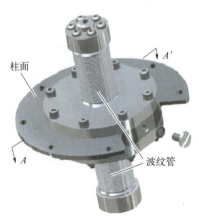

图 5.18   日本学者研制的变阻尼隔振装置[6]

5.3.2   隔振支架产品

高频振源的隔振形式多样,本书以工程应用的实例进行隔振支架产品的介绍。隔振支架一般包含用于连接负载的上平台、用于连接航天器本体的下平台以及中间连接的隔振器。隔振器可以使用三参数隔振器,也可以使用两参数隔振器,其个数较为常用的一般为 3、4、6 个。

图 5.19   钱德拉 X 射线天文台的
飞轮隔振装置[7]

公开文献中较为出名的用于航天器飞轮的隔振支架,为美国 TRW 公司研制的隔振支架,该产品用于钱德拉 X 射线天文台(Chandra X-ray Observatory)的飞轮隔振上,采用 Stewart 构型被动隔振平台,构型如图 5.19 所示。单个隔振单元采用圆柱切槽弹簧和黏弹性阻尼材料制成。弹簧由多个挠曲部件串、并联制成,弹簧单元的有效刚度决定了被动隔振平台的固有频率。隔振支架在静平衡点附近提供较低的刚度,远离静平衡点时通过限位块提供较大的刚度,这样支架还可以承受发射段的大量级振动,实验结果表明,隔振平台隔振效果良好。该隔振装置还用于著名的詹姆斯·韦伯太空望远镜的飞轮微振动隔离。

上海卫星工程研究所也研制了用于动量轮隔振的 Stewart 隔振平台,如图 5.20 所示,并对隔振平台使用的隔振器单元进行了参数和敏感性分析,实验结果表明,隔振系统能够使得卫星平台传递至载荷安装面的微振动量级控制在

0.1mg 以下。

控制力矩陀螺隔振中较为典型的案例为美国霍尼韦尔公司针对多个控制力矩陀螺群进行的隔振设计,如图 5.21 所示为针对四个控制力矩陀螺组进行的隔振设计,采用了六个隔振器。而美国 Ball 空间公司的产品也是针对四组控制力矩陀螺,如图 5.22 所示,但是采用的是八个隔振器斜置构型进行减振设计。

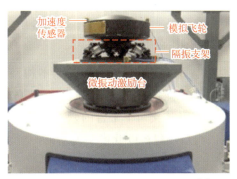

图 5.20　Stewart 构型动量轮支架[8]

无论是飞轮隔振还是控制力矩陀螺隔振,其隔振方案都具有独特性,因为这往往和飞轮及控制力矩陀螺的布局构型有关,尤其是控制力矩陀螺,有时候可能需要进行五棱锥等布局构型,可以进行单独隔振或者整体隔振,隔振的构型与航天器布局约束之间的协调也是较为普遍的现象。

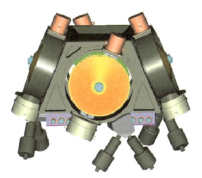

图 5.21　霍尼韦尔公司设计的针对
CMGs 的隔振支架[9]

图 5.22　Ball 空间公司设计的控制
力矩陀螺隔振平台[10]

5.4　控制力矩陀螺隔振工程应用

单个飞轮及控制力矩陀螺在隔振设计上有相似性,这里以控制力矩陀螺的工程设计为例介绍控制力矩陀螺隔振装置的设计以及试验方法。控制力矩陀螺一般内转子转速较高,可达 6000～15000r/min,具有显著的高频特征,引起的微振动量级也较大。控制力矩陀螺的高频振动抑制主要以被动隔振为主,国内多家机构已有成熟的上天产品。本节以利用六个三参数隔振器作为支撑的 Stewart 构型控制力矩陀螺隔振装置为实例,阐述控制力矩陀螺高频隔振的设计及试验方法。

5.4.1 Stewart 平台构型

控制力矩陀螺隔振装置的基本构型为 Stewart 式。该构型十分经典,广泛应用于各类工业场合,包括运动模拟器、高精度定位系统等。Stewart 平台由上、下两个平台以及连接两个平台的六个三参数隔振器构成,如图 5.23 所示,其俯视图见图 5.24,后续建模以此模型为基础。

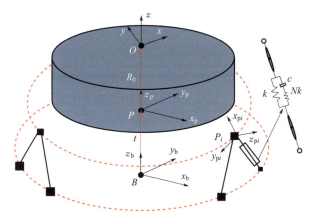

图 5.23　基于 Stewart 构型的三参数隔振器控制力矩陀螺隔振装置简化模型

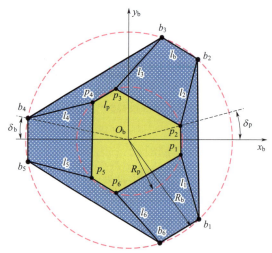

图 5.24　控制力矩陀螺隔振装置俯视图

Stewart 平台中支腿和上、下平台通常采用球铰或万向铰连接,按照支腿和平台连接点处使用铰副的类型,可以将 Stewart 平台分为 SPS 和 UPS 两种经典构型。SPS 型 Stewart 平台是指上平台与支腿和下平台与支腿之间都是通过球铰

(spherical joint)连接,上、下支腿之间是通过柱铰(prismatic joint)连接构成的六自由度 Stewart 平台。而 UPS 型 Stewart 平台是指下平台和支腿是通过万向铰(universal joint)连接,上平台和支腿由球铰连接,上、下支腿之间是通过柱铰连接构成的六自由度 Stewart 平台。

Stewart 平台还可以按照上、下平台与支腿的连接点数的不同分为 x-y 型 Stewart 平台(x 代表上平台和支腿的连接点数,y 代表下平台和支腿的连接点数)。常见的有 3-3 Stewart 平台、3-6 Stewart 平台和 6-6 Stewart 平台。

6-SPS 型和 6-UPS 型是两种应用较为广泛的模型,由于在建立动力学模型时使用的是牛顿-欧拉法,若采用 6-SPS 型 Stewart 平台,则需要考虑下平台和各个支腿连接的球铰的方向问题,会使动力学模型变复杂,这里选用 6-UPS 型 Stewart 平台。

5.4.2 Stewart 平台自由度计算

刚体在空间中有 6 个自由度,分别为沿 3 个方向的平移自由度和绕 3 个方向的转动自由度。当多个构件通过运动副连接时,构件间的相对运动受到限制。用 f 表示运动副的自由度,c 表示运动副提供的约束数目,则二者具有如下关系:$f = 6 - c$。相应的自由度 f 小于 6。表 5.2 列出了 6-UPS 型 Stewart 隔振平台中存在的运动副。

表 5.2　Stewart 隔振平台中存在的运动副

名称	符号	图形	自由度数
柱铰	P		1
万向铰	U		2
球铰	S		3

机构的一般自由度计算公式为:

$$F = 6(n - g - 1) + \sum_{i=1}^{g} f_i \tag{5.18}$$

式中,n 为可动构件数目;g 为运动副数目;f_i 为第 i 个运动副的相对自由度数目。计算可知,6-UPS 型 Stewart 被动隔振平台具有 6 个自由度,可以实现空间六维隔振。

5.4.3　坐标变换理论

为建立各构件物理量之间的关联,一般在所研究系统各组成构件上分别建立局部坐标系,通过相关坐标变换就可以实现各局部坐标系之间、各局部坐标系与全局坐标系之间物理量的相互转换。

Stewart 平台姿态描述通常采用卡尔丹角坐标,建立在笛卡儿坐标系的基础上,按 $X \to Y \to Z$ 顺序连续做三次旋转。卡尔丹角坐标如图 5.25 所示,坐标系 $O\text{-}xyz$ 逆时针绕 x 轴、y_1 轴和 z_2 轴旋转角度 α、β、γ,最终得到坐标系 $O\text{-}XYZ$。

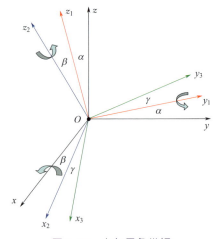

图 5.25　卡尔丹角坐标

第一次旋转:绕 x 轴逆时针旋转角 α 到坐标系 $O\text{-}x_1y_1z_1$,其坐标变换可以表示为

$$\boldsymbol{R}_{x,\alpha} = \begin{bmatrix} 1 & 0 & 0 \\ 0 & \cos\alpha & -\sin\alpha \\ 0 & \sin\alpha & \cos\alpha \end{bmatrix} \tag{5.19}$$

第二次旋转:绕 y_1 轴逆时针旋转角 β 到坐标系 $O\text{-}x_2y_2z_2$,其坐标变换可以表示为

$$\boldsymbol{R}_{y,\beta} = \begin{bmatrix} \cos\beta & 0 & \sin\beta \\ 0 & 1 & 0 \\ -\sin\beta & 0 & \cos\beta \end{bmatrix} \tag{5.20}$$

第三次旋转:绕 z_2 轴逆时针旋转角 γ 到坐标系 $O\text{-}x_3y_3z_3$,其坐标变换可以表示为

$$\boldsymbol{R}_{z,\gamma} = \begin{bmatrix} \cos\gamma & -\sin\gamma & 0 \\ \sin\gamma & \cos\gamma & 0 \\ 0 & 0 & 1 \end{bmatrix} \tag{5.21}$$

经过三次旋转之后,由旋转矩阵的性质可以得到旋转矩阵 $\boldsymbol{R}$:

$$\boldsymbol{R} = \boldsymbol{R}_{x,\alpha}\boldsymbol{R}_{y,\beta}\boldsymbol{R}_{z,\gamma}$$

$$= \begin{bmatrix} 1 & 0 & 0 \\ 0 & \cos\alpha & -\sin\alpha \\ 0 & \sin\alpha & \cos\alpha \end{bmatrix} \begin{bmatrix} \cos\beta & 0 & \sin\beta \\ 0 & 1 & 0 \\ -\sin\beta & 0 & \cos\beta \end{bmatrix} \begin{bmatrix} \cos\gamma & -\sin\gamma & 0 \\ \sin\gamma & \cos\gamma & 0 \\ 0 & 0 & 1 \end{bmatrix} \tag{5.22}$$

化简后得:

$$\boldsymbol{R} = \begin{bmatrix} c\beta c\gamma & -c\beta s\gamma & s\beta \\ c\alpha s\gamma + s\alpha s\beta c\gamma & c\alpha c\gamma - s\alpha s\beta s\gamma & -s\alpha c\beta \\ s\alpha s\gamma - c\alpha s\beta c\gamma & s\alpha c\gamma + c\alpha s\beta s\gamma & c\alpha c\beta \end{bmatrix} \tag{5.23}$$

式中,$s(\,\cdot\,) = \sin(\,\cdot\,)$,$c(\,\cdot\,) = \cos(\,\cdot\,)$。

5.4.4 六向传递特性分析

通常使用牛顿-欧拉法对 Stewart 式构型的隔振装置进行建模,可以得到系统的动力学方程,进而可以求解得到系统的模态特性、六向频响函数等动力学参数。为了验证控制力矩陀螺质心高度对微振动抑制装置传递率的影响,本节使用不同高度对隔振平台动力学模型进行仿真,选用的模型参数如下:$k = 25\text{N/mm}$,$N = 4$,$c = 1000\text{N}\cdot\text{s/m}$,$h_1 = 0\text{mm}$,$h_2 = 40\text{mm}$。对下平台施加六个方向的正弦激励,可以得到上平台沿各个方向的位移传递率曲线,这里考虑了两个质心高度,因此给出两组传递率的曲线,分别如图 5.26 和图 5.27 所示。可以看出,质心高度的变化带

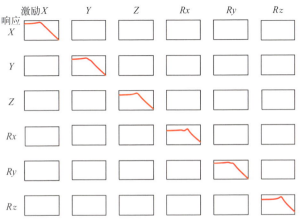

图 5.26 $h = 0\text{mm}$ 时动平台响应频域图

来了不同激励方向下响应的耦合。这在设计时要引起注意。

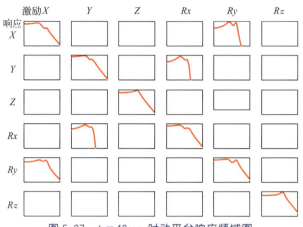

图 5.27　h＝40mm 时动平台响应频域图

5.4.5　试验验证

　　进行隔振装置隔振性能试验时,既可以通过真实控制力矩陀螺激励下的力传递率来评价,也可以仅针对隔振装置本身进行基础激励下的传递率测试。采用基础激励进行测试时,一般将隔振装置固定在激励台上,或者进行悬吊采用激振器激励,这里选用的是可以输出 0.1mg(2~1000Hz)扫频能力的微振动激励台。试验的大致方案一般如图 5.28 所示,应包括激励台、传感器、采集系统以及悬吊系统(视需要)。某实际控制力矩陀螺隔振装置的试验现场图见图 5.29。图中给出了悬吊系统,悬吊系统的要求一般为:横向频率不高于 0.2Hz;垂向频

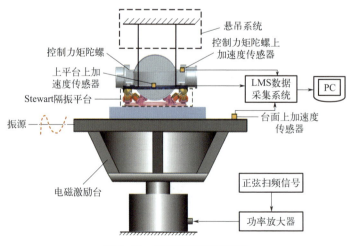

图 5.28　隔振性能测试系统

率不高于 0.3Hz。对于要求不高的场合,可以使用刚度较低的弹簧实施悬吊,若对悬吊系统的悬吊频率进一步严格限制,需要考虑用(准)零刚度悬吊系统进行悬吊。

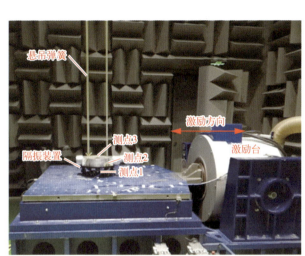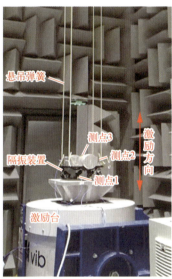

图 5.29　不同方向试验现场图(左:水平方向;右:垂直方向)

进行激励时,可以选择激励台发出随机或扫频信号,均可以很好地检测出隔振系统的输入输出关系,获得传递函数。这里进行扫频激励,通过激励台输入加速度恒定幅值、频率范围为 1~200Hz 的正弦扫频激励信号,测量并记录各个加速度传感器的时域响应曲线。三个方向的时域图如图 5.30~图 5.32 所示。

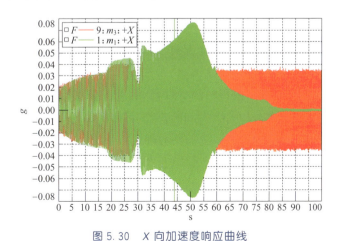

图 5.30　X 向加速度响应曲线

可以看出,在 X 向、Y 向时域响应曲线上出现两个共振峰值,在 Z 向时域响应

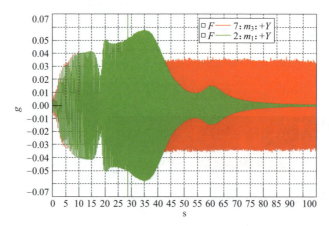

图 5.31 *Y* 向加速度响应曲线

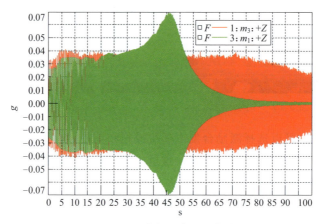

图 5.32 *Z* 向加速度响应曲线

曲线上只有一个共振峰值,三个平动方向经过微振动抑制装置后的响应在高频处均有明显的减小。

为了更加直观地了解隔振器的隔振性能,提取扫频实验中每一个频率点对应的稳定响应幅值,计算隔振装置上端加速度稳定响应幅值与激励台加速度稳定响应幅值的比值,得到微振动抑制装置的绝对加速度传递率,用分贝(dB)表示。绘制三个方向的绝对加速度传递率曲线,如图 5.33~图 5.35 所示。

由传递率曲线图可以看出:系统的前三阶固有频率分别为 7.94Hz(沿 *Y* 平动方向)、9.96Hz(沿 *X* 平动方向)和 15.95Hz(沿 *Z* 平动方向),共振峰放大倍数均在 8dB 以内;隔振系统对控制力矩陀螺 100Hz 主频振动处平动方向衰减均超过 30dB,表明微振动抑制装置具有良好的高频振动隔离性能。

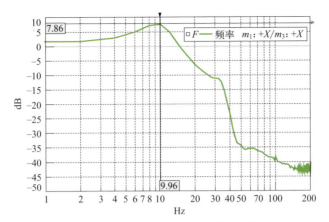

图 5.33 X 向绝对加速度传递率曲线

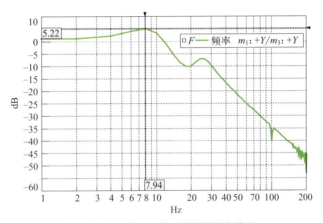

图 5.34 Y 向绝对加速度传递率曲线

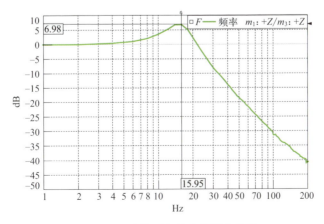

图 5.35 Z 向绝对加速度传递率曲线

5.5   制冷机隔振工程应用

5.5.1   制冷机隔振简介

星载制冷机作为保证红外遥感探测器工作温度的重要部件，为探测器在轨正常工作提供合适的温度，但其上的主要运动部件——压缩机在工作时会不可避免地产生振动，振动通过制冷机安装板传递至探测器上，从而影响探测器的工作性能。

5.5.2   制冷机组隔振构型

对制冷机组进行隔振设计时，采用四点布置支撑的方式进行构型设计，如图 5.36 所示，装置由上、下平台和四组隔振单元组成，每组隔振单元由一对阻尼隔振器构成，制冷机组件安装在上平台上，下平台连接空间红外遥感探测器。将隔振装置简化为如图 5.37 所示的模型，每个支腿为弹簧和阻尼组成的单元。定义上平台局部坐标系、下平台局部坐标系和全局惯性坐标系分别为 $Px_py_pz_p$、$Bx_by_bz_b$ 和 $Gxyz$，制冷机组件综合质心处坐标系为 $Oxyz$。

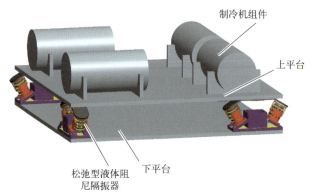

图 5.36   微振动抑制装置的三维模型图

以下符号被用于系统建模中：t_p 为上平台质心在 $\{G\}$ 系中的位置矢量，p_i 为上平台各铰点在 $\{P\}$ 系中的位置矢量，b_i 为下平台各铰点在 $\{B\}$ 系中的位置矢量，t_i 为各支腿在 $\{G\}$ 系下的位置矢量，R_0 为上平台和质量负载的综合质心在 $\{P\}$ 系中的位置矢量，ω_p、α_p 为上平台角速度、角加速度，ω_b、α_b 为下平台角速度、角加速度，I_p 为上平台和制冷机组件在 $\{G\}$ 系中的惯量矩阵。

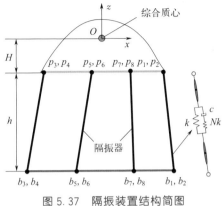

图 5.37 隔振装置结构简图

5.5.3 动力学建模

使用牛顿-欧拉法可得上平台动力学方程：

$$
\begin{cases}
-m_0\ddot{\boldsymbol{q}}_c + m_0\boldsymbol{g} + \boldsymbol{R}_p^g\boldsymbol{R}_o^p\boldsymbol{F}_{mac} - \displaystyle\sum_{i=1}^{N}\boldsymbol{F}_{si} = 0 \\[2mm]
m_0\boldsymbol{R}\times\boldsymbol{g} - m_0\boldsymbol{R}\times\ddot{\boldsymbol{q}}_c + \boldsymbol{R}_p^g\boldsymbol{R}_o^p\boldsymbol{M}_{mac} + \boldsymbol{R}_p^g\boldsymbol{R}_o^p\boldsymbol{R}\times\boldsymbol{F}_{mac} - \\[2mm]
\boldsymbol{I}_p\boldsymbol{\alpha}_p - \boldsymbol{\omega}_p\times\boldsymbol{I}_p\boldsymbol{\omega}_p - \displaystyle\sum_{i=1}^{N}\boldsymbol{t}_{pi}\times\boldsymbol{F}_{si} = 0
\end{cases}
\tag{5.24}
$$

式中，$\ddot{\boldsymbol{q}}_c$ 为上平台和制冷机的质心在 $\{G\}$ 系中的加速度；$\boldsymbol{R}$ 为上平台和制冷机的质心在 $\{P\}$ 系中的位置矢量；$\boldsymbol{I}_p$ 为上平台和制冷机在 $\{G\}$ 系中的惯量矩阵。

上支腿作用在上平台的作用力 $\boldsymbol{F}_i$ 为

$$
\begin{cases}
\boldsymbol{F}_i = -k_i(l_i - l_{i0})\boldsymbol{\tau}_i - c_i\dot{x}_{di}\boldsymbol{\tau}_i \\[2mm]
c_i\dot{x}_d + N_ik_ix_{di} = N_ik_i(l_i - l_{i0})
\end{cases}
\tag{5.25}
$$

式中，x_{di} 为第 i 条支腿阻尼单元和与其串联的弹簧单元中间连接点的压缩量。

对式(5.25)进行拉氏变换，化简得

$$
\boldsymbol{F}_i = -\frac{[N_ik_i^2 + c_ik_i(N_i+1)s]}{(N_ik_i + c_is)}(\boldsymbol{J}_{pi}\boldsymbol{x}_p - \boldsymbol{J}_{bi}\boldsymbol{x}_b)
\tag{5.26}
$$

其中

$$
\boldsymbol{J}_{pi} = \begin{bmatrix} \boldsymbol{\tau}_i\boldsymbol{\tau}_i^T & -\boldsymbol{\tau}_i\boldsymbol{\tau}_i^T\widetilde{\boldsymbol{p}}_i \end{bmatrix}
$$

$$
\boldsymbol{J}_{bi} = \begin{bmatrix} \boldsymbol{\tau}_i\boldsymbol{\tau}_i^T & -\boldsymbol{\tau}_i\boldsymbol{\tau}_i^T\widetilde{\boldsymbol{b}}_i \end{bmatrix}
$$

$$
\boldsymbol{x}_p = \begin{bmatrix} \boldsymbol{t}_p^T & \boldsymbol{\theta}_p^T \end{bmatrix}^T
$$

$$x_b = \begin{bmatrix} t_b^T & \boldsymbol{\theta}_b^T \end{bmatrix}^T$$

联立式(5.24)和式(5.26),得到隔振装置的动力学方程:

$$(N_i k_i + c_i s)\boldsymbol{M}_p \ddot{\boldsymbol{x}}_p + \boldsymbol{C}_p \dot{\boldsymbol{x}}_p + \boldsymbol{K}_p \boldsymbol{x}_p = (N_i k_i + c_i s)\boldsymbol{M}_b \ddot{\boldsymbol{x}}_b + \boldsymbol{C}_b \dot{\boldsymbol{x}}_b + \boldsymbol{K}_b \boldsymbol{x}_b + (N_i k_i + c_i s)\boldsymbol{U}$$

$$(5.27)$$

其中

$$\boldsymbol{M}_p = \begin{bmatrix} m_0 \boldsymbol{E}_3 & -m_0 \tilde{\boldsymbol{R}} \\ m_0 \tilde{\boldsymbol{R}} & \boldsymbol{I}_p - m_0 \tilde{\boldsymbol{R}}\tilde{\boldsymbol{R}} \end{bmatrix} + \sum_{i=1}^{N} \begin{bmatrix} \boldsymbol{Q}_{pi} & -\boldsymbol{Q}_{pi}\tilde{\boldsymbol{t}}_{pi} \\ \tilde{\boldsymbol{t}}_{pi}\boldsymbol{Q}_{pi} & -\tilde{\boldsymbol{t}}_{pi}\boldsymbol{Q}_{pi}\tilde{\boldsymbol{t}}_{pi} \end{bmatrix}$$

$$\boldsymbol{C}_p = \sum_{i=1}^{N} c_i k_i (N_i + 1) \begin{bmatrix} \boldsymbol{J}_{pi} \\ \tilde{\boldsymbol{t}}_{pi}\boldsymbol{J}_{pi} \end{bmatrix} ; \boldsymbol{K}_p = N_i k_i^2 \begin{bmatrix} \boldsymbol{J}_{pi} \\ \tilde{\boldsymbol{t}}_{pi}\boldsymbol{J}_{pi} \end{bmatrix}$$

$$\boldsymbol{M}_b = \sum_{i=1}^{N} \begin{bmatrix} \boldsymbol{Q}_{bi} & -\boldsymbol{Q}_{bi}\tilde{\boldsymbol{t}}_{bi} \\ \tilde{\boldsymbol{t}}_{pi}\boldsymbol{Q}_{bi} & -\tilde{\boldsymbol{t}}_{pi}\boldsymbol{Q}_{bi}\tilde{\boldsymbol{t}}_{bi} \end{bmatrix} ; \boldsymbol{K}_b = \sum_{i=1}^{N} N_i k_i^2 \begin{bmatrix} \boldsymbol{J}_{bi} \\ \tilde{\boldsymbol{t}}_{bi}\boldsymbol{J}_{bi} \end{bmatrix}$$

$$\boldsymbol{C}_b = \sum_{i=1}^{N} c_i k_i (N_i + 1) \begin{bmatrix} \boldsymbol{J}_{bi} \\ \tilde{\boldsymbol{t}}_{bi}\boldsymbol{J}_{bi} \end{bmatrix}$$

$$\boldsymbol{U} = \begin{bmatrix} \boldsymbol{R}_p \boldsymbol{F}_{mac} \\ \boldsymbol{R}_p \boldsymbol{M}_{mac} + \boldsymbol{R}_p \boldsymbol{R} \times \boldsymbol{F}_{mac} \end{bmatrix} - \boldsymbol{\eta}$$

由此,给出隔振装置的参数、基础激励、干扰力和干扰力矩,代入式(5.27),可得隔振装置上平台的响应。

5.5.4 隔振装置性能分析

通常使用传递率表示微振动抑制装置的隔振性能,定义传递率为传递至上平台的加速度响应幅值与基础激励幅值的比。松弛型阻尼器刚度和阻尼选择适当的数值,主要参数如表5.3所示。

表5.3 松弛型阻尼器主要参数

参数	数值
k	45.6N/mm
c	1300N·s/m
N	4

首先对系统的固有特性进行分析。固有频率只与系统本身属性有关,而与外界激励无关,因此,对动力学方程式(5.27)进行化简,得到无阻尼系统自由振动

方程：

$$N_i k_i \boldsymbol{M}_p \ddot{\boldsymbol{x}}_p + \boldsymbol{K}_p \boldsymbol{x}_p = 0 \qquad (5.28)$$

式中，$\boldsymbol{K}_p$ 为系统的等效刚度矩阵，$N_i k_i \boldsymbol{M}_p$ 为等效质量矩阵。求解式(5.28)得到系统的六阶固有频率，总结在表 5.4 和表 5.5 中。

表 5.4　固有频率理论解

阶数	解析解/Hz	阶数	解析解/Hz
1	12.15	4	16.62
2	12.24	5	18.26
3	13.29	6	22.58

表 5.5　隔振平台模态矩阵

	一阶	二阶	三阶	四阶	五阶	六阶
X	0	0.99	0	0	0	0.92
Y	0.96	0	0	−0.98	0	0
Z	0	0	1	0	0	0
Rx	−0.16	0	0	−0.18	0	0
Ry	0	0.07	0	0	0	−0.19
Rz	0	0	0	0	−1	0

　　从固有频率及模态矩阵可以看出，除第三阶为单纯沿 Z 轴的平移、第五阶为绕 Z 轴的扭转外，其余四阶均为扭转和质心平移的叠加，隔振系统的耦合主要在 X 和 Y 方向。

　　不同于 Kevin 模型，松弛型阻尼器的隔振性能不仅受到阻尼因子的影响，还受到刚度比的影响。刚度比是松弛型阻尼器的重要参数，其不仅决定了共振峰的位置，而且和共振放大系数紧密相关。为比较松弛型阻尼器和 Kevin 模型的差异，将刚度比为 4 的松弛型阻尼器和参数为 $k = 45.6 \text{N/mm}$、$c = 1300 \text{N·s/m}$ 的 Kevin 模型的传递率画在同一幅图中进行比较，此状态下，隔振系统在 Z 向的传递率曲线如图 5.38 所示。

　　图中给出了两种系统在共振峰值相同时的传递率曲线。可以看出，设计合适的刚度比，可以使基于松弛型阻尼器的隔振装置性能优于传统 Kevin 隔振系统。以制冷机 60Hz 主频衰减为例，Kevin 模型衰减为 −13.9dB，而松弛型阻尼器衰减为 −21.2dB；松弛型阻尼器在高频处的衰减明显优于 Kevin 隔振系统。

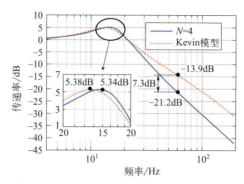

图 5.38　松弛型阻尼器和 Kevin 模型加速度传递率曲线对比图

对隔振装置下平台施加激励幅值为 50mg（g 为重力加速度，数值为 $9.8 \mathrm{m/s^2}$）、频率为 1～200Hz 的加速度扫频激励来研究隔振系统的隔振性能。得到基础激励下的传递率如图 5.39 所示，隔振装置在制冷机主频振动处的三个平动方向隔振效率和共振峰放大倍数总结在表 5.6 中。

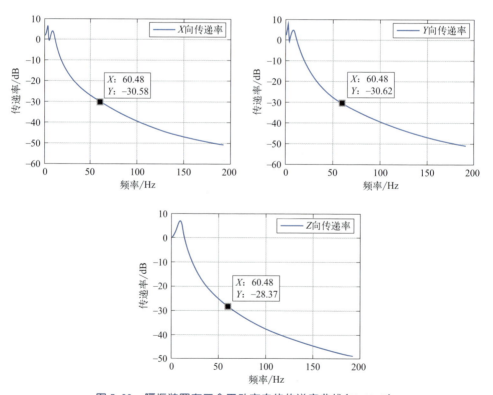

图 5.39　隔振装置在三个平动方向的传递率曲线（X、Y、Z）

表 5.6 微振动抑制装置三个平动方向的隔振性能

方向	X	Y	Z
60Hz 隔振效率	97％	97％	96％
共振峰放大倍数	2.2	2.5	2.3

从图 5.39 和表 5.6 可知:由于隔振装置具有对称性,X 和 Y 方向传递率曲线的固有频率基本相同;隔振系统对制冷机 60Hz 主频振动处平动方向隔振效率均大于 96％。

5.5.5 试验验证

搭建制冷机隔振器实验平台,通过对下平台施加正弦扫频激励,测量上平台和制冷机上加速度响应,验证隔振器的隔振性能。实验系统主要包括:微振动激励台、微振动抑制装置、加速度传感器、LMS 数据采集系统和悬吊系统。

通过激励台输入正弦扫频激励信号,通过加速度传感器测量并记录上平台和制冷机质心处的加速度变化情况,分别获取隔振器水平方向的绝对加速度传递率。

激励台输入幅值为 50mg、频率范围为 5～100Hz 的水平方向正弦扫频激励信号,上平台和制冷机质心处加速度变化曲线如图 5.40 所示。同时,通过数据采集软件对时域信号进行处理,得到隔振装置的传递率曲线,如图 5.41 所示。

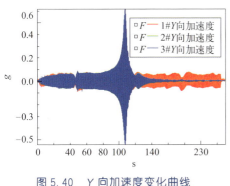
图 5.40 Y 向加速度变化曲线

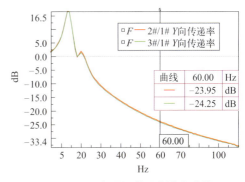
图 5.41 Y 向隔振装置传递率曲线

从图 5.40 中可以看出,水平激励时时域曲线出现两个峰值,该方向的激励同时激发系统的平移模态和旋转模态,系统 Y 方向和 Rx 方向存在耦合,2 号传感器和 3 号传感器的加速度时域响应基本相同。从图 5.41 中可以看出,隔振系统的共振频率为 13Hz,系统对制冷机 60Hz 主频振动处振动衰减超过 24dB,隔振效率达到 94％,且在共振频率附近放大不超过 7 倍,表明隔振系统对制冷机产生的振动具有良好的振动衰减作用。

5.5.6 制冷机主动吸振技术

压缩机是制冷机的主要振源,使用被动隔振可以有效隔离其微振动向外界的传递。制冷机一般为探测器的工作提供较低的温度,但探测器的安装一般处于刚性较足的边界,这给被动隔振的实施带来了不便。在此边界下,可以通过吸振的方式进行振动控制,吸振也分被动吸振和主动吸振两类,被动吸振的设计难点在于其较窄的频带工作范围,这让主动吸振的应用非常必要。制冷机主动吸振的原理如图 5.42 所示,执行器(音圈电机等)安装在探测器安装支架上,控制目标为探测器的安装部位,作动器在接收到被控点的加速度响应后,输出经过计算后的作动力于支架上,使得被控点的加速度响应降低。根据敏感方向进行作动器位置和数量的选择,控制算法一般选择经典的 PID 控制算法、多通道加权算法等。

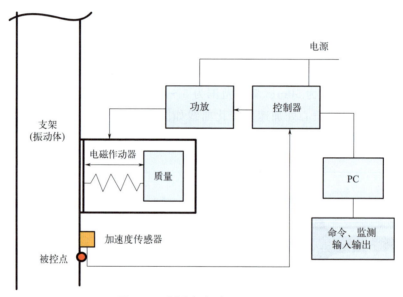

图 5.42 制冷机主动吸振原理图

本章小结

本章以飞轮、控制力矩陀螺以及制冷机等航天器典型高频振源为例,重点介绍了振源的特性、高频被动隔振的原理,以及结合工程实例的隔振设计及验证方法,对制冷机主动吸振的原理进行了简要介绍,期望为读者提供更为翔实的工程案例,帮助读者理解、掌握相关的被动隔振设计技术。

参 考 文 献

［1］　Davis P，Cunningham D，Harrell J. Advance 1.5 Hz passive viscous isolation system［C］. The 35th AIAA/ASME/ASCE/AHS/ASC Structures，Structural Dynamics，and Materials Conference. Hilton Head，USA. 1994：18-20.

［2］　Dearing S，Ruebsamen D. Challenges of designing a 13-Hz high-load vibration isolation system with tight volume constraints：Lessons learnt and path forward［C］. 43rd Aerospace Space Mechanisms Symposium，2016.

［3］　Davis L P，Carter D R，Hyde T T. Second-generation hybrid D-strut［C］. SPIE Smart Structures and Materials Conference，1995：161-175.

［4］　Cobb R G，Sullivan J M，Das A，et al. Vibration isolation and suppression system for precision payloads in space［J］. Smart Materials and Structures，1999，8(6)：798-812.

［5］　Davis L P，Cunningham D，Bicos A S，et al. Adaptable passive viscous damper：An adaptable D-StrutTM［J］. Proceedings of SPIE-The International Society for Optical Engineering，1994：2193.

［6］　Oh H U，Kinjyo N，Izawa K，et al. Flywheel vibration isolation test using a variable-damping isolator［J］. Smart Materials and Structures，2006，15(2)：365-370.

［7］　Pendergast K J，Schauwecker C J. Use of a passive reaction wheel jitter isolation system to meet the Advance X-Ray Astrophysics Facility imaging performance requirements［C］. SPIE Conference on Space Telescopes and Instruments. Kona. Hawaii March，1998：1078-1094.

［8］　孟光，董瑶海，周徐斌，等. 风云四号卫星微振动抑制和试验技术研究［J］. 中国科学：物理学 力学 天文学，2019，49(02)：74-84.

［9］　罗青. 航天器飞轮为振动特性及隔振方法研究［D］. 长沙：国防科技大学，2014.

［10］　Hopkins R C，Johnson C L，Kouveliotou C，et al. Xenia Mission：Spacecraft Design Concept ［R］. NASA Report，NASA/TM—216270，2009.

第 **6** 章
微振动主动隔振技术

采用主动隔振手段为高精度航天器的载荷提供更为安静的微振动环境是虽复杂但行之有效的方法。第5章介绍的航天器高频微振动的被动控制,是通过安装适当的隔振器以隔离振动的直接传递,其实质是在振源与系统之间附加一个子系统,降低振动传递率。被动隔振是在振源与系统之间加入弹性元件、阻尼元件甚至惯性元件以及它们的组合所构成的子系统。主动隔振则是在被动隔振的基础上,并联或串联满足一定要求的作动器,或用作动器代替被动隔振装置的部分或全部元件。在硬件方面,主动隔振系统与被动隔振系统的主要区别在于传感器、控制器和作动器。主动隔振系统中,传感器接收被控对象的振动信号,然后将此信号传递到控制器,控制器按预先设计好的或在识别过程中拟定的控制律输出控制指令,作动器根据指令调节被控对象的振动。

被动隔振器结构简单、易于实现、经济性好、可靠性高,但由于其设计完成后参数很难更改,理论上只能对设备安装频率以上的振动起到衰减作用,不太适于对低频线谱振动的隔离。相反,主动隔振技术对低频振动具有较好的控制效果,参数可调整,适应性强,其不足之处在于主动隔振结构较复杂,而且需要能量输入,一般限于中低频振动控制。

6.1　主动隔振基本原理

主动隔振系统的设计流程如图 6.1 所示,从控制器的设计开始到完全满足评估要求,需要经历一个调试和完善迭代过程。测量元件的选择取决于被控参数,常用的有加速度传感器、速度传感器、位移传感器、力传感器等;作动元件的选择主要根据气动、液压、电磁、智能材料等各类作动器的工作原理和工作特性确定;控制元

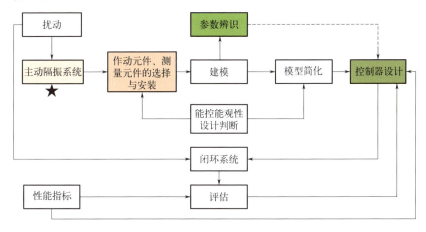

图 6.1　主动隔振系统总体设计流程

件多采用微处理系统实现需要的控制策略。常用的控制策略有：模态控制、极点配置、最优控制、鲁棒控制、自适应控制和智能控制等。

与被动隔振相比，主动隔振会在被动隔振的基础上，增加一个实时与被控对象的位移、速度或者加速度成正比的反馈力，按反馈物理量的不同，分为主动位移反馈、主动速度反馈、主动加速度反馈，如图 6.2 所示。下面介绍这三种物理量反馈的主动隔振系统的传递函数与隔振效果。

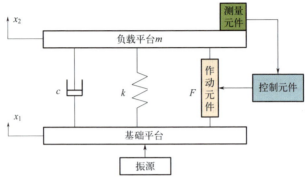

图 6.2　主动隔振系统示意图

建立如图 6.2 所示的主动隔振系统的运动学平衡方程：

$$m\ddot{x}_2 + k(x_2 - x_1) + c(\dot{x}_2 - \dot{x}_1) = F \tag{6.1}$$

在主动位移反馈、主动速度反馈、主动加速度反馈策略下，隔振系统的反馈力 F 分别与隔振对象的位移 x_2、速度 $\dot{x}_2$、加速度 $\ddot{x}_2$ 成正比例关系，假设反馈力 F 分别为 $2m\omega_n H x_2$、$2m\omega_n H \dot{x}_2$、$2m\omega_n H \ddot{x}_2$，其中 $\omega_n = 2\pi f_n$ 为系统共振角频率，则系统在三种反馈下的传递函数分别为

$$\frac{x_2(\omega)}{x_1(\omega)} = \frac{2\omega_n \xi(\mathrm{i}\omega) + \omega_n^2}{(\mathrm{i}\omega)^2 + 2\omega_n \xi(\mathrm{i}\omega) + 2\omega_n H + \omega_n^2} \tag{6.2}$$

$$\frac{x_2(\omega)}{x_1(\omega)} = \frac{2\omega_n \xi(\mathrm{i}\omega) + \omega_n^2}{(\mathrm{i}\omega)^2 + 2\omega_n(\mathrm{i}\omega)(H + \xi) + \omega_n^2} \tag{6.3}$$

$$\frac{x_2(\omega)}{x_1(\omega)} = \frac{2\omega_n \xi(\mathrm{i}\omega) + \omega_n^2}{(1 + 2\omega_n H)(\mathrm{i}\omega)^2 + 2\omega_n \xi(\mathrm{i}\omega) + \omega_n^2} \tag{6.4}$$

画出三种反馈下系统传递函数的幅频响应曲线，如图 6.3 所示。可以看到，在控制对象上施加一个与控制对象位移成比例的力，相当于增加了系统的刚度，其隔振率曲线和被动隔振类似，可以增加低频处的隔振效果。但由于在实际系统中无法测量控制对象的绝对位移，位移反馈所测量的都是相对位移，所以主动位移反馈的幅频响应曲线实际上在低频处是无法降低的。在控制对象上施加一个与控制对象速度成比例的力，相当于增加了系统的阻尼，其隔振率曲线在共振频率处对幅值

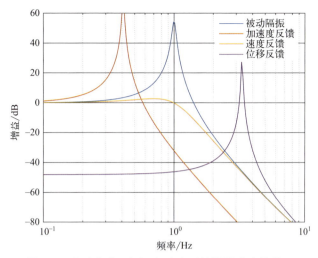

图 6.3　主动位移、速度、加速度反馈幅频响应曲线图

放大进行了抑制，有较好的隔振效果。在控制对象上施加一个与控制对象加速度成比例的力，相当于增加了系统的质量，其隔振率曲线和被动隔振类似，但是降低了系统共振频率。

由前面三种不同物理量的主动反馈方式可以看出，相比被动隔振，主动隔振在共振频率处的共振根据反馈方式会有所调整，并且由于闭环系统的反馈增益是各部分电路的频率响应的乘积，所以增益是一个与频率有关的非线性的变量。当反馈增益太大时，会造成系统由于幅值裕度和相位裕度不足而出现不稳定情况。

6.1.1　主动隔振平台研究现状

目前国内外成功应用于航天器的主动隔振系统多采用并联机构，具体的并联方式在实际应用中可根据执行器件的不同进行灵活设计。按照隔振系统工作时，隔振对象与扰动平台是否连接分为接触式隔振平台和非接触式隔振平台。

典型的接触式隔振平台主要有美国 CSA 公司的卫星超静隔振技术实验设备（SUITE）[1,2]和超静平台（UQP）[3]，两者均采用六杆并联式 Stewart 平台结构，均以压电作动器为主动元件，同时使用速度传感器实时检测系统误差，并完成闭环反馈。SUITE 平台在负载振动抑制上可以达到在 5Hz 及以上时 20dB 的衰减量，同时在不同谐波振态时，也能达到 20dB 的负载振动衰减量。SUITE 平台如图 6.4 所示，它主要是一个验证多元变量和自适应控制策略等控制算法的平台。但其高频带宽存在明显不足的缺点，限制了其使用环境。UQP 平台具有六自由度有效振动抑制能力，有效带宽超过 100Hz，并且具有 20dB 的振动衰减能力。UQP 平台主要用作测试航天器上成像设备的主动抑振控制算法的有效性。欧洲航天局基于

Stewart 平台结构形式,采用压电陶瓷作动器,设计了由 6 个主动隔振单元组成的多目标振动隔离系统 MAIS（Multi-purpose Active Vibration Isolation System）[4,5],如图 6.5 所示。MAIS 的主要用途是使光学望远镜脱离与振源的接触,并且抑制制冷装置或者驱动机构工作产生的扰动。该平台能承受质量为 0.7～2.2kg 范围内的有效载荷,可以对 50～500Hz 频率范围的振动进行隔离和抑制,但是对 50Hz 以下的振动抑制效果差,总体隔振效果不理想。比利时的布鲁塞尔自由大学(ULB)的刚性 Stewart 平台(SSP)[6-10] 同样采用基于机械放大式压电主动执行元件的并联式六自由度抑振系统,SSP 平台结构如图 6.6 所示。其主要用于精密光学设备的指向微调及空间柔性桁架的主动振动抑制,但其结构同样采用"硬"式连接,导致其固有频率高达 250Hz,影响其低频抑振性能。美国霍尼韦尔公司联合美国空军研究实验室（AFRL）设计了混合主被动光学负载隔振系统 MVIS[11],每根杆包含一个压电致动器和一个三参数可调的 D-Strut 被动结构,其结构图如图 6.7 所示。MVIS 隔振系统不仅可以提供宽频的振动衰减,而且可以通过智能材料结构适应不同的负载特性变化。以上结构均存在行程不足的问题,限制了其应用条件。

图 6.4　SUITE 隔振平台

图 6.5　MAIS 隔振平台

图 6.6　SSP 隔振平台

图 6.7　MVIS 隔振系统

除此之外,欧美国家多套非接触式主动隔振系统投入到国际空间站进行科学实验,包括 STABLE(Suppression of Transient Accelerations By Levitation)、ARIS(Active Rack Isolation System)、MIM(Microgravity Vibration Isolation Mount)、MIM-2 及 g-LIMIT(Glovebox Integrated Microgravity Isolation Technology)等高精度隔振装置。1995 年,美国麦道航空公司与马歇尔太空飞行中心联合研制了载荷级电磁作动装置 STABLE 隔振系统[12]。该系统使用电磁作动器,采用非接触式磁悬浮洛伦兹力激励器和加速度与位移反馈控制系统,最终由"哥伦比亚号"航天飞机将装置送入太空。这套系统可以为微流体力学实验提供微重力环境,重力加速度可以降低至仅 $10^{-6}g$。该控制系统的示意图如图 6.8 所示[13-16]。MIM 系列隔振平台均采用电磁作动技术,除了能进行振动隔离之外,为观察流体实验受加速度干扰(g-jitter)的影响,还设计了激振功能,产生的振动加速度频率在 $0.01\sim50\,\mathrm{Hz}$ 之间,加速度范围从 $1\times10^{-6}g$ 到 $2.5\times10^{-2}g$。MIM 实物图如图 6.9 所示。MIM 在"和平号"空间站上运行了两年,采用 8 个宽间隙洛伦兹力驱动器、3 个位置传感器及 6 个加速度传感器。而二代产品 MIM-2 可以将 1mg 量级的振动衰减到 $10\mu g$[17,18]。加拿大为国际空间站(ISS)内 Express Rack 实验柜研制的载荷级电磁作动装置 MIM-BU 的技术水平更高,其最大的特点是采用双浮子结构,实现主动激振时对基座的振动隔离。MIM-BU 隔振平台的示意图如图 6.10 所示[19-23]。这是基于 STABLE 隔振技术改进而来,专为科学手套箱 MSG 提供微重力环境的隔振系统装置。其拥有集成化和模块化两大优点,将执行器和测量传感器分为三个同样的单元,每个单元配备一个两轴洛伦兹力激励器,两轴加速度计组成一套二维位置测量系统,进而将整套装置的加工工艺和装配复杂度大幅降低。执行器没有冗余,通电线圈和磁铁组件采用了分体式的设计,从而避免两者物理接触并减少了扰动的传输路径。g-LIMIT 隔振平台示意图如图 6.11 所示[24-26]。g-LIMIT 的特点是小容量、低功率,能适应较大载荷,可将 10mg 的振动

图 6.8 STABLE 隔振平台

图 6.9 MIM 隔振平台

衰减到 $1\mu g$。从国外的研究可以看出,磁浮隔振平台对隔振具有天然的优势,可以基本隔离平台的微振动,但是对于指向跟踪控制的应用场景,现有的磁浮隔振平台受限于作动器的行程(以音圈电机为例,其作动方向通常小于 5mm,气隙方向小于 1mm),指向跟踪能力较弱。

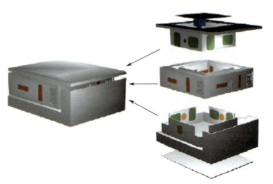

图 6.10　MIM-BU 隔振平台

图 6.11　g-LIMIT 隔振平台

　　国内应用于航天器的主动隔振系统主要有"羲和号"双超平台和应用于天宫空间站的磁悬浮主动隔振实验平台。由于采用基于隔振器的平台干扰抑制方法时,干扰源与卫星平台间通过隔振器的接触式安装会导致振动隔而不绝的问题,因此卫星平台姿态精度难以进一步提高。又由于常规卫星设计中载荷舱的姿态跟随卫星平台进行控制,而载荷舱的姿态精度主要取决于卫星平台的姿态控制精度,因此,采用基于隔振器的平台干扰抑制方法无法使载荷姿态精度达到双超性能。为了隔离振动传递,将卫星平台设计成相互独立又有机结合的两部分,其一为载荷舱,另一为平台舱,如图 6.12 和图 6.13 所示。两舱结构上相互独立。载荷舱安装载荷、姿态敏感器(星敏感器、光纤陀螺等),是安静舱段。平台舱安装动量交换执行器(飞轮、控制力矩陀螺等)、太阳帆板、储箱、推进器等,是嘈杂舱段。两舱由非接触磁浮机构连接。因非接触磁浮机构实现了两舱的非接触,故平台舱振动和干扰不会传输至载荷舱,由此实现有效载荷动中取静,两舱动静隔离[27-30]。与上述其他磁悬浮隔振系统相比,双超平台在隔离基础微振动的同时,也为卫星在轨机动、保持稳态等动作提供相应的力和力矩。

　　天宫空间站中的磁悬浮主动隔振实验平台由中国科学院空间应用工程与技术中心研制,主动隔振系统由定子和浮子两部分构成,如图 6.14 和图 6.15 所示,利用磁悬浮主动控制技术,使浮子和定子非接触,从而隔离来自飞船平台的振动。控制器通过加速度计感知浮子加速度的变化,通过位置敏感器感知定子和浮子相对位置的变化,并计算反馈电流,驱动电磁激励器,形成闭环控制[31-33]。

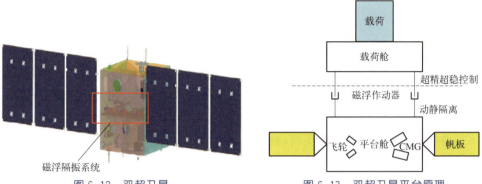

图 6.12　双超卫星

图 6.13　双超卫星平台原理

图 6.14　磁悬浮主动隔振实验平台

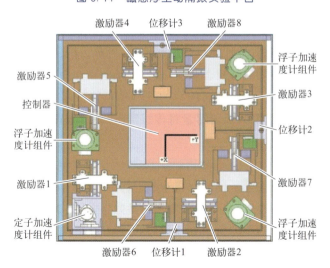

图 6.15　磁悬浮主动隔振实验平台原理示意图

6.1.2　隔振系统主控技术研究现状

主动控制策略是主动隔振系统的核心,根据是否需要构造精确的数学模型可以分为两类:一类需要通过被控系统内部结构和参数的先验知识,构造其精确的数学模型,在此模型基础上使用现代控制方法求得最优控制律,如最优控制、鲁棒控制、模态控制和极点配置法;另一类方法针对被控系统参数的未知性和不确定性,不需要被控系统结构的精确模型,最优控制律根据状态或输出由算法自身的寻优特性得出,如智能控制和自适应控制。

(1)最优控制

最优控制是一种基于现代控制理论的状态空间理论的算法,其利用极值原理、最优滤波等最优化方法求解控制输入。该方法性能指标往往是被控对象的状态响应以及控制输入的二次型,将状态响应与控制输入均考虑在内,在系统的控制输入有限(一般由于执行器的物理限制,导致其输出饱和)的条件下,达到最优的性能指标。在求解过程中采用线性二次高斯算法能够兼顾随机扰动,解出系统最优的控制输入。这种解析法的缺点在于求解方程复杂,计算量较大。此外,遗传算法、模拟退火等数值优化方法也可以应用于最优控制当中。

(2)极点配置法

极点配置法包括特征值和特征向量配置,它根据对被控系统动态品质的要求,确定系统的特征值与特征向量的分布,通过状态反馈或输出反馈来改变极点位置,从而保证闭环系统的极点比开环系统的极点更加靠近设计者需要的极点位置。但是,极点在工程实际中很难调整到合适的位置。

(3)模态控制

该方法的基本思想是将结构振动方程从物理坐标系通过线性变换转到模态坐标系,通过控制振动模态对弹性体进行振动控制,可分为耦合模态控制法和独立模态控制法。这种方法需要进行模态截断,只控制某些模态而放弃其他模态,从而产生没有控制的剩余模态。基于模态缩减的控制器可能破坏剩余模态的稳定性,为了避免剩余模态的溢出现象,需要尽量将传感器、作动器布置在剩余模态振型的节点上。

(4)鲁棒控制

鲁棒控制致力于在被控系统模型和外部干扰不确定的情况下寻求控制性能和稳定性之间的折中和平衡,这些不确定性包括参数误差、模型阶数误差以及被忽略的扰动和非线性。鲁棒控制的价值在于设计出不依赖于这些不确定性的控制器,使得闭环系统的稳定性和控制性能具有一定的抗干扰能力。∞控制理论和 μ 控制理论是目前比较成熟的鲁棒控制理论。∞控制通常只能在稳定鲁棒性与系统性能之间达成妥协，无法既能满足稳定鲁棒性又能满足激励抑制能力的预定要求，即系统具有性能鲁棒性。μ 控制可以保证在模型摄动下系统具有稳定鲁棒性与性能鲁棒性。

（5）智能控制

针对不易解决或无法建模的复杂系统控制问题，人们提出了智能控制，主要包括神经网络控制和模糊控制。神经网络具有强大的非线性映射能力和并行处理能力，遗传算法常用于神经网络的结构设计、学习和分析。神经网络控制需要足够精确的样本数据，预先详细描述所需系统的性能。神经网络运算过程计算量很大，不适合用于对实时性要求很高的控制系统，若神经网络无法达到预期效果，很难找到原因和解决策略。模糊控制理论作为一种处理不精确或者模糊语言信息的方法逐渐发展起来，要求在预先选择模糊集数目和模糊逻辑的基础上进行控制，模糊集数目和模糊逻辑的确定性限制了模糊控制理论在可变外界激励下柔性结构的主动控制方面的应用。目前，已有越来越多的学者研究智能控制在振动主动控制中的应用。

（6）自适应控制

自适应控制常用来控制参数未知、不确定或参数缓变的系统。自适应控制可以根据系统和环境的变化，自动检测系统的参数变化，实现对控制器参数的调整，以期时刻保持系统性能指标为最优。自适应控制又分为三类：基于自适应滤波的前馈控制、自校正控制和模型参考自适应控制。其中在振动控制领域应用较多的是基于自适应滤波的前馈控制和模型参考自适应控制。自校正控制需要持续激励进行参数辨识后，再利用特征结构配置或最优控制策略设计控制器，所以较少应用于振动主动控制。

模型参考自适应控制，是由自适应机构驱动被控结构，使参考模型的输出跟踪被控结构的输出，控制器参数通过这两个输出之间的误差、模型状态量和控制器输出等进行调节，控制器的自适应增益以比例、积分的组合形式来计算。

基于自适应滤波的前馈控制通常假定干扰源可测，是振动主动控制中常用的控制策略，因为在取得良好参考信号的前提下，前馈控制效果优于反馈控制。这种控制方式的控制器就是自适应的横向滤波器，根据干扰信号和系统输出之间的误差，用自适应算法计算和更新控制器的参数，也就是横向滤波器的权系数，从而使误差达到最优。

自适应技术与自适应滤波理论及算法的发展是分不开的。早在 20 世纪 40 年代，就对平稳随机信号建立了维纳滤波理论。根据有用信号和干扰信号的统计特性，以线性最小均方误差估计准则所设计的最优滤波器，称为维纳滤波器。维纳滤波器属于有限脉冲响应滤波器，结构简单，无极点，不需考虑稳定性问题，所以被广泛使用在结构振动控制领域。常用的自适应方法有最小均方算法和递归最小二乘法。递归最小二乘法旨在使期望信号和自适应系统的输出信号之差的平方和最小。该方法适用于时变的工作环境,有较快的收敛速度,但是增加了计算复杂度,会引发稳定性问题。比较而言,这些缺点在基于原理的算法中并不严重。算法研究需要继续降低计算复杂度和减少收敛时间。

鉴于自适应滤波算法在计算复杂度和稳定性方面的优势,该方法被广泛应用于振动控制领域。基于自适应滤波的结构振动主动控制,实质上是产生一个与目标振动信号大小相等且相位相反的信号,通过这两个信号的对消实现总体振动的最小化。目前,自适应滤波算法是常用的振动控制方法,它可以在频率在线辨识和带通滤波器(或陷波器)参数实时调节的基础上,对振动或者噪声进行主动对消。

6.2 作动元件、测量元件、控制元件

主动隔振中,在设计振动控制算法之前,首先应该考虑搭载控制算法的硬件。许多主动振动控制理论的设计若不考虑其实际应用,则很难在实际系统中实施。因此,本节分别介绍振动控制系统的作动元件、测量元件和控制元件。

6.2.1 作动元件

作动器是振动主动控制系统中的重要元件,其作用是根据控制器的输出信号,向被控制对象或系统施加控制动作,按照所需方式改变对象或系统的响应。作动器的性能很大程度上决定了整个系统的性能,对于微振动而言,要求作动器具有极高的分辨率、良好的线性度、较快的响应时间等性能指标。

(1)滚珠丝杠

滚珠丝杠系统属于传统的"旋转电机+直线传送器"的间接精密驱动方式。完整的滚珠丝杠系统由旋转电机系统、联轴器、滚珠丝杠副、螺母副、直线导轨等部件组成,结构示意图如图 6.16 所示。滚珠丝杠副通过联轴器与旋转电机连接,并由螺母副将旋转运动变为直线运动,直线导轨起到限制径向位移的作用[34,35]。

滚珠丝杠的作动行程可达数百毫米,定位精度在微米量级,而且输出力大、功耗低、刚度较高。另外,滚珠丝杠技术成熟,具有较高的可靠性且可以断电自锁,这对空间应用来说是很具吸引力的。但由于滚珠丝杠属于机械传力系统,其响应频率较低,无法用于隔振、抑振,较适用于仅需精密跟踪、定位而无需振动控制的空间任务。此外,滚珠丝杠的速度和加速度较低,运动中存在的传动系统摩擦、弹性滞后、滞滑和反向死区影响了作动器的使用寿命及定位精度的进一步提高。

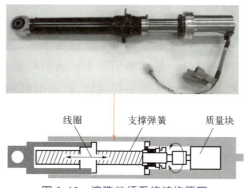

图 6.16 滚珠丝杠系统结构原理

（2）直线型压电超声电机

直线型压电超声电机是近年来出现的一种全新概念的直线作动器,它利用附着在定子上的压电振子的超声振动,借助摩擦来产生作动,如图 6.17 所示[36,37]。

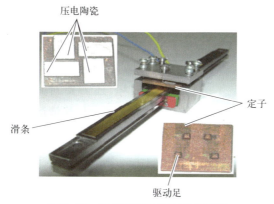

图 6.17 直线型压电超声电机原理

利用压电材料的逆压电效应,在特定交变电场的作用下,压电振子产生同频的一阶纵振和二阶弯振,纵振和弯振的响应函数可表示为

$$X = U_1 \sin(\omega t + \alpha)$$
$$Y = U_2 \sin(\omega t + \beta)$$

$$(6.5)$$

其中,U_1 和 U_2 为纵振和弯振的振幅;ω 为振动角频率;α 和 β 为纵振和弯振的初始相位。在 α 与 β 相差 $\pi/2$ 的情况下,可得到

$$\frac{X^2}{U_1^2} + \frac{Y^2}{U_2^2} = 1$$

$$(6.6)$$

即此时电机定子侧面上每一点的运动轨迹都为一椭圆。通过定子和动子间的摩擦,压电振子的这种微振动转换成动子的宏观运动。

直线型压电超声电机在空间应用中的优势在于：超声电机理论上拥有无限的作动行程，定位精度可达亚微米级，调节时间在毫秒级；其结构简单、体积小、重量轻、功耗较低、可断电自锁、不产生磁干扰也不受磁场干扰。但压电超声电机也存在其自身的问题，摩擦损耗是其中最主要的一个。动子与定子间的磨损造成了电机推力小、效率低、发热量过大、耐久性差等问题，影响电机的广泛使用。另外，由于超声电机需要利用共振驱动，而共振是不稳定的现象，会因为环境温度、负载大小、电源波动而变化，因此压电超声电机性能的稳定性不高。

（3）巨磁致伸缩作动器

巨磁致伸缩材料是 20 世纪 70 年代发展起来的新型高效磁能-机械能转换材料，在常温低磁场下可产生很大的磁致伸缩应变。巨磁致伸缩材料的应变高于压电陶瓷，使其位移输出性能大大优于压电作动器[38]；巨磁致伸缩材料的能量密度和承载能力可达 $25\mathrm{kJ/m^2}$ 和 20MPa，分别是压电陶瓷的 25 倍和 5 倍；与压电陶瓷相比，巨磁致伸缩材料还有极短的响应时间（$<1\mu s$）。另外，巨磁致伸缩作动器还具有较简单的结构和较高的控制分辨率。其结构如图 6.18 所示。巨磁致伸缩棒料在励磁磁场中产生位移，推动输出杆运动，为了使棒料工作在线性段且避免受拉破坏，还需要对其施加偏置磁场和预压力。在小位移情况下，巨磁致伸缩作动器的作动位移与驱动电流之间的关系为

$$\delta = Ku \tag{6.7}$$

其中，δ 为作动器位移；u 为驱动电流；K 为巨磁致伸缩棒料的特征参数，其值由棒料的预压力、外载荷、之前状态以及偏置磁场决定。

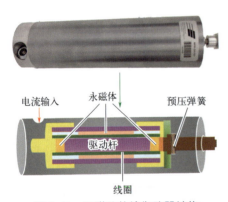

电流输入　永磁体　　预压弹簧

驱动杆

线圈

图 6.18　巨磁致伸缩作动器结构

巨磁致伸缩作动器在空间应用中的最大问题是其功耗较高。励磁线圈需通过较大的电流来产生磁场，这就要求星上电源系统不断地为其供电。大电流引起的线圈发热问题也会对作动器性能产生影响。除此之外，虽然巨磁致伸缩作动器的作动位移高于压电作动器，但仍然处于几十到几百微米量级。上述问题决定了巨磁致伸缩作动器在空间应用上难以推广。

（4）压电作动器

压电作动器利用堆叠形式的压电陶瓷（即压电堆）产生可控形变，压电堆大都采用多层压电陶瓷薄片在力学上串联、电学上并联的设计方法，工艺上多采用黏结或烧结方式（图 6.19），利用逆压电效应，在外加电压的驱动下压电堆可产生轴向

的位移和输出力。压电堆的轴向位移、输出力及所加电势差的关系为

$$\delta = \frac{F}{k} + d\phi \qquad (6.8)$$

其中,δ 为压电堆位移;d 为压电堆等效压电系数;ϕ 为所加电势差;F 为压电堆输出力;k 为压电堆等效刚度。

压电陶瓷属于脆性材料,受拉时易于断裂,因此,在设计作动器时通常对压电堆施加一定的预压力,保证其始终处在受压状态。对于空间应用而言,压电作动器的一大优势是其能耗较低,压电陶瓷类似于电路中的电容,对其施加电压时不会产生电流,能量消耗得以控制。另外,压电作动器还具有刚度大、体积小、结构简单、响应频率高、能量密度大、分辨率高等特点。但压电作动器在空间应用中也有其不足之处:首先,其行程较短,实际使用中 $200\mu m$ 几乎是行程上限;其次,驱动电压相对

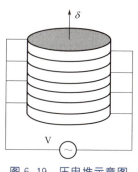

图 6.19 压电堆示意图

较高,位移作动因子通常在 $1\mu m/V$ 左右,即产生 $100\mu m$ 的位移须施加 $100V$ 的电压;最后,压电陶瓷的脆性使其易发生断裂,降低了其应用的可靠性。压电作动器的上述不足使其在空间振动主动控制领域的应用受到了限制。

(5)音圈电机

音圈电机实际上是一种将电信号转换成直线位移的直流电机。音圈电机通常由永磁体、动圈和定位装置组成,其结构如图 6.20 所示。

动圈由骨架和轻质线圈组成,定位装置一般选择定位弹簧或滚珠导轨。永磁体产生的磁场经极化均磁,在动圈行程内产生均匀的磁场。当动圈线圈通电后,位于磁场中的载流线圈就会受到磁场力的作用而运动。动圈在定位装置的固定下只产生轴向运动。通过控制线圈电流的方

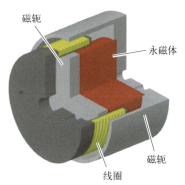

图 6.20 音圈电机结构示意图

向和大小改变骨架杆的运动方向和位移。使用中,通常将永磁体作为定子,将动圈作为动子。音圈电机的驱动电压与输出位移的关系可表示为

$$U = L\frac{dI}{dt} + IR + Bl\frac{dy}{dt} \qquad (6.9)$$

其中,U 为驱动电压;I 为线圈电流;L 为线圈电感;R 为线圈电阻;B 为磁感应强度;l 为线圈有效长度;y 为电机输出位移。

音圈电机可产生较大的输出位移,可达毫米甚至厘米量级,控制精度在微米量

级。电机定子与动圈之间存在磁隙,因此刚度很小,这使其可用于被动振动隔离。由于音圈电机无需转动机构即可获得直线运动,所以没有传动机械磨损,而且还具有无滞后、高响应、高加速度、高速度、体积小、力特性好、控制方便等优点。音圈电机结构简单,可靠性高。当其主动控制环节失效时,通过简单的在轨调节策略就能转换为被动隔振器。音圈电机的这一特性对空间应用意义重大。

(6)磁浮作动器

磁浮作动器广泛应用在国内外非接触式隔振系统中,可以分为电磁力原理和洛伦兹力原理两种形式:基于电磁力原理的磁浮作动器随着气隙的加大,非线性程度迅速增加,一般适用于运动范围小于 1mm 的应用场合;基于洛伦兹力原理的磁浮作动器的磁场由永磁体产生,是高度线性的执行机构,非常利于控制系统控制,且气隙的大小可通过布置设计[39-41]。基于洛伦兹力原理的磁浮作动器的基本构型可以分为圆筒式和支架式两种,如图 6.21 所示。

(a) 圆筒式   (b) 支架式

图 6.21   基于洛伦兹力原理的磁浮作动器的基本构型

圆筒式的磁浮作动器的永磁体通常与定子固定,通电导线一般缠绕在浮子上,通过磁导通形成磁回路,在定子与浮子的间隙处可近似为匀强磁场,浮子移动时由于线圈受到的磁通量不变,产生的洛伦兹力也不变,与输入电流基本呈线性关系[42,43],但是圆筒式通常用于单自由度的磁浮作动器。支架式的磁浮作动器由矩形磁轭形成磁回路,外漏磁较小,磁极体积小,重量轻,通过对线圈设计可实现两自由度驱动力输出。

两自由度磁浮作动器由磁极组件和线圈组件组成,如图 6.22 所示,其工作原理是由磁极组件在运动气隙中产生匀强磁场,并作用在线圈组件中的导线上。线圈组件由两组独立的导线绕制而成,其中一组在磁极组件的磁场作用范围内沿水平方向绕制,另一组沿垂直方向绕制,相应地在两组线圈中分别通入电流后,依据左手定则,水平方向线圈将产生竖直输出力,垂直方向线圈将产生水平输出力。如图 6.23 所示,线圈导线采用 PCB 板制板工艺,通过 CAD 技术进行设计制造使得不同层数的线圈导线在空间内可以实现精确排布,降低了其他制造过程中误差参数对磁浮作动器输出力的影响。

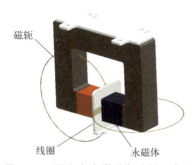

图 6.22　两自由度磁浮作动器示意图

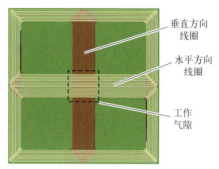

垂直方向线圈

水平方向线圈

工作气隙

图 6.23　两自由度磁浮作动器线圈

6.2.2　测量元件

（1）加速度传感器

加速度传感器是最常用的振动测量传感器,广泛应用于主动振动控制的算法设计与计算。目前常用的加速度传感器可分为压阻式、压电式、电容式和伺服式四种,如图 6.24～图 6.27 所示,其中压电式加速度传感器应用尤其广泛。根据可测量的频带,加速度传感器可以分为低频和高频类型;根据灵敏度,加速度传感器可以分为测量精细运动的高灵敏度加速度传感器和测量大量级加速度的低灵敏度加速度传感器。因此,当使用加速度传感器进行主动振动控制时,应该考虑两个最重要的传感器参数:灵敏度和带宽。

图 6.24　压阻式加速度传感器

图 6.25　压电式加速度传感器

压阻式加速度传感器利用电阻应变片的金属应变效应,在外力作用下产生机械形变,将非电物理量(如位移、力、压力、加速度等)转化为电阻值变化。压电式加速度传感器广泛应用于自动测试和控制技术中,由于其输出信号较弱,线性度较差,易受到电场、磁场、振动等外界因素影响,时漂、温漂较大,不适合轮轨损伤长期在线监测。电容式加速度传感器的结构形式主要采用弹簧-质量系统,在外界加速度作用下质量块与固定电极之间产生位移导致电容值变化。电容式加速度传感器灵敏度较高,环境适应性好,具有良好的温变特性,但是输入与输出呈现非线性变化,量程有限,受电缆电容影响较大,工程应用中多用于低频检测。伺服式加速度传感器利用负反馈工作原理,其结构中有一个弹性支撑的质量块,基座振动时质量块偏离平衡位置产生位移,同时产生正比于加速度大小的电磁力,质量块受到电磁力作用回到平衡位置。伺服式加速度传感器具有良好的线性度与灵敏度,但适用频率范围通常为 $0\sim500\,\mathrm{Hz}$,更适合于低频测量,尺寸通常为相应压电式加速度传感器的数倍,成本较高,多用于导弹、无人机等高端设备检测。相比其他传感器,压电式加速度传感器具有很多优势:a. 灵敏度高,线性度好,结构简单,可靠性好,寿命长;b. 体积小,重量轻,刚度、强度大,测量范围广,动态响应频带宽;c. 易于批量生产,使用校准方便。压电式加速度传感器以其独特优势,在微振动监测与控制中得到了广泛应用。

图 6.26   电容式加速度传感器

图 6.27   伺服式加速度传感器

(2)速度传感器

地音传感器通常用于测量振动速度,结构如图 6.28 所示,其内部包含一个与外壳固连的永磁体,一个叶弹簧支撑、被线圈包裹的质量块套装在永磁体上,形成弹簧质量振子结构。当外壳与质量块发生相对运动,线圈切割磁力线产生与速度成正比的电压信号,叶弹簧刚度和振子的质量共同决定了地音传感器的固有频率,也就确定了其测量带宽的下界。为了测量低频振动,应降低系统的固有频率。然而,由于机械结构的限制,很难降低速度传感器

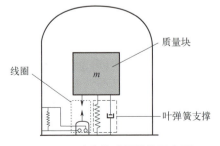

图 6.28   地音传感器结构示意图

的机械固有频率。速度传感器的固有频率不能太低,通常在 10Hz 以上。在少数特殊应用中,固有频率可能接近 3Hz[14]。如果想要测量较低频率的信号,简单地从结构上降低传感器的固有频率是无法满足使用要求的。目前,经常使用各种软件和硬件方法来低频扩展传感器检测到的信号。

（3）位移传感器

位移传感器常用于低频振动信号的检测。常用的振动位移传感器主要有:接触式传感器和非接触式传感器。

电涡流位移传感器是一种典型的接触式传感器,它以电涡流效应为原理,可对进入测量范围的金属材料的运动进行接触式测量。其基本原理是:给探测线圈施加高频交流电,线圈产生交变磁场,并在线圈附近的金属导体中激发感应电流,即电涡流。电涡流的交变磁场与线圈的交变磁场是抵消效果,使得线圈的电感、电阻发生变化。如果金属是导磁材料,则必须考虑金属被磁化后对磁通的影响。当线圈与金属间的距离变化,电涡流强弱随之变化,进而影响探测线圈的电感、电阻。因此,通过测量线圈的阻抗(或单独的电感、电阻)即可获得目标导体的位移信息。

激光位移传感器是一种非接触式传感器,可以在不损坏目标结构的情况下测量振动位移。激光位移传感器由于其具有电磁干扰小、点测量、大量程、对目标材料无要求等诸多特点,在一些特定场合发挥着不可替代的作用。从工作原理来说,主要可以分为激光三角法位移传感器和激光干涉位移传感器。激光三角法位移传感器通常具有微米级的分辨率、很大的测量距离和测量范围,使用方便,简单可靠,带宽较窄,随着光电检测技术的发展进步,测量速度和分辨率都在快速提升。激光干涉位移传感器具备高速、高分辨率等优势,是纳米级位移振动测量最重要的仪器之一。然而,光学类位移传感器都存在价格昂贵、结构复杂、难以小型化和集成化等劣势。虽然随着微型光源和光学系统技术的进步,以及光纤传感器技术的应用,激光位移传感器在价格、集成化和小型化方面取得了很大的成就,但相比于电涡流位移传感器,其价格和体积仍然高出了很多倍。

6.2.3　控制元件

随着计算机技术的发展,控制器的软硬件有了更多选择。为了保证隔振效果,控制器需要保证数据采集和输出的实时性能,实现多通道、高精度数据采集和输出以及主动控制算法运行。目前,具有实时性能的控制器有四种:

① 带有微控制芯片的嵌入式板卡下位机。一般选取 DSP 芯片作为主控芯片。用户通过串口、网口或者 CAN 总线与上位机通信。图 6.29 为华中科技大学卫星成像设备的主动隔振系统 DSP 控制板卡。

② 采用 NI 的 PXI 系列控制器及配套采集板卡。用户通过网口和 NI 控制箱

通信,可利用 LabVIEW 软件开发平台实现图形可视化编程。图 6.30 为 NI 的 PXIe-8840 系列控制器,集成 CPU、硬盘驱动器、RAM、以太网、视频、键盘/鼠标、串行、USB 和其他外设 I/O 等标准功能。

图 6.29　主动隔振系统 DSP 控制板卡　　　　图 6.30　PXIe-8840 系列控制器

③ 采集、运算和输出一体化的 DSpace 控制器。其通信功能强大,用户可通过 Simulink 直接进行软件开发和原理仿真验证。图 6.31 为法国航空航天国防工业公司进行旋翼飞机机身振动控制所使用的 DSpace 控制器。

④ 工控机及 AD 和 DA 板卡。用高级编程语言可在工控机实时操作系统环境中实现相关控制逻辑和算法。图 6.32 为研华 UNO 系列工控机,可根据实际需求安装 Windows、Linux 等操作系统。

图 6.31　DSpace 控制器　　　　图 6.32　研华 UNO 系列工控机

6.3　接触式主动隔振技术

接触式主动隔振技术主要是基于主动隔振原理,使用多个作动器物理连接载荷和扰动基础,通过传感器测量出扰动的大小,再通过各个作动器之间的组合作用,调整载荷位置或姿态使其保持稳定,以达到消除振动的目的。按照作动元件的数量主要可分为三作动腿式(Tripod)、六作动腿式(Hexapod)、八作动腿式(Octopod)等多通道主动隔振系统。多通道主动隔振系统包括三大要素:控制模型、耦合方法、主动控制算法。控制模型主要有两种:牛顿-欧拉方程控制模型和频响函数控制模型。牛顿-欧拉方程控制模型根据牛顿-欧拉法,建立系统的振动方程,应用现代控制理论,设计振动控制算法。缺点是得先求振动方程,如果是过约束、欠约束或者弹性体,模型不易求得。频响函数控制模型只需知道通道的频响,然后通过脉冲变换得到频响函数脉冲序列,与时域的力线性组合得到响应。还可以结合实验测试得到通道的频响,经处理得到脉冲响应序列,再与时域的力结合得到响应,适用于复杂系统的振动控制。针对不同特性的隔振对象,以 Hexapod 平台和 Octopod 平台为例分别介绍基于频响函数的自适应控制和基于牛顿-欧拉方程的独立模态控制。

6.3.1　基于频响函数的自适应控制

典型的 Hexapod 平台如图 6.33 所示,该平台由 6 个压电作动支腿按照 cubic 构型组成。支腿与负载平台和基础平台之间通过柔性铰连接,自身具有一定的承载能力。作动单元进一步集成化、小型化,提高了安装空间利用率,可适应多数复杂的机械振动环境。

图 6.33　Hexapod 平台及其结构简图

6.3.1.1　基于频响函数的子结构综合法动力学建模

在利用子结构进行综合时,子结构的动态特性可以采用模态参数或者阻抗导纳参数来描述,因此分别发展了模态综合法和频响函数综合法。本节主要讨论考虑中间连接弹性的频响函数综合法。对隔振系统进行建模,首先将整个系统分为载荷平台、并联隔振装置和基础平台三个子结构,然后分别对子结构进行建模并得到子结构输入输出节点之间的频响函数,最后利用子结构在连接界面处的力平衡条件和位移协调关系对子结构的频响函数进行综合,从而得到系统总体输入和输出的关系。

系统子结构的划分示意图如图 6.34 所示,由装有隔振质量块的载荷平台(下标为 p)、并联隔振装置(下标为 d)以及基础平台(下标为 b)构成。

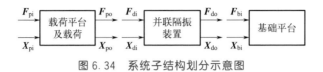

图 6.34　系统子结构划分示意图

采用频响函数矩阵来描述载荷平台子结构(下标 p)和基础平台子结构(下标 b)的输入输出关系,可表示为

$$\begin{bmatrix} \boldsymbol{X}_{pI} \\ \boldsymbol{X}_{pO} \end{bmatrix} = \begin{bmatrix} \boldsymbol{H}_{pii} & \boldsymbol{H}_{pio} \\ \boldsymbol{H}_{poi} & \boldsymbol{H}_{poo} \end{bmatrix} \begin{bmatrix} \boldsymbol{F}_{pI} \\ \boldsymbol{F}_{pO} \end{bmatrix} \tag{6.10}$$

$$\begin{bmatrix} \boldsymbol{X}_{bI} \\ \boldsymbol{X}_{bO} \end{bmatrix} = \begin{bmatrix} \boldsymbol{H}_{bii} & \boldsymbol{H}_{bio} \\ \boldsymbol{H}_{boi} & \boldsymbol{H}_{boo} \end{bmatrix} \begin{bmatrix} \boldsymbol{F}_{bI} \\ \boldsymbol{F}_{bO} \end{bmatrix} \tag{6.11}$$

式中,$\boldsymbol{F}$ 表示子结构所受到的力,其中的下标第一位表示子结构,p 代表载荷平台,b 代表基础平台,第二位表示力所在的位置,i 代表输入点,o 代表输出点;$\boldsymbol{X}$ 表示子结构的位移响应,其下标的意义与力 $\boldsymbol{F}$ 的下标意义相同;$\boldsymbol{H}$ 表示位移导纳矩阵,即单位力激励下结构的位移响应,其下标第一位也表示子结构,第二位和第三位分别代表节点的位置,如 $\boldsymbol{H}_{pio}$ 表示载荷平台上的激励输入点和结构响应输出点之间的跨点导纳。

获得子结构的位移导纳矩阵是整体建模的基础。对于简单结构,通过公式可以直接获得解析解;对于大型复杂结构,可以采用数值方法对结构建模并求解,从而获得其频响特性。在实际应用中,也可以通过实验手段获得子结构的频响特性,从而获得感兴趣点的位移导纳矩阵。

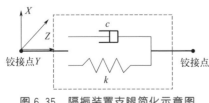

图 6.35　隔振装置支腿简化示意图

隔振装置由六个支腿组成,将每个支腿简化为如图 6.35 所示的弹簧阻尼单元来处理。为了公式推导方便,以隔振装置支腿的轴向为 Y 轴,原点为左端铰接点,建立隔振装置支腿局部坐标系。建立隔振装置支腿沿杆方向的传递矩阵及阻抗,然后将每个方向的传递矩阵组装成总体传递矩阵。

假设第 i 个支腿的转换矩阵为 $\boldsymbol{R}_i$,则第 i 个支腿在整体坐标系中的传递函数为

$$\begin{bmatrix} \boldsymbol{X}_{\mathrm{d}} \\ \boldsymbol{F}_{\mathrm{d}} \end{bmatrix}_{\mathrm{O}} = \begin{bmatrix} \boldsymbol{R}_i & \boldsymbol{O}_{3\times3} \\ \boldsymbol{O}_{3\times3} & \boldsymbol{R}_i \end{bmatrix}^{-1} \begin{bmatrix} \boldsymbol{h}_{\mathrm{d11}} & \boldsymbol{h}_{\mathrm{d12}} \\ \boldsymbol{h}_{\mathrm{d21}} & \boldsymbol{h}_{\mathrm{d22}} \end{bmatrix} \begin{bmatrix} \boldsymbol{R}_i & \boldsymbol{O}_{3\times3} \\ \boldsymbol{O}_{3\times3} & \boldsymbol{R}_i \end{bmatrix} \begin{bmatrix} \boldsymbol{X}_{\mathrm{d}} \\ \boldsymbol{F}_{\mathrm{d}} \end{bmatrix}_{\mathrm{I}} \tag{6.12}$$

式中，$\boldsymbol{h}_{\mathrm{d11}}$、$\boldsymbol{h}_{\mathrm{d12}}$、$\boldsymbol{h}_{\mathrm{d21}}$ 和 $\boldsymbol{h}_{\mathrm{d22}}$ 为隔振装置在支腿局部坐标系中的传递矩阵。

将式(6.12)进一步简化为

$$\begin{bmatrix} \boldsymbol{X}_{\mathrm{d}} \\ \boldsymbol{F}_{\mathrm{d}} \end{bmatrix}_{\mathrm{O}} = \begin{bmatrix} \boldsymbol{H}_{\mathrm{d11}} & \boldsymbol{H}_{\mathrm{d12}} \\ \boldsymbol{H}_{\mathrm{d21}} & \boldsymbol{H}_{\mathrm{d22}} \end{bmatrix} \begin{bmatrix} \boldsymbol{X}_{\mathrm{d}} \\ \boldsymbol{F}_{\mathrm{d}} \end{bmatrix}_{\mathrm{I}} \tag{6.13}$$

根据子结构频响函数、位移连续和力平衡边界条件，可得到 Hexapod 平台的动力学模型，Hexapod 平台界面力和位移协调关系如图 6.36 所示。

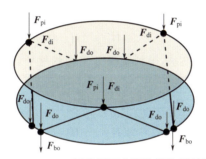

图 6.36　Stewart 平台界面力和位移协调关系图

假定基础不受外激励力，则式(6.11)中的 $\boldsymbol{F}_{\mathrm{bO}}=\boldsymbol{0}$，可得

$$\boldsymbol{X}_{\mathrm{bI}} = \boldsymbol{H}_{\mathrm{bii}} \boldsymbol{F}_{\mathrm{bI}} \tag{6.14}$$

$$\boldsymbol{X}_{\mathrm{bO}} = \boldsymbol{H}_{\mathrm{boi}} \boldsymbol{F}_{\mathrm{bO}} \tag{6.15}$$

由式(6.10)可知，在 Hexapod 平台中载荷平台连接点处的位移关系为

$$\boldsymbol{X}_{\mathrm{pO}} = \boldsymbol{H}_{\mathrm{poi}} \boldsymbol{F}_{\mathrm{pI}} + \boldsymbol{H}_{\mathrm{poo}} \boldsymbol{F}_{\mathrm{pO}} \tag{6.16}$$

由式(6.13)可知，支腿的位移和输出力为

$$\boldsymbol{X}_{\mathrm{dO}} = \boldsymbol{H}_{\mathrm{d11}} \boldsymbol{X}_{\mathrm{dI}} + \boldsymbol{H}_{\mathrm{d12}} \boldsymbol{F}_{\mathrm{dI}} \tag{6.17}$$

$$\boldsymbol{F}_{\mathrm{dO}} = \boldsymbol{H}_{\mathrm{d21}} \boldsymbol{X}_{\mathrm{dI}} + \boldsymbol{H}_{\mathrm{d22}} \boldsymbol{F}_{\mathrm{dI}} \tag{6.18}$$

考虑到支腿分别与基础和载荷平台刚性连接，边界处满足：

$$\begin{aligned} \boldsymbol{X}_{\mathrm{pO}} &= \boldsymbol{X}_{\mathrm{dI}} \\ \boldsymbol{X}_{\mathrm{dO}} &= \boldsymbol{X}_{\mathrm{bI}} \\ \boldsymbol{F}_{\mathrm{pO}} &= -\boldsymbol{F}_{\mathrm{dI}} \\ \boldsymbol{F}_{\mathrm{dO}} &= \boldsymbol{F}_{\mathrm{bI}} \end{aligned} \tag{6.19}$$

将位移和力边界条件式(6.19)代入式(6.17)和式(6.18)，可得

$$\boldsymbol{X}_{\mathrm{bI}} = \boldsymbol{H}_{\mathrm{d11}} \boldsymbol{X}_{\mathrm{pO}} - \boldsymbol{H}_{\mathrm{d12}} \boldsymbol{F}_{\mathrm{pO}} \tag{6.20}$$

$$\boldsymbol{F}_{\mathrm{bI}} = \boldsymbol{H}_{\mathrm{d21}} \boldsymbol{X}_{\mathrm{pO}} - \boldsymbol{H}_{\mathrm{d22}} \boldsymbol{F}_{\mathrm{pO}} \tag{6.21}$$

将式(6.14)和式(6.20)代入式(6.21)整理后可得

$$X_{pO} = (H_{d11} - H_{bii}H_{d21})^{-1}(H_{d12} - H_{bii}H_{d22})F_{pO} \tag{6.22}$$

将式(6.22)代入式(6.16),整理后可得

$$F_{pO} = [(H_{d11} - H_{bii}H_{d21})^{-1}(H_{d12} - H_{bii}H_{d22}) - H_{poo}]^{-1}H_{poi}F_{pI} \tag{6.23}$$

将式(6.22)和式(6.23)代入式(6.21),整理可得

$$F_{bI} = [H_{d21}(H_{d11} - H_{bii}H_{d21})^{-1}(H_{d12} - H_{bii}H_{d22}) - H_{d22}]$$
$$[(H_{d11} - H_{bii}H_{d21})^{-1}(H_{d12} - H_{bii}H_{d22}) - H_{poo}]^{-1}H_{poi}F_{pI} \tag{6.24}$$

将式(6.24)代入式(6.15),可得基础干扰点到载荷平台控制点处的频响函数:

$$X_{bO} = H_{boi}[H_{d21}(H_{d11} - H_{bii}H_{d21})^{-1}(H_{d12} - H_{bii}H_{d22}) - H_{d22}]$$
$$[(H_{d11} - H_{bii}H_{d21})^{-1}(H_{d12} - H_{bii}H_{d22}) - H_{poo}]^{-1}H_{poi}F_{pI} \tag{6.25}$$

根据界面位移相等的关系,得到支腿上端到载荷平台的频响函数,将式(6.23)代入式(6.22)可得

$$X_{pO} = (H_{d11} - H_{bii}H_{d21})^{-1}(H_{d12} - H_{bii}H_{d22})$$
$$[(H_{d11} - H_{bii}H_{d21})^{-1}(H_{d12} - H_{bii}H_{d22}) - H_{poo}]^{-1}H_{poi}F_{pI} \tag{6.26}$$

将式(6.24)代入式(6.14)可得支腿下端到载荷平台中心的频响函数:

$$X_{bI} = H_{bii}[H_{d21}(H_{d11} - H_{bii}H_{d21})^{-1}(H_{d12} - H_{bii}H_{d22}) - H_{d22}]$$
$$[(H_{d11} - H_{bii}H_{d21})^{-1}(H_{d12} - H_{bii}H_{d22}) - H_{poo}]^{-1}H_{poi}F_{pI} \tag{6.27}$$

式(6.25)表示基础干扰点到载荷平台控制点的频响函数,式(6.26)和式(6.27)分别表示支腿两端到载荷平台控制点的频响函数。

6.3.1.2 自适应控制方法

自适应 LMS 算法广泛应用在振动的主动控制中,其原理如图 6.37 所示。在实际应用中,误差信号 $e(n)$ 并不是滤波器输出 $y(n)$ 与期望信号 $d(n)$ 的简单叠加。在 $y(n)$ 与 $e(n)$ 之间存在一个第二通道的传递函数 $S(z)$,$S(z)$ 为误差通道的脉冲响应函数 $s(n)$ 的 z 变换,可通过参数辨识获得。在物理上误差通道 $S(z)$ 包括 D/A、功率放大器、主动执行机构、被控系统、误差传感器和 A/D 等环节。

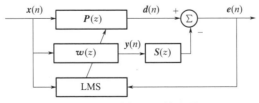

图 6.37 自适应 LMS 算法原理

由于误差通道的存在,标准的 LMS 算法中对性能函数负梯度的估计会产生偏

差,从而使权向量的调整不是严格地沿最陡下降的方向调整。这将对自适应进程产生不良影响,严重时将导致自适应过程的失稳。

为了消除误差通道的影响,Morgan 提出两种解决方案。一种解决方案是将 $S(z)$ 在满足某种条件下辨识出的逆滤波器级联在误差通道的前面,以消除它的影响。Scott Sommerfeldt 等人将这种方法应用于双层隔振系统的主动控制研究。杨铁军等在他们的研究中也采用了这种办法,取得了满意的控制效果。相应的算法称为 MLMS 算法。第二种解决方案是将 $S(z)$ 的数字模型 $\hat{S}(z)$ 放在参考信号参与调节滤波器权系数之前,$\hat{S}(z)$ 可通过参数辨识获得,如图 6.38 所示。这就是所谓的滤波 Fx-LMS 算法。滤波 Fx-LMS 算法分别由 Widrow 在自适应控制领域和 Burgess 在噪声主动控制领域的应用中推导得出。

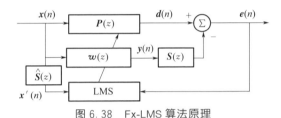

图 6.38　Fx-LMS 算法原理

误差通道用长度为 H 的 FIR 滤波器表示,其权向量为

$$S(n) = \begin{bmatrix} s_0 & s_1 \cdots & s_{H-1} \end{bmatrix}^{\mathrm{T}} \tag{6.28}$$

图 6.38 中,$w(z)$ 和 $S(z)$ 分别表示滤波器权向量 $w(n)$ 和误差通道滤波器 $S(n)$ 的 z 变换,即

$$w(z) = w_0 + w_1 z^{-1} + w_2 z^{-2} + \cdots + w_{L-1} z^{-(L-1)} \tag{6.29}$$

$$S(z) = s_0 + s_1 z^{-1} + s_2 z^{-2} + \cdots + s_{H-1} z^{-(H-1)} \tag{6.30}$$

则误差传感器的输出可写成

$$
\begin{aligned}
e(n) &= d(n) - S^{\mathrm{T}} Y(n) \\
&= d(n) - \sum_{h=0}^{H-1} s_h \sum_{l=0}^{L-1} w_l(n-h) x(n-l-h)
\end{aligned} \tag{6.31}
$$

变换求和顺序,则

$$e(n) = d(n) - \sum_{l=0}^{L-1} w_l \sum_{h=0}^{H-1} s_h x(n-l-h) \tag{6.32}$$

令 $x'(n) = \sum_{h=0}^{H-1} s_h x(n-h)$,称之为误差通道相关输入。则误差信号可简单写成

$$e(n) = d(n) - \sum_{l=0}^{L-1} w_l x'(n-l) \tag{6.33}$$

定义如下向量

$$X'(n) = [x'(n) \ x'(n-1) \ \cdots \ x'(n-l+1)]^T \tag{6.34}$$

误差信号可写成

$$e(n) = d(n) - X'^T(n)w(n) \tag{6.35}$$

取性能函数为

$$J = E\{e^2(n)\} \tag{6.36}$$

将式(6.35)代入式(6.36)，则性能函数可以写成

$$J = E[d^2(n) - 2d^T(n)X'^T(n)w + w^T X'(n)X'^T(n)w] \tag{6.37}$$

按标准的 LMS 算法的推导过程，可以得到类似的结果，即最佳权向量表达式为

$$w^* = [E\{X'(n)X'^T(n)\}]^{-1} E\{X'(n)d(n)\} \tag{6.38}$$

添加归一化，得权向量更新公式

$$w(n+1) = w(n) + \frac{\widetilde{\mu} e(n)X'(n)}{\gamma + X'^T(n)X'(n)} \tag{6.39}$$

而整个滤波 Fx-LMS 算法可简单地归纳如下

$$\begin{cases} y(n) = \displaystyle\sum_{l=0}^{L-1} w_l x(n-l) \\[2mm] e(n) = d(n) - S^T Y(n) \\[2mm] w(n+1) = w(n) + \dfrac{\widetilde{\mu} e(n)X'(n)}{\gamma + X'^T(n)X'(n)} \\[2mm] X'(n) = [x'(n) \ x'(n-1) \ \cdots \ x'(n-l+1)]^T \\[2mm] x'(n) = \displaystyle\sum_{h=0}^{H-1} s_h x(n-h) \end{cases} \tag{6.40}$$

6.3.2　基于牛顿-欧拉方程的独立模态控制

图 6.39　Octopod 平台

典型的 Octopod 平台如图 6.39 所示，由水平安装的 4 个作动器和垂直安装的 4 个作动器组成，通过 4 个弹簧实现系统支撑，卸载重力。

该主被动隔振平台由 8 个同位布置的作动器和传感器组成，Z 方向有 4 个，作动力分别表示为 F_{z1}、F_{z2}、F_{z3}、F_{z4}，传感器测量值分别为 S_{z1}、S_{z2}、

S_{z3}、S_{z4}；X 和 Y 方向各有 2 个，作动力分别表示为 F_{x1}、F_{x2}、F_{y1}、F_{y2}，传感器测量值分别表示为 S_{x1}、S_{x2}、S_{y1}、S_{y2}，可测量和控制 6 个自由度方向的微振动，如图 6.40 所示。此外，隔振平台使用 4 套金属螺旋弹簧作为低频承载装置，每个金属螺旋弹簧可简化为正交的三方向弹簧阻尼并联单元：k_x、c_x、k_y、c_y、k_z、c_z。

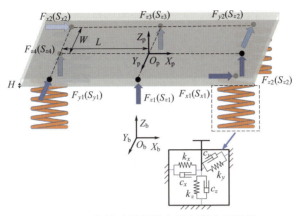

图 6.40　主被动隔振平台动力学分析模型

6.3.2.1　牛顿-欧拉法动力学建模

定义负载平台坐标系 O_{p}-$X_{\mathrm{p}}Y_{\mathrm{p}}Z_{\mathrm{p}}$，其坐标原点位于负载平台几何中心处；有效载荷坐标系 O_{c}-$X_{\mathrm{c}}Y_{\mathrm{c}}Z_{\mathrm{c}}$，其坐标原点位于负载和负载平台整体质心处；基础平台坐标系 O_{b}-$X_{\mathrm{b}}Y_{\mathrm{b}}Z_{\mathrm{b}}$，其坐标原点位于有效载荷质心处。金属螺旋弹簧支撑点，水平作动器和传感器作用点与面 $X_{\mathrm{p}}O_{\mathrm{p}}Z_{\mathrm{p}}$、$Y_{\mathrm{p}}O_{\mathrm{p}}Z_{\mathrm{p}}$ 和 $X_{\mathrm{p}}O_{\mathrm{p}}Y_{\mathrm{p}}$ 的距离分别为 W、L、H。垂向作动器（F_{z1} 和 F_{z3}）和传感器（S_{z1} 和 S_{z3}）的作用点在 Y_{p} 轴延长线上，与面 $X_{\mathrm{p}}O_{\mathrm{p}}Z_{\mathrm{p}}$ 和 $X_{\mathrm{p}}O_{\mathrm{p}}Y_{\mathrm{p}}$ 的距离分别为 W、H；垂向作动器（F_{z2} 和 F_{z4}）和传感器（S_{z2} 和 S_{z4}）的作用点在 X_{p} 轴延长线上，与面 $Y_{\mathrm{p}}O_{\mathrm{p}}Z_{\mathrm{p}}$ 和 $X_{\mathrm{p}}O_{\mathrm{p}}Y_{\mathrm{p}}$ 的距离分别为 L、H。负载平台几何中心到有效载荷整体质心的位置矢量为 $\boldsymbol{r}_{\mathrm{c}}$。负载平台质心位置矢量为 $\boldsymbol{r}_{\mathrm{p}} = \begin{bmatrix} x_{\mathrm{p}} & y_{\mathrm{p}} & z_{\mathrm{p}} & \alpha_{\mathrm{p}} & \beta_{\mathrm{p}} & \gamma_{\mathrm{p}} \end{bmatrix}^{\mathrm{T}}$，基础平台扰动矢量为 $\boldsymbol{r}_{\mathrm{b}} = \begin{bmatrix} x_{\mathrm{b}} & y_{\mathrm{b}} & z_{\mathrm{b}} & \alpha_{\mathrm{b}} & \beta_{\mathrm{b}} & \gamma_{\mathrm{b}} \end{bmatrix}^{\mathrm{T}}$，有效载荷所受的力矢量为 $\boldsymbol{f} = \begin{bmatrix} f_x & f_y & f_z & t_x & t_y & t_z \end{bmatrix}^{\mathrm{T}}$。

根据牛顿运动定律，建立系统的动力学方程

$$\boldsymbol{M}\ddot{\boldsymbol{r}}_{\mathrm{p}} + \boldsymbol{C}_{\mathrm{p}}\dot{\boldsymbol{r}}_{\mathrm{p}} + \boldsymbol{K}_{\mathrm{p}}\boldsymbol{r}_{\mathrm{p}} - \boldsymbol{C}_{\mathrm{b}}\dot{\boldsymbol{r}}_{\mathrm{b}} + \boldsymbol{K}_{\mathrm{b}}\boldsymbol{r}_{\mathrm{b}} = \boldsymbol{f} \tag{6.41}$$

式中

$$\boldsymbol{M}_{\mathrm{p}} = \begin{bmatrix} m\boldsymbol{I} & m\boldsymbol{r}_{\mathrm{c}}^{\mathrm{T}} \\ m\boldsymbol{r}_{\mathrm{c}}^{\mathrm{T}} & \boldsymbol{J} \end{bmatrix}$$

$$\boldsymbol{C}_{\mathrm{p}}=\begin{bmatrix} 4c_x & 0 & 0 & 0 & c_xH & 0 \\ 0 & 4c_y & 0 & -c_yH & 0 & 0 \\ 0 & 0 & 4c_z & 0 & 0 & 0 \\ 0 & -c_yH & 0 & 4(c_yH^2+c_zW^2) & 0 & 0 \\ c_xH & 0 & 0 & 0 & 4(c_xH^2+c_zL^2) & 0 \\ 0 & 0 & 0 & 0 & 0 & 4(c_xW^2+c_yL^2) \end{bmatrix}$$

$$\boldsymbol{K}_{\mathrm{p}}=\begin{bmatrix} 4k_x & 0 & 0 & 0 & k_xH & 0 \\ 0 & 4k_y & 0 & -k_yH & 0 & 0 \\ 0 & 0 & 4k_z & 0 & 0 & 0 \\ 0 & -k_yH & 0 & 4(k_yH^2+k_zW^2) & 0 & 0 \\ k_xH & 0 & 0 & 0 & 4(k_xH^2+k_zL^2) & 0 \\ 0 & 0 & 0 & 0 & 0 & 4(k_xW^2+k_yL^2) \end{bmatrix}$$

$$\boldsymbol{C}_{\mathrm{b}}=\boldsymbol{C}_{\mathrm{p}}$$

$$\boldsymbol{K}_{\mathrm{b}}=\boldsymbol{K}_{\mathrm{p}}$$

$$\boldsymbol{J}=\begin{bmatrix} J_{xx} & J_{xy} & J_{xz} \\ -J_{xy} & J_{yy} & J_{yz} \\ -J_{xz} & -J_{yz} & J_{zz} \end{bmatrix}$$

由 $\boldsymbol{M}_{\mathrm{p}}$、$\boldsymbol{K}_{\mathrm{p}}$、$\boldsymbol{C}_{\mathrm{p}}$ 可知,当系统无载荷且负载平台的惯性积为 0 时,系统的质量矩阵为对角矩阵,刚度矩阵和阻尼矩阵均为非对角矩阵,x_{p} 与 β_{p}、y_{p} 与 α_{p} 相互耦合,z_{p} 和 γ_{p} 与其他运动相互独立;当系统安装载荷后各个方向的运动均存在耦合。

为了获得闭环系统中作动单元和测量反馈单元的空间位置转换矩阵,分别建立八个作动器和传感器的运动学方程。

假设隔振平台中布置的八个作动器输出的控制力可用矢量表示为

$$\boldsymbol{F}=\begin{bmatrix} F_{x1} & F_{x2} & F_{y1} & F_{y2} & F_{z1} & F_{z2} & F_{z3} & F_{z4} \end{bmatrix}^{\mathrm{T}} \tag{6.42}$$

对负载平台进行受力分析,有

$$\boldsymbol{f}=\boldsymbol{T}_{\mathrm{f}}\boldsymbol{F} \tag{6.43}$$

式中,$\boldsymbol{T}_{\mathrm{f}}$ 为作动器转换矩阵,具体为

$$\boldsymbol{T}_{\mathrm{f}}=\begin{bmatrix} 1 & 1 & 0 & 0 & 0 & 0 & 0 & 0 \\ 0 & 0 & -1 & -1 & 0 & 0 & 0 & 0 \\ 0 & 0 & 0 & 0 & 1 & 1 & 1 & 1 \\ 0 & 0 & 0 & 0 & -W & 0 & W & 0 \\ 0 & 0 & 0 & 0 & 0 & L & 0 & -L \\ W & -W & -L & L & 0 & 0 & 0 & 0 \end{bmatrix} \tag{6.44}$$

假设负载平台上布置的八个加速度传感器测量到的加速度信号可用矢量表示为

$$\boldsymbol{S}=[S_{x1}\ S_{x2}\ S_{y1}\ S_{y2}\ S_{z1}\ S_{z2}\ S_{z3}\ S_{z4}]^{\mathrm{T}} \tag{6.45}$$

则

$$\begin{cases} S_{x1}=\ddot{x}_{\mathrm{p}}+W\ddot{\gamma}_{\mathrm{p}} \\ S_{x2}=\ddot{x}_{\mathrm{p}}-W\ddot{\gamma}_{\mathrm{p}} \\ S_{y1}=-\ddot{y}_{\mathrm{p}}+L\ddot{\gamma}_{\mathrm{p}} \\ S_{y2}=-\ddot{y}_{\mathrm{p}}-L\ddot{\gamma}_{\mathrm{p}} \\ S_{z1}=\ddot{z}_{\mathrm{p}}-W\ddot{\alpha}_{\mathrm{p}} \\ S_{z2}=\ddot{z}_{\mathrm{p}}+L\ddot{\beta}_{\mathrm{p}} \\ S_{z3}=\ddot{z}_{\mathrm{p}}+W\ddot{\alpha}_{\mathrm{p}} \\ S_{z4}=\ddot{z}_{\mathrm{p}}-L\ddot{\beta}_{\mathrm{p}} \end{cases} \tag{6.46}$$

在微振动条件下,加速度传感器测量到的加速度矢量信号与有效载荷质心加速度的关系的矩阵形式为

$$\boldsymbol{S}=\boldsymbol{T}_{\mathrm{s}}\ddot{\boldsymbol{r}}_{\mathrm{p}}=\begin{bmatrix} 1 & 0 & 0 & 0 & 0 & W \\ 1 & 0 & 0 & 0 & 0 & -W \\ 0 & -1 & 0 & 0 & 0 & L \\ 0 & -1 & 0 & 0 & 0 & -L \\ 0 & 0 & 1 & -W & 0 & 0 \\ 0 & 0 & 1 & 0 & L & 0 \\ 0 & 0 & 1 & W & 0 & 0 \\ 0 & 0 & 1 & 0 & -L & 0 \end{bmatrix}\begin{bmatrix} \ddot{x}_{\mathrm{p}} \\ \ddot{y}_{\mathrm{p}} \\ \ddot{z}_{\mathrm{p}} \\ \ddot{\alpha}_{\mathrm{p}} \\ \ddot{\beta}_{\mathrm{p}} \\ \ddot{\gamma}_{\mathrm{p}} \end{bmatrix} \tag{6.47}$$

式中,$\boldsymbol{T}_{\mathrm{s}}$ 为传感器转换矩阵。

6.3.2.2　独立模态控制方法

六自由度主被动隔振系统具有三个方向平动、三个方向转动运动。主被动隔振装置、传感器和音圈作动器以及有效载荷质心的位置使六个刚体模态振动产生耦合,而模态解耦技术能有效地解除六个刚体模态振动之间的耦合。

运用主被动隔振平台的正则化模态矩阵 $\boldsymbol{\varphi}^{\mathrm{T}}$,隔振系统的动力学方程可写为

$$\boldsymbol{\varphi}^{\mathrm{T}}\boldsymbol{M}_{\mathrm{p}}\boldsymbol{\varphi}\ddot{\boldsymbol{r}}_{\mathrm{p}}+\boldsymbol{\varphi}^{\mathrm{T}}\boldsymbol{C}_{\mathrm{p}}\boldsymbol{\varphi}\dot{\boldsymbol{r}}_{\mathrm{p}}+\boldsymbol{\varphi}^{\mathrm{T}}\boldsymbol{K}_{\mathrm{p}}\boldsymbol{\varphi}\boldsymbol{r}_{\mathrm{p}}=\boldsymbol{\varphi}^{\mathrm{T}}\boldsymbol{C}_{\mathrm{p}}\boldsymbol{\varphi}\dot{\boldsymbol{r}}_{\mathrm{b}}+\boldsymbol{\varphi}^{\mathrm{T}}\boldsymbol{K}_{\mathrm{p}}\boldsymbol{\varphi}\boldsymbol{r}_{\mathrm{b}}+\boldsymbol{\varphi}^{\mathrm{T}}\boldsymbol{F}_{\mathrm{u}}[\boldsymbol{\varphi}]$$

$$\tag{6.48}$$

其中,$\boldsymbol{\varphi}^{\mathrm{T}}\boldsymbol{M}_{\mathrm{p}}\boldsymbol{\varphi}=\boldsymbol{M}^{*}$ 为模态质量矩阵,$\boldsymbol{\varphi}^{\mathrm{T}}\boldsymbol{C}_{\mathrm{p}}\boldsymbol{\varphi}=\boldsymbol{C}^{*}$ 为模态阻尼矩阵,$\boldsymbol{\varphi}^{\mathrm{T}}\boldsymbol{K}_{\mathrm{p}}\boldsymbol{\varphi}=\boldsymbol{K}^{*}$ 为模态刚度矩阵。

式(6.48)的拉氏变换为

$$(\boldsymbol{M}^* s^2 + \boldsymbol{C}^* s + \boldsymbol{K}^*)\boldsymbol{r}_{\mathrm{p}}(s) = -\boldsymbol{C}^* s \boldsymbol{r}_{\mathrm{b}}(s) - \boldsymbol{K}^* \boldsymbol{r}_{\mathrm{b}}(s) + \boldsymbol{\varphi}^{\mathrm{T}} \boldsymbol{F}_{\mathrm{u}}(s)$$

$$\Rightarrow \boldsymbol{r}_{\mathrm{p}}(s) = \frac{1}{(\boldsymbol{M}^* s^2 + \boldsymbol{C}^* s + \boldsymbol{K}^*)}\boldsymbol{F}_{\mathrm{um}}(s) - \frac{(\boldsymbol{C}^* s + \boldsymbol{K}^*)}{(\boldsymbol{M}^* s^2 + \boldsymbol{C}^* s + \boldsymbol{K}^*)}\boldsymbol{r}_{\mathrm{b}}(s)$$

$$(6.49)$$

上述方程可以表示为模态坐标系中六个独立的模态方程：

$$\boldsymbol{r}_{\mathrm{p}i}(s) = \frac{1}{m_i s^2 + 2\zeta_i \omega_i s + \omega_i^2}\boldsymbol{F}_{\mathrm{um}i}(s) - \frac{2\zeta_i \omega_i s + \omega_i^2}{m_i s^2 + 2\zeta_i \omega_i s + \omega_i^2}\boldsymbol{r}_{\mathrm{b}i}(s) \quad (6.50)$$

因此,可以单独设计每个模态的控制系统。添加反馈控制环路能够施加与负载平台的振动位移、振动速度和振动加速度成比例关系的控制力来改变隔振系统的动态特性。当采用位移反馈控制时相当于增加系统的刚度,从而使得振动系统的固有频率增加;当采用速度反馈控制时相当于增加系统的阻尼,从而使固有频率处的振动衰减率更高;当采用加速度反馈控制时相当于增加系统的质量,从而降低系统的固有频率。本节所研究的隔振系统采用弹簧作为被动隔振元件,属于弱阻尼系统,具有较大的谐振峰值,必须采用速度反馈的控制方法为其施加额外的阻尼,降低谐振峰值,同时采用加速度反馈降低谐振频率,使系统的隔振性能得到改善。

为了达到隔离振动的目的,需要提供主动阻尼,它可以控制被动隔振系统在谐振时的振动传递率,并降低系统的固有频率。为了满足这两个目标,每个独立模态选择加速度反馈PI(比例积分)控制模式。此外,为了补偿加速度计输出由于积分引起的漂移,使用修改后的积分器 $1/(s+\omega_{\mathrm{d}})$ 作为高通滤波器滤除低频分量。

每个模态的控制系统采用PI加速度反馈控制,反馈控制律为

$$\boldsymbol{F}_{\mathrm{u}i}(s) = K_{\mathrm{I}} s \boldsymbol{r}_{\mathrm{p}i}(s) + K_{\mathrm{P}} s^2 \boldsymbol{r}_{\mathrm{p}i}(s) \quad (6.51)$$

式中,K_{I} 和 K_{P} 分别为速度反馈系数和加速度反馈系数。

基础平台振动到有效载荷的闭环传递函数为

$$\frac{c_{\mathrm{m}} s + k_{\mathrm{m}}}{(m_{\mathrm{m}} + K_{\mathrm{P}})s^2 + (c_{\mathrm{m}} + K_{\mathrm{I}})s + k_{\mathrm{m}}} \quad (6.52)$$

令 $\omega_{\mathrm{control}}$ 为闭环系统的自然频率,ξ_{control} 为阻尼比,即

$$\omega_{\mathrm{control}} = \sqrt{\frac{k_{\mathrm{m}}}{m_{\mathrm{m}} + K_{\mathrm{P}}}}$$

$$(6.53)$$

$$\xi_{\mathrm{control}} = \frac{c_{\mathrm{m}} + K_{\mathrm{I}}}{2\sqrt{k_{\mathrm{m}}(m_{\mathrm{m}} + K_{\mathrm{P}})}}$$

为了达到良好的闭环振动控制效果,保证系统具有好的鲁棒性,闭环控制系统

需满足以下三个条件：

　　① 闭环系统低谐振频率：$\omega_{\text{control}} < \omega_{\text{n}}$（$\omega_{\text{n}}$ 为开环系统的自然频率）；

　　② 谐振峰处大阻尼：$\xi_{\text{control}} \geq 1$；

　　③ 系统稳定，通过绘制闭环系统根轨迹曲线，其根轨迹曲线在虚轴左半平面，表明系统稳定。

　　主被动隔振控制系统的完整框图如图 6.41 所示。加速度传感器将采集到的加速度信号传输到信号采集卡，信号采集卡将调理过的模拟信号转换成数字信号送到主控单元，进行模态解耦，然后根据 PI 控制策略生成控制信号，再使用模拟输出卡将控制信号转换成模拟信号输出至驱动器，驱动器产生相应的驱动信号使作动元件生成作用力，从而进行主动隔振。

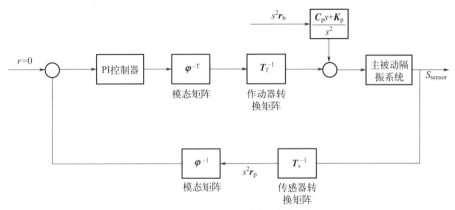

图 6.41　主被动隔振控制系统完整框图

6.4　非接触式主动隔振技术

　　非接触式主动隔振的主要思想是将卫星主体结构和其上的精密负载分离成两个部分，两部分之间通过无物理接触的作动器连接（一般为电磁作动器）。卫星主体结构对于工作环境的要求不高，其上安装着主要的扰动源，如推进器、作动轮组等。负载对于工作环境要求极高，但是在这样的构型中，它与扰动源之间没有直接的物理连接，与传统结构相比有着天然的优势，理论上甚至可以实现零频率隔振。非接触式隔振平台的原理结构框图如图 6.42 所示。非接触式隔振平台主要包含浮动平台（浮台）、基础平台（基台）、磁浮作动器、位置测量单元、加速度传感器及控制驱动器等。同时，在浮台和基台之间设计了机械限位来实现对浮台空间运动范围的限制，避免浮台在运动过程中超出设计的运动范围，保障平台安全性。

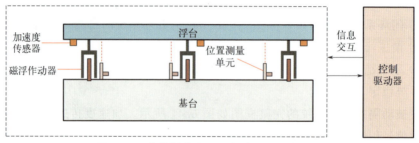

图 6.42 非接触式隔振平台的原理结构框图

6.4.1 动力学建模

非接触式隔振平台三维模型如图 6.43 所示。图中的浮台是工作平台，主要用于放置激光通信载荷及各类敏感载荷，是指向跟踪隔振控制的对象；基台是浮台的基座，主要功能是服务于浮台。在浮台和基台之间，通过采用磁浮作动器实现浮动平台与基础平台间的无接触式相互作用，为浮台提供指向跟踪隔振控制所需的控制力，其核心问题在于如何解决大行程与高精度作动的矛盾。位置测量功能是采集浮台相对于基台的空间相对位置，并通过解算得出浮台相对于基台的姿态角，从而得到浮台相对于基台的空间位姿信息；加速度传感器主要是测量浮台的微振动加速度信号，用于浮台隔振控制加速度信息反馈。位置测量和微振动加速度信号采集关键技术点在于微小信号采集与处理。驱动控制器主要用于对浮台的位姿和加速度信息进行处理，同时根据控制器策略输出驱动电流对磁浮作动器的输出力进行闭环控制，其关键问题在于控制器策略设计。

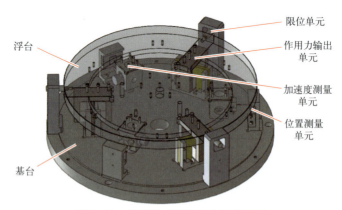

图 6.43 非接触式隔振平台三维模型

平台的六自由度控制可通过三组磁浮作动器的共同作用来实现。在浮台坐标系 $X_f Y_f Z_f$ 下，三组磁浮作动器采用空间 120° 对称布局，每个作动器输出二维力，所以三组磁浮作动器所产生的六个作用力分别记为 F_{1x}、F_{1z}、F_{2x}、F_{2z}、F_{3x}、F_{3z}。通过对上述六个方向作用力的有效控制,隔振平台便可以获得所需的沿 X_f、Y_f、Z_f 方向的三个轴向作用力 F_x、F_y、F_z 和绕 X_f、Y_f、Z_f 轴的三个力矩 M_x、M_y、M_z,从而满足对浮动平台进行六自由度控制的要求。

针对微重力空间环境下所提出的非接触式六自由度隔振平台的特点,采用矢量链方法建立了该平台的动力学模型。简化后的浮台和基台坐标系及受力如图 6.44 所示,其中 N_0 是惯性坐标系,S_0 是基台坐标系,F_0 代表浮动平台坐标系。

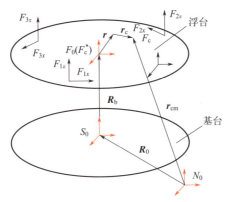

图 6.44 坐标系及受力分析示意图

F_c^* 和 F_c 分别是浮动平台在初始状态下的质心位置和浮动平台在移动后的质心位置,m 是浮动平台的质量。以浮台为研究对象,用六自由度矢量描述其姿态。定义状态空间矩阵 $\boldsymbol{X} = [\boldsymbol{r} \quad \boldsymbol{0}]^T$。$\boldsymbol{r} = [x \quad y \quad z]^T$ 表示浮动平台相对于基台的初始位置,$\boldsymbol{\theta} = [\theta_x \quad \theta_y \quad \theta_z]^T$ 表示浮动平台围绕 x、y 和 z 轴的旋转角。将 $\boldsymbol{\omega} = [\dot{\theta}_x \quad \dot{\theta}_y \quad \dot{\theta}_z]^T$ 定义为浮动平台坐标系中的角速度,$\boldsymbol{\alpha} = [\ddot{\theta}_x \quad \ddot{\theta}_y \quad \ddot{\theta}_z]^T$ 定义为浮动平台坐标系中的角加速度。则浮动平台上的合力和力矩可分别视为 $\boldsymbol{F} = [F_x \quad F_y \quad F_z]^T$ 和 $\boldsymbol{M} = [M_x \quad M_y \quad M_z]^T$。

此外,基于欧拉角和坐标变换原理,在浮台小角度运动的情况下,可以推导出惯性平台坐标系到浮动平台的变换矩阵为

$$^{(S/F)}\boldsymbol{\Gamma} = \begin{bmatrix} 1 & -\theta_z & \theta_y \\ \theta_z & 1 & -\theta_x \\ -\theta_y & \theta_x & 1 \end{bmatrix} \tag{6.54}$$

为了建立浮动平台的动态方程,需要在每个坐标系中定义向量。设惯性坐标系下基台坐标系原点的矢量为 $\boldsymbol{R}_0$,基台坐标系原点到浮动平台坐标系原点的初始

向量记为 $\boldsymbol{R}_b$,向量 r 为浮动平台原点相对于基台坐标系原点的运动前位置,向量 r_c 为浮动平台原点相对于基台坐标系原点的运动量,向量 r_{cm} 为运动后浮动平台坐标系原点相对于惯性坐标系原点的位置。

根据牛顿定律和动量矩定理,浮动平台的运动学方程可表示为

$$\boldsymbol{F} = m\left[\ddot{\boldsymbol{R}}_0 + \ddot{\boldsymbol{r}} - {}^{(S/F)}\boldsymbol{\Gamma} \cdot (r_c^{\times} \cdot \boldsymbol{\alpha}) + {}^{(S/F)}\boldsymbol{\Gamma} \cdot (r_c^{\times} \cdot \boldsymbol{\omega})^{\times} \cdot \boldsymbol{\omega}\right] \quad (6.55)$$

将浮动平台的上述方程写成与状态 $\boldsymbol{X}$ 相关的矩阵形式:

$$\boldsymbol{F} = m\boldsymbol{I}_{3\times3} \cdot \ddot{\boldsymbol{R}}_0 + m\left[\boldsymbol{I}_{3\times3} \quad -{}^{(S/F)}\boldsymbol{\Gamma} \cdot r_c^{\times}\right]_{3\times6} \cdot \ddot{\boldsymbol{X}}$$
$$+ m\left[\boldsymbol{0}_{3\times3} \quad {}^{(S/F)}\boldsymbol{\Gamma} \cdot (r_c^{\times} \cdot \boldsymbol{\omega})^{\times}\right]_{3\times6} \cdot \dot{\boldsymbol{X}} \quad (6.56)$$

根据动量矩定理,定义浮动平台坐标系中浮动平台围绕质心的转动惯量为 $\boldsymbol{J}_F$,那么在惯性坐标系中浮动平台的旋转运动方程可以用下列方程式表达:

$$\boldsymbol{M} = {}^{(S/F)}\boldsymbol{\Gamma} \cdot (\boldsymbol{J}_F \cdot \boldsymbol{\alpha} + \boldsymbol{\omega}^{\times} \cdot \boldsymbol{J}_F \cdot \boldsymbol{\omega}) \quad (6.57)$$

将浮动平台的转动方程写成与状态 $\boldsymbol{X}$ 相关的矩阵形式:

$$\boldsymbol{M} = \left[\boldsymbol{0}_{3\times3} \quad {}^{(S/F)}\boldsymbol{\Gamma} \cdot \boldsymbol{J}_F\right]_{3\times6} \cdot \ddot{\boldsymbol{X}} + \left[\boldsymbol{0}_{3\times3} \quad {}^{(S/F)}\boldsymbol{\Gamma} \cdot \boldsymbol{\omega}^{\times} \cdot \boldsymbol{J}_F\right]_{3\times6} \cdot \dot{\boldsymbol{X}} \quad (6.58)$$

综上,浮动平台的动力学方程可重组如下:

$$\begin{bmatrix} \boldsymbol{F} \\ \boldsymbol{M} \end{bmatrix} = \begin{bmatrix} m\boldsymbol{I}_{3\times3} \\ \boldsymbol{0}_{3\times3} \end{bmatrix} \cdot \ddot{\boldsymbol{R}}_0 + \begin{bmatrix} m\boldsymbol{I}_{3\times3} & -m{}^{(S/F)}\boldsymbol{\Gamma} \cdot r_c^{\times} \\ \boldsymbol{0}_{3\times3} & {}^{(S/F)}\boldsymbol{\Gamma} \cdot \boldsymbol{J}_F \end{bmatrix} \cdot \ddot{\boldsymbol{X}}$$
$$+ \begin{bmatrix} \boldsymbol{0}_{3\times3} & m{}^{(S/F)}\boldsymbol{\Gamma} \cdot (r_c^{\times} \cdot \boldsymbol{\omega})^{\times} \\ \boldsymbol{0}_{3\times3} & {}^{(S/F)}\boldsymbol{\Gamma} \cdot \boldsymbol{\omega}^{\times} \cdot \boldsymbol{J}_F \end{bmatrix} \cdot \dot{\boldsymbol{X}} \quad (6.59)$$

作用于浮台的合力 $\boldsymbol{F}$ 和合力矩 $\boldsymbol{M}$ 由磁浮作动器的作动力 $\boldsymbol{F}_A$ 和外界干扰力 f_d 产生,浮台受力分析如图 6.44 所示,令浮动平台坐标系 F_0 中六个驱动力的方向矩阵为 $\boldsymbol{P}^T$,浮动平台坐标系 F_0 中六个驱动力作用点的位置矩阵为 $\boldsymbol{R}^T$,则三个两轴磁浮作动器的合力可以在惯性坐标系中表示为

$$\boldsymbol{F}_{SA} = \sum_{a=1}^{6} \boldsymbol{F}_a = {}^{(S/F)}\boldsymbol{\Gamma} \cdot \boldsymbol{P} \cdot \boldsymbol{F}_A \quad (6.60)$$

总扭矩可表示为

$$\boldsymbol{M}_{SA} = \sum_{a=1}^{6} ({}^{(S/F)}\boldsymbol{\Gamma} \cdot \boldsymbol{R}_F \times \boldsymbol{F}_a) = {}^{(S/F)}\boldsymbol{\Gamma} \cdot \boldsymbol{R}_F^{\times} \cdot \boldsymbol{P}_N \cdot \boldsymbol{F}_A \quad (6.61)$$

式中,$\boldsymbol{R}_F^{\times} = \begin{bmatrix} R_{F1z}^{\times} & R_{F1x}^{\times} & R_{F2z}^{\times} & R_{F2x}^{\times} & R_{F3z}^{\times} & R_{F3x}^{\times} \end{bmatrix}$。

设 $\boldsymbol{P}_N$ 为分区对角矩阵,可表示为

$$
\boldsymbol{P}_{\mathrm{N}} = \begin{bmatrix}
P_{\mathrm{F1}z} & \mathbf{0}_{3\times1} & \mathbf{0}_{3\times1} & \mathbf{0}_{3\times1} & \mathbf{0}_{3\times1} & \mathbf{0}_{3\times1} \\
\mathbf{0}_{3\times1} & P_{\mathrm{F1}x} & \mathbf{0}_{3\times1} & \mathbf{0}_{3\times1} & \mathbf{0}_{3\times1} & \mathbf{0}_{3\times1} \\
\mathbf{0}_{3\times1} & \mathbf{0}_{3\times1} & P_{\mathrm{F2}z} & \mathbf{0}_{3\times1} & \mathbf{0}_{3\times1} & \mathbf{0}_{3\times1} \\
\mathbf{0}_{3\times1} & \mathbf{0}_{3\times1} & \mathbf{0}_{3\times1} & P_{\mathrm{F2}x} & \mathbf{0}_{3\times1} & \mathbf{0}_{3\times1} \\
\mathbf{0}_{3\times1} & \mathbf{0}_{3\times1} & \mathbf{0}_{3\times1} & \mathbf{0}_{3\times1} & P_{\mathrm{F3}z} & \mathbf{0}_{3\times1} \\
\mathbf{0}_{3\times1} & \mathbf{0}_{3\times1} & \mathbf{0}_{3\times1} & \mathbf{0}_{3\times1} & \mathbf{0}_{3\times1} & P_{\mathrm{F3}x}
\end{bmatrix} \tag{6.62}
$$

将直接作用于浮动平台的扰动力定义为 $\boldsymbol{f}_{\mathrm{d}}$，则惯性坐标系中的扰动力可以表示为

$$
\boldsymbol{F}_{\mathrm{d}} = {}^{(\mathrm{S/F})}\boldsymbol{\Gamma} \cdot \boldsymbol{f}_{\mathrm{d}} \tag{6.63}
$$

式中，$\boldsymbol{f}_{\mathrm{d}} = \begin{bmatrix} f_{\mathrm{d}x} & f_{\mathrm{d}y} & f_{\mathrm{d}z} \end{bmatrix}^{\mathrm{T}}$。

直接作用在浮动平台上的干扰力矩可以表示为

$$
\boldsymbol{M}_{\mathrm{d}} = (\boldsymbol{r}_{\mathrm{d}} - \boldsymbol{r}_{\mathrm{c}}) \times \boldsymbol{f}_{\mathrm{d}} = {}^{(\mathrm{S/F})}\boldsymbol{\Gamma} \cdot \boldsymbol{r}_{\mathrm{fd}} \times {}^{(\mathrm{S/F})}\boldsymbol{\Gamma} \cdot \boldsymbol{f}_{\mathrm{d}} = {}^{(\mathrm{S/F})}\boldsymbol{\Gamma} \cdot \boldsymbol{r}_{\mathrm{fd}}^{\times} \cdot \boldsymbol{f}_{\mathrm{d}} \tag{6.64}
$$

式中，$\boldsymbol{r}_{\mathrm{fd}}$ 是从浮动平台原点到扰动力点的位置向量。

直接作用在浮动平台上的合力可以表示为

$$
\boldsymbol{F} = \boldsymbol{F}_{\mathrm{SA}} + \boldsymbol{F}_{\mathrm{d}} = {}^{(\mathrm{S/F})}\boldsymbol{\Gamma} \cdot \boldsymbol{P} \cdot \boldsymbol{F}_{\mathrm{A}} + {}^{(\mathrm{S/F})}\boldsymbol{\Gamma} \cdot \boldsymbol{f}_{\mathrm{d}} \tag{6.65}
$$

直接作用在浮动平台上的总力矩可以表示为

$$
\boldsymbol{M} = \boldsymbol{M}_{\mathrm{SA}} + \boldsymbol{M}_{\mathrm{d}} = {}^{(\mathrm{S/F})}\boldsymbol{\Gamma} \cdot \boldsymbol{R}_{\mathrm{F}}^{\times} \cdot \boldsymbol{P}_{\mathrm{N}} \cdot \boldsymbol{F}_{\mathrm{A}} + {}^{(\mathrm{S/F})}\boldsymbol{\Gamma} \cdot \boldsymbol{r}_{\mathrm{fd}}^{\times} \cdot \boldsymbol{f}_{\mathrm{d}} \tag{6.66}
$$

综上，系统的动力学方程为

$$
\begin{bmatrix}
m\mathbf{I}_{3\times3} & -m{}^{(\mathrm{S/F})}\boldsymbol{\Gamma} \cdot \boldsymbol{r}_{\mathrm{c}}^{\times} \\
\mathbf{0}_{3\times3} & {}^{(\mathrm{S/F})}\boldsymbol{\Gamma} \cdot \boldsymbol{J}_{\mathrm{F}}
\end{bmatrix} \cdot \ddot{\boldsymbol{X}} +
\begin{bmatrix}
\mathbf{0}_{3\times3} & m{}^{(\mathrm{S/F})}\boldsymbol{\Gamma} \cdot (\boldsymbol{r}_{\mathrm{c}}^{\times} \cdot \boldsymbol{\omega})^{\times} \\
\mathbf{0}_{3\times3} & {}^{(\mathrm{S/F})}\boldsymbol{\Gamma} \cdot \boldsymbol{\omega}^{\times} \cdot \boldsymbol{J}_{\mathrm{F}}
\end{bmatrix} \cdot \dot{\boldsymbol{X}} = -
\begin{bmatrix}
m\mathbf{I}_{3\times3} \\
\mathbf{0}_{3\times3}
\end{bmatrix} \cdot \ddot{\boldsymbol{R}}_{0} +
$$

$$
\begin{bmatrix}
{}^{(\mathrm{S/F})}\boldsymbol{\Gamma} \cdot \boldsymbol{P} \\
{}^{(\mathrm{S/F})}\boldsymbol{\Gamma} \cdot \begin{bmatrix} \boldsymbol{R}_{\mathrm{F1}z}^{\times} & \boldsymbol{R}_{\mathrm{F1}x}^{\times} & \boldsymbol{R}_{\mathrm{F2}z}^{\times} & \boldsymbol{R}_{\mathrm{F2}x}^{\times} & \boldsymbol{R}_{\mathrm{F3}z}^{\times} & \boldsymbol{R}_{\mathrm{F3}x}^{\times} \end{bmatrix} \cdot \boldsymbol{P}_{\mathrm{N}}
\end{bmatrix} \cdot \boldsymbol{F}_{\mathrm{A}} +
\begin{bmatrix}
{}^{(\mathrm{S/F})}\boldsymbol{\Gamma} \\
{}^{(\mathrm{S/F})}\boldsymbol{\Gamma} \cdot \boldsymbol{r}_{\mathrm{fd}}^{\times}
\end{bmatrix} \cdot \boldsymbol{f}_{\mathrm{d}}
$$

$$
\tag{6.67}
$$

如果令

$$
\boldsymbol{M}_x = \begin{bmatrix}
m\mathbf{I}_{3\times3} & -m{}^{(\mathrm{S/F})}\boldsymbol{\Gamma} \cdot \boldsymbol{r}_{\mathrm{c}}^{\times} \\
\mathbf{0}_{3\times3} & {}^{(\mathrm{S/F})}\boldsymbol{\Gamma} \cdot \boldsymbol{J}_{\mathrm{F}}
\end{bmatrix}
$$

$$
\boldsymbol{M}_x = \begin{bmatrix}
\mathbf{0}_{3\times3} & m{}^{(\mathrm{S/F})}\boldsymbol{\Gamma} \cdot (\boldsymbol{r}_{\mathrm{c}}^{\times} \cdot \boldsymbol{\omega})^{\times} \\
\mathbf{0}_{3\times3} & {}^{(\mathrm{S/F})}\boldsymbol{\Gamma} \cdot \boldsymbol{\omega}^{\times} \cdot \boldsymbol{J}_{\mathrm{F}}
\end{bmatrix}
$$

$$
\boldsymbol{F}_x = -\begin{bmatrix} m\boldsymbol{I}_{3\times3} \\ \boldsymbol{0}_{3\times3} \end{bmatrix} \cdot \ddot{\boldsymbol{R}}_0 + \begin{bmatrix} {}^{(S/F)}\boldsymbol{\Gamma} \cdot \boldsymbol{P} \\ {}^{(S/F)}\boldsymbol{\Gamma} \cdot \begin{bmatrix} R_{F1z}^{\times} & R_{F1x}^{\times} & R_{F2z}^{\times} & R_{F2x}^{\times} & R_{F3z}^{\times} & R_{F3x}^{\times} \end{bmatrix} \cdot \boldsymbol{P}_N \end{bmatrix} \cdot \boldsymbol{F}_A
$$

$$
+ \begin{bmatrix} {}^{(S/F)}\boldsymbol{\Gamma} \\ {}^{(S/F)}\boldsymbol{\Gamma} \cdot r_{fd}^{\times} \end{bmatrix} \cdot \boldsymbol{f}_d
$$

系统的动力学方程可以写成

$$
\boldsymbol{M}_x\ddot{\boldsymbol{X}} + \boldsymbol{C}_x\dot{\boldsymbol{X}} = \boldsymbol{F}_x \tag{6.68}
$$

该动力学方程是在输出作动器的作动力激励下进行浮动平台相关物理信息解算的基础，也是控制器设计的输入。

6.4.2 基于接近率的滑模控制

(1)扰动观测器

根据浮动平台的动力学方程[式(6.68)]，在实际控制过程中，如果能有效地观察到扰动力 $\boldsymbol{F}_v$ 的大小，整个控制效果将大幅提高。因此，扰动观测器设计的基本思想就是通过估计扰动力输出与实际扰动力输出的差值来修正估计值进而提升控制效果。

令 $\dot{\hat{\boldsymbol{F}}}_v = \boldsymbol{K}(\boldsymbol{F}_v - \hat{\boldsymbol{F}}_v)$，其中 $\boldsymbol{K} > 0$。假设辅助参数向量定义为

$$
\boldsymbol{z} = \hat{\boldsymbol{F}}_v - \boldsymbol{K}\boldsymbol{M}_x\dot{\boldsymbol{X}} \tag{6.69}
$$

则

$$
\dot{\boldsymbol{z}} = \dot{\hat{\boldsymbol{F}}}_v - \boldsymbol{K}\boldsymbol{M}_x\ddot{\boldsymbol{X}} \tag{6.70}
$$

$$
\dot{\hat{\boldsymbol{F}}}_v = \boldsymbol{K}(\boldsymbol{F}_v - \hat{\boldsymbol{F}}_v) = -\boldsymbol{K}\hat{\boldsymbol{F}}_v + \boldsymbol{K}(\boldsymbol{M}_x\ddot{\boldsymbol{X}} - \boldsymbol{F}_u) \tag{6.71}
$$

得到下列方程：

$$
\dot{\boldsymbol{z}} = -\boldsymbol{K}\hat{\boldsymbol{F}}_v + \boldsymbol{K}(\boldsymbol{M}_x\ddot{\boldsymbol{X}} - \boldsymbol{F}_u) - \boldsymbol{K}\boldsymbol{M}_x\ddot{\boldsymbol{X}} = -\boldsymbol{K}\boldsymbol{F}_u - \boldsymbol{K}\hat{\boldsymbol{F}}_v \tag{6.72}
$$

扰动观测器设计为

$$
\dot{\boldsymbol{z}} = -\boldsymbol{K}\boldsymbol{F}_u - \boldsymbol{K}\hat{\boldsymbol{F}}_v
$$
$$
\hat{\boldsymbol{F}}_v = \boldsymbol{z} + \boldsymbol{K}\boldsymbol{M}_x\dot{\boldsymbol{X}} \tag{6.73}
$$

则

$$
\dot{\boldsymbol{z}} = -\boldsymbol{K}\boldsymbol{F}_u - \boldsymbol{K}(\boldsymbol{z} + \boldsymbol{K}\boldsymbol{M}_x\dot{\boldsymbol{X}}) = \boldsymbol{K}(-\boldsymbol{F}_u - \boldsymbol{K}\boldsymbol{M}_x\dot{\boldsymbol{X}}) - \boldsymbol{K}\boldsymbol{z} \tag{6.74}
$$

一般认为，事先扰动 $\boldsymbol{F}_v$ 是未知的。相对于观测器的动态特性，$\boldsymbol{F}_v$ 的变化很慢，即 $\dot{\boldsymbol{F}}_v = 0$。则观测误差为

$$\widetilde{\boldsymbol{F}}_{\mathrm{v}} = \boldsymbol{F}_{\mathrm{v}} - \widehat{\boldsymbol{F}}_{\mathrm{v}} \tag{6.75}$$

那么

$$
\begin{aligned}
\dot{\widetilde{\boldsymbol{F}}}_{\mathrm{v}} &= \dot{\boldsymbol{F}}_{\mathrm{v}} - \dot{\widehat{\boldsymbol{F}}}_{\mathrm{v}} = -\dot{\widehat{\boldsymbol{F}}} = -\dot{\boldsymbol{z}} - \boldsymbol{K}\boldsymbol{M}_x \ddot{\boldsymbol{X}} \\
&= -\boldsymbol{K}\boldsymbol{F}_{\mathrm{u}} - \boldsymbol{K}(\boldsymbol{z} + \boldsymbol{K}\boldsymbol{M}_x \dot{\boldsymbol{X}}) \\
&= \boldsymbol{K}(\boldsymbol{F}_{\mathrm{u}} + \boldsymbol{K}\boldsymbol{M}_x \dot{\boldsymbol{X}}) + \boldsymbol{K}\boldsymbol{z} - \boldsymbol{K}\boldsymbol{M}_x \ddot{\boldsymbol{X}} \\
&= \boldsymbol{K}(\boldsymbol{z} + \boldsymbol{K}\boldsymbol{M}_x \dot{\boldsymbol{X}}) - \boldsymbol{K}(\boldsymbol{M}_x \ddot{\boldsymbol{X}} - \boldsymbol{F}_{\mathrm{u}}) \\
&= \boldsymbol{K}\widehat{\boldsymbol{F}}_{\mathrm{v}} - \boldsymbol{K}\boldsymbol{F}_{\mathrm{v}} = -\boldsymbol{K}(\widehat{\boldsymbol{F}}_{\mathrm{v}} - \boldsymbol{F}_{\mathrm{v}}) = -\boldsymbol{K}\widetilde{\boldsymbol{F}}_{\mathrm{v}}
\end{aligned}
\tag{6.76}
$$

从而得到观测误差的方程

$$\dot{\widetilde{\boldsymbol{F}}}_{\mathrm{v}} + \boldsymbol{K}\widetilde{\boldsymbol{F}}_{\mathrm{v}} = 0 \tag{6.77}$$

解微分方程,得到

$$\widetilde{\boldsymbol{F}}_{\mathrm{v}}(t) = \widetilde{\boldsymbol{F}}_{\mathrm{v}}(t_0) \mathrm{e}^{-\boldsymbol{K}t} \tag{6.78}$$

由于 $\widetilde{\boldsymbol{F}}_{\mathrm{v}}(t_0)$ 的数值是常数,可以看出六自由度观测器的收敛精度取决于参数矩阵 $\boldsymbol{K}$。通过设计参数矩阵 $\boldsymbol{K}$,估计值 $\widehat{\boldsymbol{F}}_{\mathrm{v}}$ 指数逼近 $\boldsymbol{F}_{\mathrm{v}}$。

(2)滑模控制

滑模控制的基本思想是针对非线性系统,在其系统状态空间中,存在可微曲面函数将系统的状态空间分成不连续的微分方程,以满足系统状态从滑模面外任意一点出发,能够在一定时间内运动到滑模面上或者滑模面附近足够小的邻域内,之后系统状态能够在滑模面上稳定,并具有满足控制目标的动态性能。通常滑模面有以下几种设计方法:线性滑模、终端滑模、快速终端滑模。滑模控制被广泛应用的核心因素是其对非线性系统具备良好的控制性能,较适用于多输入多输出系统,并为离散时间计算机系统建立了良好的设计准则。滑模控制最重要的优点是其具备鲁棒性。当系统处于滑动模式控制时,对被控对象的模型误差、对象参数的变化和外部扰动等都具有极好的不敏感性。

基于指向跟踪隔振平台的滑模控制器的设计方法如下所述:

浮台位姿误差及其导数分别为 $\boldsymbol{e}^{\mathrm{D}} = \boldsymbol{X}_0^{\mathrm{D}} - \boldsymbol{X}^{\mathrm{D}}$ 和 $\dot{\boldsymbol{e}}^{\mathrm{D}} = \dot{\boldsymbol{X}}_0^{\mathrm{D}} - \dot{\boldsymbol{X}}^{\mathrm{D}}$。其中,$\boldsymbol{X}_0^{\mathrm{D}}$ 为隔振后浮动平台的期望位姿。

定义滑模控制表达式为

$$\boldsymbol{s} = c\boldsymbol{e}^{\mathrm{D}} + \dot{\boldsymbol{e}}^{\mathrm{D}} \tag{6.79}$$

式中,$c > 0$ 满足 Hurwitz 条件。

根据李雅普诺夫的第二个标准,令 $\boldsymbol{V} = \boldsymbol{s}^2/2 \geqslant 0$,则 $\dot{\boldsymbol{V}} = \boldsymbol{s}\dot{\boldsymbol{s}} \leqslant 0$。

使用指数逼近定律,则

$$\dot{s} = -\varepsilon \operatorname{sgn} s - ks \qquad (6.80)$$

式中,$\varepsilon > 0$,$k > 0$,构造 $\dot{V} = s\dot{s} = -ks^2 \leqslant 0$,则

$$\dot{s} = c\dot{e}^{\mathrm{D}} + \ddot{e}^{\mathrm{D}} = c\dot{e}^{\mathrm{D}} + \ddot{X}_0^{\mathrm{D}} - \frac{F_u + F_v}{M_x} \qquad (6.81)$$

然后结合式(6.80)和式(6.81)可以得到

$$c\dot{e}^{\mathrm{D}} + \ddot{X}_0^{\mathrm{D}} - \frac{F_u + F_v}{M_x} = -\varepsilon \operatorname{sgn} s - ks \qquad (6.82)$$

则滑模控制规律可定义为

$$F_u = M_x(c e^{\mathrm{D}} + X_0^{\mathrm{D}} + \varepsilon \operatorname{sgn} s + ks) - F_v \qquad (6.83)$$

显然,由于扰动 F_v 未知,上述控制规律无法实现。为了解决这一问题,可以利用扰动边界设计控制规律。设计滑模控制规律为

$$F_u = M_x(c e^{\mathrm{D}} + X_0^{\mathrm{D}} + \varepsilon \operatorname{sgn} s + ks) - \widetilde{F}_v \qquad (6.84)$$

式中,$\widetilde{F}_v$ 是与扰动边界有关的拟设计的正实数。则

$$\dot{s} = -\varepsilon \operatorname{sgn} s - ks + \widetilde{F}_v - F_v \qquad (6.85)$$

通过选择合适的 $\widetilde{F}_v$ 保证控制系统的稳定性,即满足滑模到达条件。

假设,$F_{v\mathrm{lower}} \leqslant F_v \leqslant F_{v\mathrm{upper}}$,其中 $F_{v\mathrm{lower}}$ 和 $F_{v\mathrm{upper}}$ 分别是扰动的下限和上限。$\widetilde{F}_v$ 的选择原则如下:

① 当 $s > 0$,$\dot{s} = -\varepsilon - ks + \widetilde{F}_v - F_v$,为了使 $\dot{s} < 0$,令 $\widetilde{F}_v = F_{v\mathrm{lower}}$;

② 当 $s < 0$,$\dot{s} = \varepsilon - ks + \widetilde{F}_v - F_v$,为了使 $\dot{s} < 0$,令 $\widetilde{F}_v = F_{v\mathrm{upper}}$。

令 $F_{v1} = \dfrac{F_{v\mathrm{upper}} - F_{v\mathrm{lower}}}{2}$ 和 $F_{v2} = \dfrac{F_{v\mathrm{upper}} + F_{v\mathrm{lower}}}{2}$,可得到满足上述两个条件的 $\widetilde{F}_v$:

$$\widetilde{F}_v = F_{v2} - F_{v1} \operatorname{sgn} s \qquad (6.86)$$

本章小结

本章对主动隔振的基本原理和国内外主动隔振平台发展现状进行了介绍。从典型的作动元件、测量元件和控制元件出发描述了主动隔振系统的硬件部分。这些硬件的性能是决定主动隔振平台性能的基础。本章还从目前主流的接触式和非接触式主动隔振系统出发,对振动控制策略进行了介绍,期望为读者提供较为全面

的航天器主动控制建模、设计、算法以及试验经验。

参 考 文 献

[1] Anderson E H,Fumo J P,Erwin R S. Satellite ultraquiet isolation technology experiment (SUITE)[Z]. 2000,4:299-313.

[2] Anderson E H,Erwin R S,Jensen J,et al. Satellite ultraquiet isolation technology experiment (SUITE):electromechanical subsystems[Z]. 1999:3674.

[3] Anderson E H,Leo D J,Holcomb M D. Ultraquiet platform for active vibration isolation [Z]. 1996:2717.

[4] Hanieh A. Active isolation and damping of vibrations via Stewart platform[D]. Belgium: Free University of Brussels,2003.

[5] Preumont A,Dufour J,Malekian C. Active damping by a local force feedback with piezoelectric actuators[J]. Journal of Guidance,Control,and Dynamics,1992,15(2):390-395.

[6] Hanieh A A,Preumont A. Multi-axis vibration isolation using different active techniques of frequency reduction[J]. Journal of Vibration and Control,2011,17(5):759-768.

[7] Abu Hanieh A,Preumont A,Loix N. Piezoelectric Stewart platform for general purpose active damping interface and precision control[M]. ESA Special Publications,Harris R A, 2001:480,331-334.

[8] Powell S M,Jones D I,Rowlands A V. Technical variability of the RT3 accelerometer[J]. Med. Sci. Sports Exerc.,2003,35(10):1773-1778.

[9] Mcmickell M B,Kreider T,Hansen E,et al. Optical payload isolation using the Miniature Vibration Isolation System (MVIS-II)[Z]. 2007:6527.

[10] Defendini A,Vaillon L,Trouve F,et al. Technology predevelopment for active control of vibration and very high accuracy pointing systems[C]. Proceedings of the 4th ESA International Conference of Spacecraft Guidance, Navigation and Control Systems, Noordwijk,Netherlands,2000:385-391.

[11] Fan S,Cao L. The development of micro-vibration for satellite[C]. 8th International Symposium on Precision Engineering Measurement and Instrumentation,Chengdu,China, 2013:87590-87597.

[12] Chamraz Š,Huba M,Žáková K. Stabilization of the magnetic levitation system[J]. Applied Sciences,2021,11(21):10369.

[13] 唐忠兴,姚闯,何闻,等. 高精度非接触磁浮机构设计及其输出特性测试研究[J]. 上海航天,2020,37(01):135-141.

[14] Grodsinsky C M,Whorton M S. Survey of Active Vibration Isolation Systems for Microgravity Applications[J]. Journal of Spacecraft & Rockets,2000,105(5):146-152.

[15] Huba M,Vrancic D,Bistak P. Reference model control of the time delayed double integrator[J]. IEEE Access,2022,10:39282-39298.

[16] Ma'arif A,Vera M A M,Mahmoud M S,et al. Sliding mode control design for magnetic levitation system[J]. Journal of Robotics and Control (JRC),2022,3(6):848-853.

[17] Grodsinsky C M,Whorton M S. Survey of active vibration isolation systems for microgravity applications[J]. Journal of Spacecraft and Rockets,2000,37(5):586-596.

[18] Ahn J,Yun D. Analyzing electromagnetic actuator based on force analysis[C]. 2019 International Conference on Robotics and Automation (ICRA),2019:5565-5570.

[19] Rhein S,Graichen K. Coupled actuator placement and controller design for electromagnetic heating by means of dynamic optimization[C]. 2016 IEEE 55th Conference on Decision and Control (CDC). IEEE,2016:4809-4814.

[20] Yin R,Shi Y,Di C. Design and analysis of an electromagnetic linear actuator for SUV active suspension[J]. International Journal of Applied Electromagnetics and Mechanics, 2019, 62 (1):1-12.

[21] Akbar S,Khan F,Ahmad Z,et al. Design and experimental analysis of high electromagnetic force density moving magnet linear actuator with end ferromagnetic poles[J]. IET Electric Power Applications,2022,16(10):1158-1168.

[22] Zhang J,Liu J,Ding F. Collaborative optimization design framework for hierarchical filter barrier control suspension system with projection adaptive tracking hydraulic actuator[J]. Nonlinear Dynamics,2022,108(4):3417-3434.

[23] Jalendra C,Rout B K,Marathe A. Robot vision-based control strategy to suppress residual vibration of a flexible beam for assembly[J]. Industrial Robot,2023,50(3):401-420.

[24] Liu W,Gao Y,Dong W,et al. Flight test results of the microgravity active vibration isolation system in China's Tianzhou 1 Mission[J]. Microgravity Science and Technology, 2018,30:995-1009.

[25] Jackson M,Kim Y,Whorton M. Design and analysis of the g-LIMIT baseline vibration isolation control system[C]. AIAA Guidance, Navigation, and Control Conference and Exhibit,2002:5019.

[26] Chen C,Hu Y,Wu H,et al. Parametric design and experiment of maglev actuators for microgravity vibration isolation system[J]. International Journal of Applied Electromagnetics and Mechanics,2018,58(3):319-335.

[27] Zhou X B,Chen W D,Zhao F G,et al. Dynamic modeling and active vibration-isolation of a non-contact 6-DOF Lorentz platform based on the exponential convergence disturbance observer[J]. Shock and Vibration,2021:1-18.

[28] Zhou X B,Chen W D,Xiao Q,et al. A modified asymmetric Bouc-Wen model based decoupling control of a XY piezo-actuated compliant platform with coupled hysteresis characteristics[J]. Shock and Vibration,2020:1-15.

［29］ 李峥,赵艳彬,姚闯,等.双超卫星平台柔性线缆构型设计与仿真[J].上海航天(中英文),2022,39(04):170-176.

［30］ 张伟,赵艳彬,廖鹤,等.动静隔离、主从协同控制双超卫星平台设计[J].上海航天,2014,31(05):7-11,30.

［31］ 李宗峰,任维佳.空间微重力主动隔振技术研究[J].载人航天,2010(3):24-32.

［32］ 李宗峰,刘强,任维佳.空间高微重力主动隔振系统动力学建模[J].振动与冲击,2010,29(7):1-4.

［33］ 李宗峰,任维佳,王安平,等.空间高微重力主动隔振系统有限行程约束分析[C].中国空间科学学会第七次学术年会会议手册及文集,大连,2009:373-378.

［34］ Kawamoto Y,Suda Y,Inoue H,et al.Modeling of electromagnetic damper for automobile suspension[J].Journal of System Design and Dynamics,2007,1(3):524-535.

［35］ Kawamoto Y,Suda Y,Inoue H,et al.Electro-mechanical suspension system considering energy consumption and vehicle manoeuvre [J]. Vehicle System Dynamics,2008:1053-1063.

［36］ 赵淳生,金家楣.方板式直线超声电机及其电激励方法[S].CN200710020965.7,2007-4-5.

［37］ 金家楣.若干新型超声电机的研究[D].南京:南京航空航天大学,2007.

［38］ Feng Y,Li Z,Rakheja S,et al.A modified Prandtl-Ishlinskii hysteresis modeling method with load-dependent delay for characterizing magnetostrictive actuated systems [J]. Mechanical Sciences,2018,9(1):177-188.

［39］ Ebrahimi N,Guda T,Alamaniotis M,et al.Design optimization of a novel networked electromagnetic soft actuators system based on branch and bound algorithm[J].IEEE Access,2020,8:119324-119335.

［40］ Debnath S,Biswas P K.Design,analysis,and testing of I-type electromagnetic actuator used in single-coil active magnetic bearing[J].Electr Eng. ,2021,103(1):183-194.

［41］ Shi Z C,Belier B,Martincic E,et al.Development of a 2D array of micromachined electromagnetic digital actuators for micro-conveyance applications [J]. Microsyst Technol,2018,24(1):411-417.

［42］ Wang H C,Wahed A K E.Development of a novel latching-type electromagnetic actuator for applications in minimally invasive surgery [J]. Actuators,2020,9(2),DOI:10.3390/act9020041.

［43］ Murakami I,Chi R,Kaneko K,et al.Development of linear actuator for electromagnetic pump [J].Int. J. Appl. Electrom. ,2019,59(2):521-531.

第 **7** 章

微振动试验技术

微振动试验作为微振动研究工作的有效验证手段,起着举足轻重的作用[1-4]。目前的微振动试验技术主要包括振源特性识别、微振动传递路径响应分析、载荷工作性能评估以及减隔振效果评价等几方面工作[5,6]。

本章主要介绍振源、载荷和整星级微振动地面试验方法、内容和流程及试验相关案例,同时对常用的在轨微振动试验相关传感器、测量单机及试验方法进行介绍,以期为后续的微振动试验技术提供参考。

7.1　振源地面微振动试验技术

高精度卫星结构趋于庞大、复杂,平台方面的振源较多,如飞轮、陀螺、太阳翼转动机构等[7-9]。卫星载荷方面的振源有制冷机、动镜等转动部件。需要对上述振源的质量特性、安装位置及其运动特性等进行详细收集和归纳,分析其影响程度。对星上主要扰动源进行相应工作模式下的微振动测试,能够有效地获取其扰动特性,同时也可以提取振源的参数特征,为平台耦合模型提供微振动输入,为减振隔振提供设计参考,以及为成像性能评估提供输入条件。

7.1.1　振源分类

航天器在轨扰动极其复杂,主要包括:反作用轮、控制力矩陀螺、速率陀螺、磁带机等正常工作时由于加工误差造成的转动零件静不平衡和动不平衡等引起的宽带扰动[9];太阳翼、大型天线等柔性附件的伺服机构,以及热控中使用制冷泵和百叶窗等由于摩擦、啮合等产生的宽带扰动;推力器开关过程产生的类似于脉冲或阶跃的全频段扰动;制冷机和百叶窗中的机械运动产生的中低频扰动;推进剂、冷却剂等液体失重状态下的晃动和泵作用下的流动等造成的中低频扰动;太阳翼等大型柔性附件进出阴影冷热交变过程产生的类似于冲击的热扰动。这些引起微振动的设备统称为微振动源,总结如表 7.1 所示。

表 7.1　高精度航天器典型微振动源列表

微振动源	频率	特点描述
反作用轮/CMG	中/高	包含一系列转速的谐波扰动
推力器	低/中/高	开启或关闭过程产生类似脉冲或阶跃的扰动
液体运动	低/中/高	推进剂或冷却剂流动或晃动
伺服机构	低/中/高	驱动电机扰动,如摩擦、啮合
磁带机	低/中/高	工作中机械运动

续表

微振动源	频率	特点描述
速率陀螺	中/高	转动部件不平衡引起谐波扰动
热控	低/中	制冷机机械运动,制冷泵、百叶窗等产生的宽带扰动
热颤振	低/中	进出阴影温度变化引起的扰动
环境扰动	低/中	大气阻力、潮汐力、太阳辐射压力等
制冷机	中/高	包含一系列转速的谐波扰动
驱动机构	低	包含周期性冲击成分

可以看出,星上主要扰动为转子引起的振动响应,其振动信号从时域和频域都实时地反映了设备工作状态信息。因此,了解和掌握转子系统的振动机理,对于监测部件运行状态和提高振动抑制的有效性具有重要的理论意义和实际工程应用价值。本节主要介绍几种常见振动的产生机理及其辨识方法。

7.1.2　振源特性与建模

通过对星上扰动的分析可知,典型微振动源有飞轮、力矩陀螺、驱动机构、压缩机、扫描机构和太阳翼扰动等,微振动产生的根源有转子不平衡、轴系不对中、转子碰摩、基础松动、轴承分析和转子吸附等。

根据目前积累的各类振源微振动试验样本,进行振动特性的对比分析和模型推导,并在工程实践基础上,结合系统刚度振动理论,将扰动模型进行简化,揭示振动系统的规律、特点,可为进一步复杂多源振动系统奠定基础[10]。

(1)典型飞轮案例

根据目前积累的飞轮试验样本,对比分析了3组偏置动量轮的微振动响应。

图7.1所示为中国和德国偏置和零动量轮微振动频谱分布,可以看出,大部分的扰动频率和转速成比例的"脊线",对应不同谐波数下的扰动。其中,直线(紫色)为系统的固有频率,点画线(绿色)为飞轮转频及其倍频,而虚线(红色)部分可以看出是明显的"V"形扰动,这是飞轮旋转模态(whirl mode)的明显特征,为飞轮轴向平动模态和径向平动模态导致的扰动,分别代表摇摆模态的逆进动分支和正进动分支。逆进动分支的固有频率随着转速的增加而降低,正进动分支的固有频率随着转速的增加而升高。还看到,当谐波频率与飞轮固有频率相交时,会产生明显的共振,导致扰动放大,因此减振或者隔振系统设计时,需要考虑对频率交错部位进行处理,即错频设计。

针对飞轮的振动特性,可以建立偏置动量轮产生的干扰力和力矩的频域模型。根据推导分析,可将反作用轮的扰动模型简化为

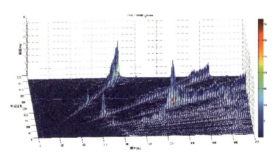

(a) 中国某偏置动量轮300～5000r/min瀑布图

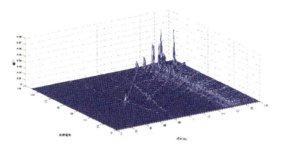

(b) 中国某零动量轮0～2300r/min瀑布图

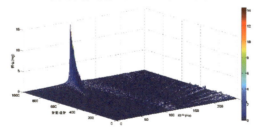

(c) 德国飞轮0～6000r/min瀑布图

图 7.1　飞轮加速过程瀑布图

$$m(t) = \sum_{i=1}^{n} C_i f_r^2 \sin(2\pi h_i f_r t + \varphi_i) \tag{7.1}$$

其中,$m(t)$是扰动力或者扰动力矩;n 为模型中的谐波数;C_i 为第 i 次谐波的幅值大小;f_r 为反作用轮的转频,Hz;h_i为第 i 次谐波数;φ_i 是随机相位,$[0, 2\pi]$。

（2）典型力矩陀螺案例

力矩陀螺也是卫星姿态控制系统中的主要执行机构,但同时也是卫星的主要干扰源之一。执行机构的高速转子在旋转过程所产生的振动,将对卫星的有效载荷的指向精度及其他指标造成一定程度的影响。因此,对力矩陀螺组件微振动扰动特性进行试验、分析工作,获取其扰动形式和量级,积累微振动试验数据,以期为后续型号研制工作提供技术支撑。

某型卫星的力矩陀螺在 25N·m 力矩输出恒定转速下（6000r/min）进行微振

动摸底试验。试验现场如图 7.2 所示，此工况下的微振动响应如图 7.3 所示。力矩陀螺的频域曲线如图 7.4 所示。

图 7.2　力矩陀螺试验现场图

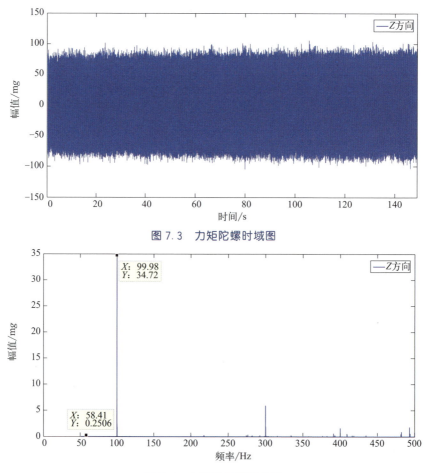

图 7.3　力矩陀螺时域图

图 7.4　力矩陀螺频域曲线

从频域曲线(图 7.4)上可看出,力矩陀螺的主要频率成分是以 $f=6000\mathrm{r/min}=100\mathrm{Hz}$ 及其倍频为主。针对力矩陀螺的振动特性,可以建立力矩陀螺的扰动模型,即简化为

$$f_k(k\Delta t)=\sum_{n=1}^{N}A_n\sin(n\omega\Delta t+\varphi_n) \tag{7.2}$$

其中,$f_k(k\Delta t)$ 是扰动力或者扰动力矩;N 为扰动模型中的谐波数;A_n 为第 n 次谐波的幅值大小;ω 为力矩陀螺角速度;φ_n 是随机相位,$[0,2\pi]$。

(3)典型驱动机构案例

驱动机构(图 7.5)主要实现太阳翼的对日定向控制。一般情况下,卫星在轨工作时驱动机构是始终运行的,其产生的微振动响应特性也是始终存在的,因此,有必要开展驱动机构的微振动响应分析。驱动机构工作时频域曲线如图 7.6 所示。

图 7.5　驱动机构示意图

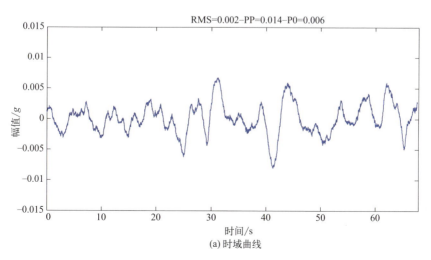

(a)时域曲线

图 7.6

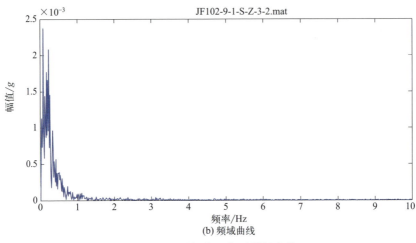

(b) 频域曲线

图 7.6　驱动机构工作时频域曲线

从上述分析结果可以看出,驱动机构的微振动时域响应量级在 10mg 左右,而且能量主要集中在 5Hz 以下的低频区域,频域量级最大 3mg。

由于被动隔振对于高频信号较为理想,因此驱动机构的微振动抑制可以考虑通过主动控制方式进行解决。

(4)典型压缩机案例

压缩机的振动特性是由于活塞等运动部件动量不平衡等产生干扰力,并形成谐波扰动。压缩机作为距离干涉仪最近的干扰源,极易影响有效载荷的分辨率和指向精度,从而可能引起干涉仪成像性能的下降。为明确压缩机对干涉仪的振动影响,对某型号卫星的压缩机工作时的微振动特性进行试验和仿真分析,如图 7.7 所示。

(a) 压缩机试验现场图

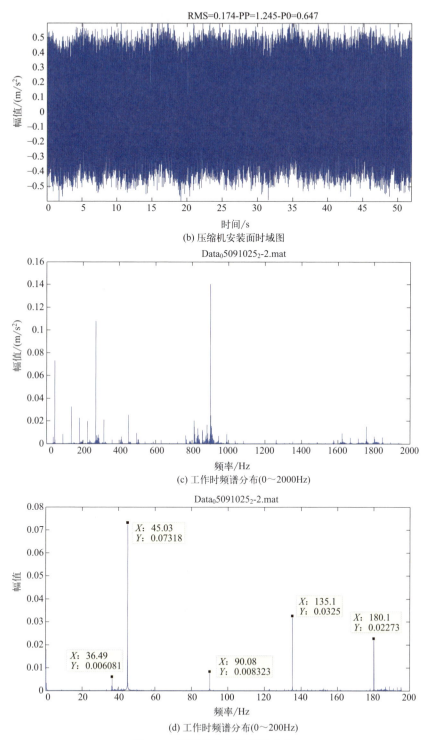

(b) 压缩机安装面时域图

(c) 工作时频谱分布(0～2000Hz)

(d) 工作时频谱分布(0～200Hz)

图 7.7 压缩机微振动特性分析

从试验分析可以看出,压缩机的振动特性主要是包含基频在内的一系列离散谐波扰动,主要由工作频率及其倍频构成,频率分布较宽,但成分相对单一。因此,针对压缩机的频谱分布特性,后续可开展相关的扰动模型的仿真。可采用如下模型:

$$f_k(k\Delta t) = \sum_{n=1}^{N} A_n \sin(n\omega\Delta t + \varphi_n) \tag{7.3}$$

式中,A_n 表示第 n 次谐波的微振动幅值;ω 为压缩机驱动频率;N 为扰动谐波次数;φ 为相位角。

分析得出,压缩机的扰动特性是以基频及其谐波成分为主的,频率成分固定,因此,可以考虑通过吸振的方式来试验微振动抑制。

(5)典型扫描机构案例

扫描机构作为卫星载荷的关键部件,它通常起到反射地物信号、扩大视场范围和对遥感目标的垂直飞行方向进行扫描的作用,其工作时的振动特性直接影响到载荷的性能,是遥感相机、探测仪、温湿度计等载荷的重要组成部分。本部分针对扫描机构的振动特性进行试验研究,获得了扫描机构的微振动特性,为后续改进和地面应用系统提供数据支撑。

前期对某型号卫星的干涉仪扫描机构的微振动特性进行了相关摸底试验,从时域图观察到微振动波形具有调制现象,仅进行 FFT 变换,并未得出扫描机构的工作频率,如图 7.8 所示。因此,考虑对响应数据进行调制解调分析,即 Hilbert 包络解调分析,分析后发现包络谱(图 7.9)能够清晰分辨出的频率成分有:0.0115Hz、0.419Hz、0.838Hz、1.257Hz、2.095Hz。运行过程中,扫描机构完成一个周期扫描所需时间为 2.4s,正好与 0.419Hz 相吻合,因此,可以判定 0.419Hz、0.838Hz、1.257Hz、2.095Hz 为扫描机构的工作频率及其倍频。

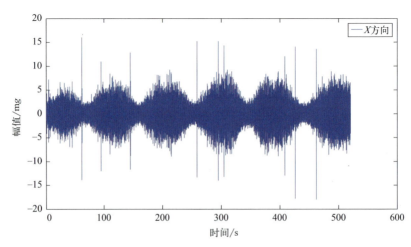

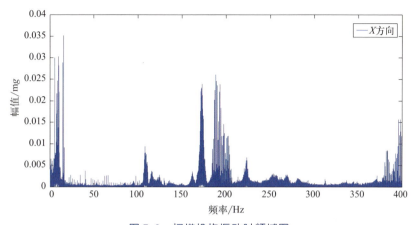

图 7.8　扫描机构振动时频域图

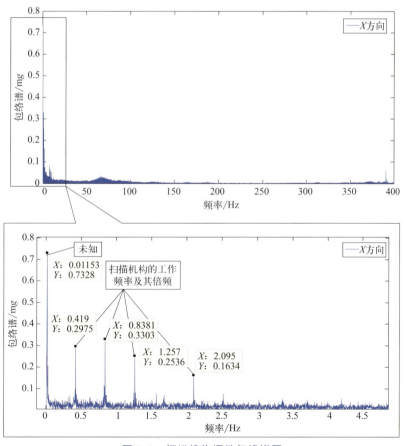

图 7.9　扫描机构振动包络谱图

上述扫描机构的微振动信号具有幅值调制特性,因此可以给出调频、调幅共存的微振动扰动信号的仿真信号模型为

$$x(t) = a(t)\cos[2\pi f_a t + b(t)] \tag{7.4}$$

式中,f_a 为转频引起的频率;$a(t)$ 为调幅信号;$b(t)$ 为调频信号。$a(t)$、$b(t)$ 是由各转轴的转频及其谐波频率组成的周期信号,其表达式可表示为

$$a(t) = \sum_n \sum_m A_{n,m}\cos(2\pi t m f_n + \theta_{n,m}) \ , \ b(t) = \sum_n \sum_m B_{n,m}\cos(2\pi t m f_n + \eta_{n,m}) \tag{7.5}$$

式中,$A_{n,m}$ 和 $B_{n,m}$ 分别表示调幅和调频信号中各调制成分的调制因子;f_n 表示转频。

(6)典型太阳翼扰动案例

航天器太阳翼以及其他大型附件等在进出阴影时,由于冷热交变产生的巨大温度梯度将诱发附件的振动,从而产生干扰力矩。"哈勃"望远镜太阳翼热颤振曲线如图 7.10 所示。

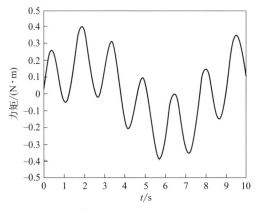

图 7.10 "哈勃"太阳翼热颤振曲线

热颤振模型可表示为

$$d(t) = \sum_{i=1}^{k} A_i \sin(p_i t + \varphi_i) \tag{7.6}$$

其中,d 为热颤振的扰动力矩;A 为颤振扰动幅值;p_i 表示第 i 阶颤振频率;φ_i 表示初相位,可当作 $[0, 2\pi]$ 范围内均匀分布的随机变量。

本节主要总结了卫星主要活动部件的微振动特性,并结合振动特征给出了微振动扰动数学模型。本节内容可为航天器微振动仿真和抑制工作提供扰动输入。

7.1.3　振源微振动试验方法

7.1.3.1　试验状态

（1）重力卸载法

重力卸载试验时采用悬吊平衡的试验示意图如图 7.11 所示。

卫星活动部件通过柔性悬吊系统达到重力平衡，近似模拟在轨状态，活动部件与悬吊系统组成的整体系统频率一般为最低扰动频率的 1/10～1/5。

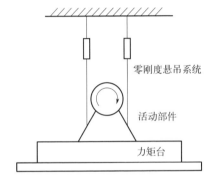

图 7.11　重力卸载试验状态转动部件微干扰力/力矩试验示意图

（2）非卸载法

非卸载试验状态下转动部件微干扰力/力矩试验示意图如图 7.12 所示。

如不具备重力卸载试验状态实施条件，可采用非卸载试验条件完成试验，即卫星转动部件与力矩台固定连接，力矩台为了避免外界干扰需要固定连接在隔振平台上，隔振平台的隔振频率不大于最低测试频率的 1/3。

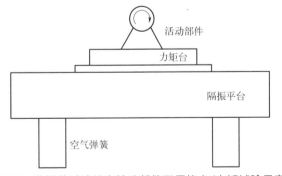

图 7.12　非卸载试验状态转动部件微干扰力/力矩试验示意图

（3）测量系统

测量系统由力传感器、信号适调器、数据采集处理系统构成。

首先利用微干扰力/力矩测量设备可获取力物理量，之后通过信号适调单元对信号进行物理量转换、阻抗匹配、放大、滤波等处理,最后利用数据采集处理系统进行信号采集、处理和分析,分别得到转动部件的微干扰力/力矩。

7.1.3.2 试验理论

卫星活动部件微干扰力/力矩试验一般采用重力卸载的方式进行。微干扰力/力矩台原理示意图如图 7.13 所示。

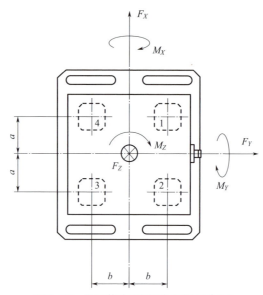

图 7.13 微干扰力/力矩台原理示意图

(1)微干扰力计算

卫星转动部件三向(X、Y、Z)微干扰力的计算公式如下:

$$F_X = F_{X1} + F_{X2} + F_{X3} + F_{X4} \tag{7.7}$$

$$F_Y = F_{Y1} + F_{Y2} + F_{Y3} + F_{Y4} \tag{7.8}$$

$$F_Z = F_{Z1} + F_{Z2} + F_{Z3} + F_{Z4} \tag{7.9}$$

式中,F_X、F_Y、F_Z 为 X、Y、Z 方向的微干扰力;$F_{X1}, \cdots, F_{X4}$ 为 1~4 号力传感器 X 向的分力;$F_{Y1}, \cdots, F_{Y4}$ 为 1~4 号力传感器 Y 向的分力;$F_{Z1}, \cdots, F_{Z4}$ 为 1~4 号力传感器 Z 向的分力。

(2)微干扰力矩计算

卫星转动部件三向(绕 X 轴、绕 Y 轴、绕 Z 轴)微干扰力矩的计算公式如下:

$$M_X = b(F_{Z1} + F_{Z2} - F_{Z3} - F_{Z4}) \tag{7.10}$$

$$M_Y = a(-F_{Z1} + F_{Z2} + F_{Z3} - F_{Z4}) \tag{7.11}$$

$$M_Z = b(-F_{X1} - F_{X2} + F_{X3} + F_{X4}) + a(F_{Y1} + F_{Y4} - F_{Y2} - F_{Y3}) \tag{7.12}$$

式中,M_X 为转动部件绕 X 轴的微干扰力矩;M_Y 为转动部件绕 Y 轴的微干扰力矩;M_Z 为转动部件绕 Z 轴的微干扰力矩;a 为传感器之间长度的一半;b 为传感器之间宽度的一半。

7.1.3.3　试验流程

(1)试验准备

试验前准备要求如下:

a. 试验前应对试验大纲及实施细则等技术文件进行评审,确认参试产品和测试系统的技术状态;

b. 根据试验目的和任务,识别关键过程,对过程中技术难点和风险进行分析识别;

c. 试验用仪器仪表、测控设备的功能及性能指标满足试验要求,且计量有效;

d. 卫星参试产品的结构状态可参照 GJB 2497 执行;依据试验技术文件要求,确认参试产品状态及配套情况,建立试验状态。

(2)预试验

根据试验技术文件,进行微干扰力/力矩测试系统参数设置,应满足下列要求:

a. 在测量软件中设置各个测量通道的灵敏度、量程和采样方式,各测量通道均应满足试验要求;

b. 在软件中设置虚拟计算通道,将力传感器各测量通道按照试验方法中公式输进虚拟通道,实时同步求解各向合力/力矩;

c. 试验状态建立后,选择适当位置进行激励,观察各通道响应,对测量系统的有效性和可靠性进行验证。

根据参试产品状态,进行重力卸载装置调整,应满足下列要求:

a. 重力卸载装置的许用拉力至少应大于参试产品起吊时的起吊载荷,并应有一定的安全裕度;

b. 重力卸载装置固定点应高于参试产品 1m 以上;

c. 转动部件与重力卸载装置组成的整体系统频率一般为最低扰动频率的 1/10~1/5;

d. 试验前应注意重力卸载装置的时变特性,配备专用安全吊带;

e. 安装完成后,安全吊带应保持松弛,在正常的试验过程中应保证不对参试产品产生附加力。

卫星转动部件保持静止状态,对试验系统的背景信号进行测试,按以下原则进行:

a. 每类试验开始前、特定时间间隔或环境状态发生变化时,均应进行背景噪声测试;

b. 本底信号测试样本应不少于 3 次,单次采集时间不少于 2min。

(3)正式试验

卫星转动部件微干扰力/力矩试验状态建立后,选择适当位置进行激励,识别主要激励信号,获取载荷安装面、传递路径结构模态特性,并对测试系统的有效性和可靠性进行验证。

通过辨识转动部件的模态参数,识别其敏感频率,可为其结构优化及隔振系统频率设计提供依据。

根据卫星转动部件在轨运行时工作状态建立横向、纵向及各转动方向条件下的测试工况。测量各转动部件转动条件下由于转速、惯量等特性不平衡引起的微干扰力/力矩。

为获得各转动部件的工作特性,梳理其在不平衡效应中的参与比重,模拟在轨工作状态建立测试工况。转动部件转动时,测量转动部件安装面的微干扰力/力矩响应,对响应数据进行处理,分析其时域频域特性,为卫星转动部件生产工艺、产品验收以及卫星在轨姿态控制算法优化等提供依据。

(4)试验数据处理

对于数据处理结果应进行试验误差分析,引起试验误差的主要因素包括:各种环境背景噪声(如电噪声、声噪声、地面扰动噪声等)、试验设备及测试系统因素(如设备精度、A/D 转换精度等)、测试方法不同引入的误差、参数设置错误或分析精度不足引入的幅值误差、频率分辨率不足引入的频率误差、边界模拟引入的附加质量和刚度。

微干扰力/力矩试验完成后,应对试验结果进行评估,评估内容包括:试验项目完整性、试验数据有效性、试验大纲或卫星产品任务书规定的其他评估要求。

卫星微振动仿真分析模型修正,应包括以下内容:

a. 根据微干扰力/力矩试验数据,考虑结构动态特性、刚度、连接关系和边界条件等,开展结构微振动仿真分析模型的修正;

b. 通过对卫星各转动部件微干扰力/力矩影响的灵敏度分析,确定影响卫星微振动的关键因素,建立有限元修正优化模型,解决单目标非线性约束规划问题;

c. 将微振动仿真分析模型修正后的仿真结果与试验结果进行对比,确定微振动仿真分析模型修正的置信度。

列出转动部件各频段产生的微干扰力/力矩,利用修正后的卫星微振动仿真分析模型,得到卫星在轨工作时由转动部件引起的微振动预示结果,验证卫星平台及其姿态控制方案设计的合理性。

(5)试验记录及报告

试验检查、测试记录应清晰、准确、签署完整。记录内容主要包括：产品技术状态、试验边界条件、激励点位置与激励方式、测量物理量及测量点安装位置、测量参数设置、数据处理参数设置、原始记录及其他相关内容。

微干扰力/力矩试验后应编制试验报告，试验报告主要内容：任务来源、试验时间、试验地点、试验人员、产品状态、试验项目、试验方法、试验结果、有效性分析、试验结论等。

7.2　整星微振动地面试验技术

整星微振动地面试验是通过在地面模拟卫星在轨失重状态，获取卫星在整星状态下的振源特性、传递特性及敏感载荷安装界面的微振动环境，为载荷提供微振动数据，以评价其对性能的影响。

7.2.1　试验方法

整星微振动地面试验[11-13]流程主要包括：试验工况确定、试验环境配备、测量系统搭建、试验数据分析、试验总结。其中，试验工况一般包括：扰动源特性测试、整星传递路径测试、载荷成像性能试验、微振动抑制性能试验以及整星级的联合试验（含抑制、载荷性能传递等）。其流程如图 7.14 所示。

7.2.2　试验环境

微振动地面试验环境主要是解决以下几个问题：环境干扰、失重、真空以及冷热交变。对于环境干扰，主要解决地面振动对测量结果的影响以及空气和电磁环境对测量系统的影响，主要是对地基进行隔振设计，对试验环境进行屏蔽（避免声噪声和空气流动造成的影响）；对于失重，主要是解决模拟自由边界条件问题，设计零刚度悬吊系统；对于真空和冷热交变，必须通过在真空罐内进行试验来分析。

微振动试验要顺利开展，就必须对环境干扰问题采取相应措施。首先，对供电系统采用电源干扰屏蔽系统，包括专用电源线路、瞬变干扰吸收器件、滤波器、隔离变压器、电压调整器（交流电子稳压器）、电源净化器以及 UPS 系统等，对试验设备和试验人员进行隔离；对试验环境进行隔离，即通过主被动隔振方式避免环境噪声引入到试验环境中。其次，对微振动测试设备的要求，包括传感器的选用、数据采集系统背景噪声、测试系统精度标定、微振动激励源的配备等。再次，试验配套工装的设计，这方面的研究重点主要包括载荷的失重状态模拟、工程误差对试验结果

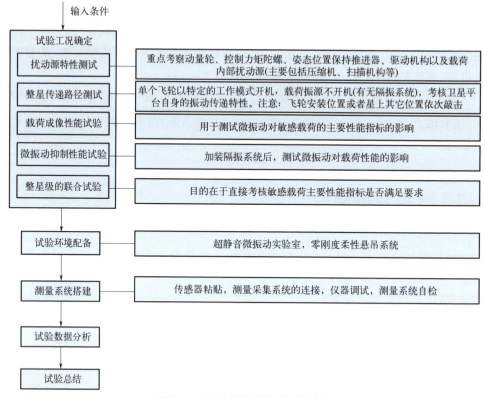

图 7.14   整星微振动地面试验流程

的影响程度等方面。

由于人员的走动、附近其他试验的进行等都能对试验结果产生影响,而较好的隔振地基以及安静的试验环境是进行微振动试验的必要条件,因此,必须对地基进行隔振以及对厂房墙面进行消声降噪处理。

7.2.3   悬吊方式

为进一步模拟卫星失重状态,试验过程中需要接近零刚度(即完全模拟失重状态)的悬吊装置,即准零刚度微振动悬吊装置。

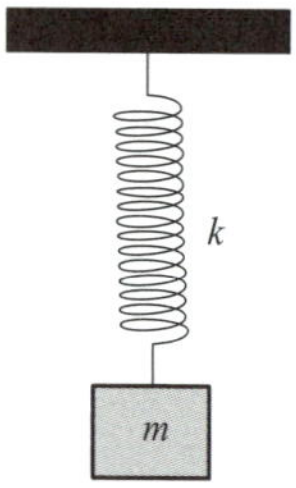

通过国内外调研与分析,可用于悬吊装置的设计主体元件可主要分为:线性弹簧、正负刚度并联机构及空气弹簧等三类。

(1)线性弹簧悬吊系统

线性弹簧悬吊系统以线性弹簧为悬吊工作元件,如图 7.15 所示。

该悬吊频率主要为 k 控制,而 k 控制可通过线性拉簧、弹力绳的线性区域等实现。此形式的悬吊系统构型简单,在此不

图 7.15   线性弹簧

再赘述。

(2)正负刚度并联机构悬吊系统

通过机构的设计实现负刚度,如图 7.16 所示,采用压缩弹簧与杆件铰接,产生负刚度的弹簧仅发生沿轴向的伸缩。

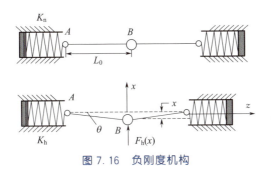

图 7.16　负刚度机构

设系统水平方向用于提供负刚度的两弹簧的刚度均为 K_h,初始压缩量记为 λ,压缩后长度记为 1,则弹簧原长为 $\lambda+1$。两弹簧分别与在中心 B 点铰接的两水平杆铰接,两杆的长度均为 L_0,另外,两杆为刚性无重杆。在图示静平衡位置时,水平方向两连杆在垂直方向上无分力,此状态为不稳定状态。

系统受到微小扰动后,质量在垂直方向偏离平衡位置 x,连杆倾斜小角度 θ,机构通过铰链 B 在垂直方向上的输出力为 $F_h(x)$。

$$F_h(x)=-2K_h(\lambda-L_0+\sqrt{(L_0-x^2)})x/\sqrt{(L_0-x^2)} \tag{7.13}$$

负刚度机构垂向刚度为

$$K_h(x)=\frac{\mathrm{d}F_h(x)}{\mathrm{d}x}=-2K_h-2K_h(\lambda-L_0)L_0^2/(L_0^2-x^2)^{3/2} \tag{7.14}$$

考虑到 $x\ll L_0$,则系统刚度可简化为

$$K_h(x)=-2K_h\lambda/L_0 \tag{7.15}$$

负刚度机构由于静力不稳定性,在实际中必须与正刚度弹簧并联起来使用,如图 7.17 所示。

设正刚度弹簧的刚度为 K_v,则系统在垂向的力 $F(x)$ 为

$$F(x)=K_v x-F_h(x) \tag{7.16}$$

则并联机构的总刚度为

$$K_h(x)=K_v-2K_h-2K_h(\lambda-L_0)L_0^2/(L_0^2-x^2)^{3/2} \tag{7.17}$$

近似计算的总刚度为

$$K_h(x)=K_v-2K_h\lambda/L_0 \tag{7.18}$$

要实现超低频的微幅隔振,正负刚度并联机构的总刚度必须趋近于 0,即

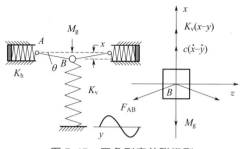

图 7.17 正负刚度并联模型

$$K_h(x) = K_v - 2K_h\lambda/L_0 \approx 0 \qquad (7.19)$$

即

$$K_v/K_h = 2\lambda/L_0 \qquad (7.20)$$

据此,可在选取了弹簧压缩量 λ 与杆长 L_0 之后,得出正负刚度弹簧的刚度比例关系。

(3)空气弹簧

空气弹簧是在橡胶气囊中充入压缩空气,利用空气的可压缩性实现弹性作用的一种非金属弹簧(图 7.18)。由于它和金属弹簧相比较有诸多优点,因此它在汽车和铁路机车车辆上得到广泛应用。

(a)膜式空气弹簧 (b)囊式空气弹簧

图 7.18 空气弹簧

空气弹簧的工作原理为:空气弹簧工作时,内腔充入压缩空气,形成一个压缩空气柱;随着振动载荷的增加,空气弹簧的高度降低,有效容积减小,刚度增加,内腔空气柱的有效面积加大,此时空气弹簧的承载能力增加;当振动载荷减小时,空气弹簧的高度升高,有效容积增大,刚度减小,内腔空气柱的有效面积减小,此时空气弹簧的承载能力减小。这样,空气弹簧在有效的行程内,空气弹簧的高度、有效容积、承载能力随着振动载荷的增减进行平稳的柔性传递。

综合分析上述三种悬吊系统特性,可看出:

① 线性弹簧悬吊系统,简单易行。

② 正负刚度并联机构悬吊系统无法有效保证系统的稳定性,其可实现性及在微振动试验领域的应用性还待考察。

③ 空气弹簧也有局限性,一方面它结构复杂、成本高;另一方面空气弹簧只能承受垂向载荷,所以空气弹簧悬吊系统必须设置相应的导向机构以承受横向力、纵向力及力矩。此外,空气弹簧尺寸大,结构布置困难。在实际使用中对空气弹簧悬

吊系统气密性要求也较高,导致制造难度加大,制造成本较高。

综合比较线性弹簧、正负刚度并联机构及空气弹簧等悬吊系统,从功能、性能、可靠性及工艺性上,线性弹簧悬吊系统可以满足微振动悬吊装置的需求,因此下面对此类悬吊系统进行设计、仿真及试验。

7.2.3.1　线性弹簧悬吊系统

弹力绳线性悬吊系统指利用弹力绳作为弹性元件,并利用弹力绳线性刚度区提供悬吊系统所需刚度的悬吊系统。下面以某卫星整星微振动悬吊方案设计与论证为例,进行弹力绳线性悬吊系统设计与验证。

为保证与在轨失重状态接近,需要设计柔性悬吊系统。根据现场的实际条件,本节提供两种悬吊方案(A、B),并进行分析比较。两方案均采用橡胶绳悬挂。其中 A 方案利用了已有的吊具工装,所有橡胶绳大体上沿竖直方向;B 方案只利用了吊具连接件,所有橡胶绳沿斜向并汇交于吊环处。具体示意图如图 7.19 所示。

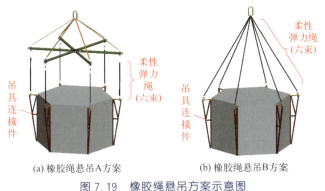

(a) 橡胶绳悬吊A方案　　　　(b) 橡胶绳悬吊B方案

图 7.19　橡胶绳悬吊方案示意图

7.2.3.2　相关特性与参数

对悬吊系统影响较大的参数主要包括整星质量特性和弹力绳的刚度参数。

通过仿真和部分实物测量得到整星的质量特性,见表 7.2,参考的坐标系见图 7.20。

表 7.2　整星质量特性

		平台＋部分载荷	吊具连接件(6 个)	探测仪结构模拟件	整星
质量/kg		1.59×10^3	$22 \times 6 = 132$	325	2047
质心位置/m	X	−0.01	—	0.6	0.09
	Y	0.1	—	0.6	0.17
	Z	1.42	-7.82×10^{-2}	2.76	1.53

续表

		平台＋部分载荷	吊具连接件(6个)	探测仪结构模拟件	整星
转动惯量 /(kg·m²) (相对于平移到平台质心处的参考系)	I_x	2.21×10^3	4.21×10^2	4.19×10^2	3.05×10^3
	I_y	1.77×10^3	4.21×10^2	4.64×10^2	2.66×10^3
	I_z	1.82×10^3	6.33×10^2	4.99×10^2	2.95×10^3
	I_{xy}	7.06	0	1.63×10^2	1.70×10^2
	I_{xz}	7.40×10	0	1.66×10^2	2.40×10^2
	I_{yz}	-9.59×10	0	1.80×10^2	8.41×10

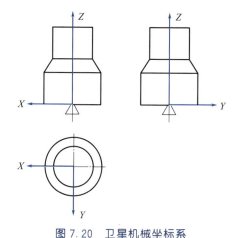

图 7.20　卫星机械坐标系

使用 6 根刚度为 1560N/m 的弹性绳,分别采用吊具悬吊的方案 A 和直接悬吊的方案 B 对卫星进行悬吊,两种方案的各向谐振频率对比如表 7.3 所示。从表中可以看出,两种方案的各向谐振频率区别不大,但考虑到斜拉弹力绳会对被吊结构产生预紧力,可能造成应力集中现象,因此建议优先采用吊具悬吊的方案 A。

表 7.3　两种方案各向谐振频率对比

各向谐振频率	方案 A(吊具悬吊)	方案 B(直接悬吊)
横向频率	0.2Hz	0.42Hz
纵向频率	0.34Hz	0.33Hz
绕 X 轴旋转频率	0.34Hz	0.35Hz
绕 Y 轴旋转频率	0.36Hz	0.41Hz
绕 Z 轴旋转频率	0.28Hz	0.29Hz

7.2.4　地面微振动测量系统

地面微振动测量系统研究的主要目的是对干扰源特性、卫星平台的微振动传递特性、隔振效果评估、抑制产品的可靠性等方面进行研究。地面微振动测量系统需要合适的传感器以及采集系统。在大多数微振动试验系统中,选用的传感器多为模拟量输出,这就需要模拟信号调理技术,主要包括信号的预变换、放大、滤波、调制与解调、采样保持、A/D 转换等。

典型的模拟量输入系统由前置放大器、抗混叠低通滤波器、采样/保持电路和A/D 转换器组成,如图 7.21 所示。

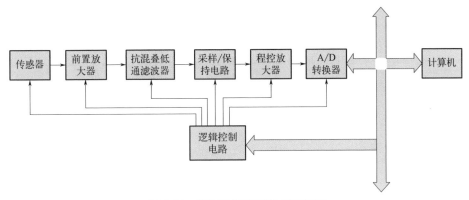

图 7.21　微振动试验系统组成框图

7.2.4.1　测试系统方案研究

卫星微振动源的研究首先必须要确定合理的测量方案。目前国内外通用的微振动信号的测量是以加速度传感器为主要手段,在卫星的结构部件(蜂窝板)或者整星条件下进行微振动测量方法的充分测试。图 7.22 所示为微振动试验基本方案。

7.2.4.2　传感器

(1)测量参数选择

微振动测量手段需要根据载荷的敏感参数进行确定,再进行传感器的选型工作,目前主要有以下几种测量方法。

① 加速度测量。由于微振动信号幅值小,采用普通的测量手段和仪器测试时,真实信号往往会混杂在噪声中,而且采集设备的分辨率达不到要求,导致采集的信号往往表现为虚假信息,对进一步的数据处理和分析造成困难,甚至导致错误结论。因此,在微振动信号的模拟测试中,加速度传感器的选取和测量参数的设置直接关系到测试系统的精度。

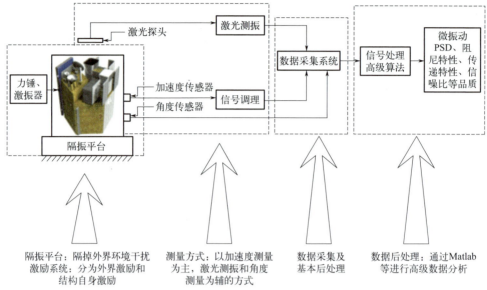

图 7.22 微振动试验基本方案框图

根据航天器微振动信号的特点,加速度传感器须满足精度高、质量小、频响低等特点。为获得更好的低频特性,可加入电容式加速度传感器(能够从 0Hz 开始)实现低频段测量。采集系统的选择和设置也要适应微振动信号的特点,在保证采集系统满足传感器输出范围的前提下,尽可能地降低幅值范围以提高采样模数转换的分辨率。

② 角度测量。微振动通用的测量方法是将加速度传感器作为感知元件,实现信号测量,随着研究的深入,发现敏感载荷中同等量级干扰下的动镜受角度变化的影响大于线加速度的影响,因此,在航天器微振动测试中还需考虑角度相关参量的采集,以确保试验过程中对产生的微小角加速度信号(角位移信号)进行有效识别。

以卫星的姿态稳定度指标为输入,选取合理的角加速度传感器。以 XX-4 为例,卫星的姿态稳定度为 $5 \times 10^{-4} (°)/s$,即 $8\mu rad/s$。按照最低采样频率为 200Hz 采样(分析带宽为 100Hz),其角加速度分辨率的最小值估算为

$$\delta = \frac{\Delta\omega}{\Delta t} = \frac{8\mu rad}{1/200s} = 0.0016 rad/s^2 \tag{7.21}$$

根据式(7.21),要求传感器分辨率 $< 0.0016 rad/s^2$。根据相关隔振试验分析结果,两安装点之间(距离 1.5m)极端情况下的加速度变量为 $1g$,其角加速度最大值为 $9.8/1.5 = 6.5 rad/s^2$。

根据以上估算结果,可以确定角加速度传感器的主要参数:分辨率 $\leqslant 0.001 rad/s^2$;量程为 $\pm 10 rad/s^2$。

（2）传感器主要技术指标

① 灵敏度。测量系统的灵敏度是指它们的输出信号（一般是电压信号）同输入信号（被测振动物体的物理量，如位移、速度、加速度等）的比值。通常，在传感器的线性范围内，希望传感器的灵敏度越高越好。因为只有灵敏度高时，被测量变化对应的输出信号的值才比较大，有利于信号处理。但要注意的是，传感器的灵敏度高，与被测量无关的外界噪声也容易混入，也会被系统放大，影响测量精度。因此，要求传感器本身应具有较高的信噪比，尽量减少外界引入的干扰信号。

传感器的灵敏度具有方向性。当被测量是单向量，而且对其方向性要求较高时，则应选择其他方向灵敏度小的传感器；如果被测量是多维向量，则要求传感器的交叉灵敏度越小越好。

② 动态范围（线性度范围）。传感器的动态范围是指使它的输出信号与输入信号维持线性关系的输入信号幅度容许变化范围。传感器的动态范围的大小受它的结构形状、材料性能以及非线性行为等因素限制。因此，在选用测量传感器时，必须满足传感器本身动态范围的要求。否则，会造成传感器的损坏，或达不到测量的要求。另外，在选用测量传感器时，还需要考虑传感器与测量仪组成的测量系统能分辨的最小输入信号值，否则在测量小信号时会引起很大的噪声失真。

③ 频率范围。传感器或测振仪的使用频率范围是指传感器或测振仪的输入信号频率的变化不会引起它们的灵敏度超出指定比例的频率范围。也就是说，频率范围指的是传感器正常工作的频带，传感器测试到的振动信号在这个频带外的分量可能会远大于或小于实际振动信号的分量。传感器与测量系统的使用频率范围是一个很重要的技术指标，被测量的振动信号频率超出仪器使用频率范围时，测量结果将产生重大误差，称这类误差为频率失真。

④ 稳定性。传感器使用一段时间后，其性能保持不变的能力称为稳定性。影响传感器长期稳定性的因素除传感器本身结构外，主要是传感器的使用环境。因此，要使传感器具有良好的稳定性，传感器必须要有较强的环境适应能力。

在选择传感器之前，应对其使用环境进行调查，并根据具体的使用环境选择合适的传感器，或采取适当的措施，减小环境的影响。

传感器的稳定性是定量指标，在超过使用期后，在使用前应重新进行标定，以确定传感器的性能是否发生变化。在某些要求传感器长期使用而又不能轻易更换或标定的场合，所选用的传感器稳定性要求更严格，要能经受住长时间的考验。

⑤ 精度。精度是指传感器测量值与真实值之间的接近程度，是传感器的一个重要性能指标。传感器的精度越高，其价格越昂贵。因此，传感器的测量精度只要满足整个测量系统的精度要求就可以，不必选得过高。

7.2.4.3 采集系统

采集系统主要参数包括:A/D转换位数、采集系统的本底噪声。

在振动测量中,振动测量仪器输出的是被测对象随时间连续变化的物理量,称为振动的模拟信号。将振动模拟量转换成与其对应的数字量的装置称为模数转换器,或称为A/D转换器,也就是我们所说的数据采集器的核心模块。数据采集系统性能的好坏,主要取决于它的精度和速度。在保证精度的条件下,应有尽可能高的采样速度,以满足实时采集、实时处理和实时控制的速度要求。

A/D转换器的基本指标是转换位数和转换时间。一般数字计算机均采用二进制编码,常用的转换位数有8、10、12及16位,某些高精度转换器已达24位,甚至更高。模拟信号在转化为数字信号的过程中要经过三个步骤:一是要从随时间连续变化的信号转化为在时间上是离散的信号,这就是采样信号,采样信号在幅值上仍是连续取值的;二是经幅值上的量化转化成为量化信号,这一信号在幅值取值上是离散的;三是编码过程,它是由几个脉冲组成的一组代码来表示某一量化信号值。多组代码表达多个量化信号值后就成为数字信号。将步骤二和三联系起来看,假如数字信号采用二进制编码,那么作为量化过程中幅值离散的间隔显然就是二进制码最低有效位所对应的模拟信号幅值间隔值,称为量化当量。量化当量也是量化精度的标志,编码的位数愈多,也就是量化当量愈小的A/D转换器,转换精度愈高。所以在同样的模拟输入电压下,A/D转换器的位数愈高,就标志着它的量化精度愈高,这是选用A/D转换器必须要考虑的指标,不过精度高的A/D转换器也会带来转换速度减慢和转换器价格上升的问题,所以应综合考虑。

转换时间是指完成一次完整的A/D转换所占有的时间间隔。在A/D转换中大于$300\mu s$的称为低速A/D,$20\sim300\mu s$的称为中速A/D,小于$20\mu s$的称为高速A/D。现在高速转换器可以达到$0.05\mu s$的转换时间,这就意味着在每秒内可完成20M次的转换,也就是说,对模拟信号可以用高达20MHz的采样频率进行数据采集。但是,对于用模拟多路开关切换进行多通道的信号采样,由于需要依次抽取每个通道模拟信号的数据,用于每个通道的转换速度将只能是A/D总的转换速度除以通道数。另外,对于边采集边存盘的数据采集方式,还需要考虑到数据传输和存盘将占用的时间,必须适当降低实际工作的采样频率,否则将导致数据丢失。随着大规模、超大规模等集成电路技术的发展,这些技术指标还在不断地向前发展。

7.2.4.4 数据分析

微振动信号由于幅值很小,受周围环境的影响比较大,因此信号具有随机性,经常出现有效信号淹没于背景噪声中的现象。因此,对试验数据进行有效的特征提取显得尤为重要。

首先,需要对数据进行预处理,预处理是将采集数据尽可能真实地还原成实际振动情况的最基本的数据加工方式。主要包括去均值、去趋势项、同步平均及平滑处理以消除信号中的高频噪声,另外还有一些其他高级去噪算法。其次,对去噪后的信号进行相关的时域分析、频域分析、时频域分析、小波域分析,以及对其他数据分析模型进行处理,以获取表征信号特征的典型信号。

7.3　在轨微振动试验技术

7.3.1　在轨微振动测量系统设计

在航天器全任务过程中,包括航天器运输、装卸、起落、发射、飞行、分离、着陆、返回等过程,都要经历各种类型的复杂振动、冲击、加速度等力学环境。在某些有效载荷转动机构的影响下,由于地面模态预估不足,极有可能引发明显的姿态振荡,在已经发射上天的卫星型号中不乏此类现象,这将影响姿态稳定性,干扰高精度仪器设备的正常工作。除低频振动以外,偏置飞轮、陀螺、制冷机等高转速部件导致结构板振动疲劳的现象在工程中也时有发生。长期的高频振动对胶结的蜂窝板显然是不利的。更为严重的后果是,这种持续高量级的振动在卫星平台内传递至有效载荷安装部位,将导致某些高精度成像设备无法正常工作。而对于传递路径上的电子设备而言,振动干扰或者增加电子设备的出错率,或者直接引起线路或元器件损坏。

对于上述问题,随着对姿态精度以及结构可靠性要求的进一步升级,尤其是国内未来军用侦察和预警卫星的蓬勃发展,开展航天器在轨结构状态监测研究成为实现航天器在轨稳定运行的保障条件之一[18]。结构状态监测单元通过感知航天器整体的结构响应和对高分辨率敏感有效载荷的振动,获得航天器在轨活动状态,同时为航天器力学试验条件的合理确定提供技术支撑。

7.3.2　在轨测量系统

在轨测量系统通常由线加速度传感器或角度传感器和相应的测量控制单元组成,如图 7.23 所示。

(1)传感器网络

按照各活动部件的运动特性,结合地面分析的结果选择合适的加速度传感器。例如,在大挠性部件的安装位置选取低频加速度传感器,飞轮安装位置可采用频率范围 5~100Hz 的加速度传感器。

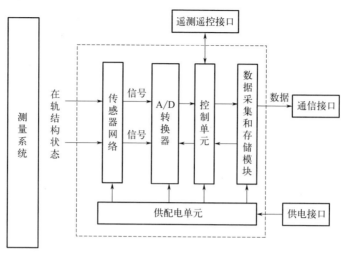

图 7.23　测量系统流程示意图

（2）控制单元

控制单元与星载计算机连接，接收地面指令，控制数据的采集、贮存和传输。

（3）数据采集和存储模块

数据采集和存储模块实现系列功能。

（4）供配电单元

供配电单元负责整个振动测试系统的供电，包括控制单元、信号处理电路、数据采集和存储模块。因传感器网络只是测量时才工作，为节省能源，将传感器网络的供配电权交给控制单元。数据采集和存储模块运行时执行图 7.23 的流程，首先控制单元会给各个传感器供电，传感器的模拟信号会进行放大、滤波后送至 A/D 转换器转换成数字信号，控制单元获取并存储数据信号，当收到停止测量指令后，控制单元将传感器断电，并将本次测量的信息（测试次数、持续时间、同步信息）写入存储器中。

（5）数据传输单元

数据传输单元根据遥控指令要求，将部分或全部获取的传感器数据送至数据传输系统下发至地面。

随着数字电路的发展，控制系统的体积、重量和功耗都在减小，这给系统的小型化设计带来了更大的可能。在元器件综合选用、进行系统结构的优化设计的基础上，可以进行微振动测量系统的小型化研究。

微振动测量系统的采集电路可进行模块化设计，以适应不同卫星平台对振动测量的需求，同时，进行电源的模块化设计研究，以适应不同的供电模式和对传感器不同的供电输入。另外，对指令控制、遥测遥控接口和通信接口也可进行相应的模块化设计,以适应不同卫星平台的接口设计,提高卫星平台微振动测量系统的多平台适应性。对微振动测量系统的扩展性能进行研究,可以适应不同种类、不同数量的传感器在数据采集时的需求。

7.3.3　传感器选型

微振动测量系统主要是用来感知、采集、存储、传输卫星主动段及在轨段的微振动数据,为后期星体结构优化提供依据,并对卫星飞轮、垂直探测仪及其他活动部件工作过程进行微振动数据监测。为了满足数据采集的要求,需根据测量范围、测量分辨率对传感器进行选择。

理论上,布置的传感器越多,测量的数据也就越能反映出整星在轨状态下真实的响应。事实上,传感器的个数不但受到功率、传输能力等方面的限制,同时出于卫星任务的总体考虑而被迫对传感器的个数做出调整。因此,传感器的布局遵循以下原则:一是星载遥感设备的测量;二是振源及主传力途径的测量,包括飞轮、承力筒的测量;三是有效载荷安装面的测量。尽管如此,传感器的布局仍可能受到限制,所以传感器的网络布局要进行拓扑优化,来实现用最少的传感器发挥最大的功能。

(1)角度传感器

卫星微角振动高精度测量与控制是实现卫星平台与遥感系统等有效载荷高精度姿态指向的前提与基础。角振动测量是研究平台稳定性、振动控制等必不可少的环节,其本质上是一种对空间动态角位移的测量。高精度微角振动测量的实现主要体现在三个方面的技术支撑:①研制高分辨率和高灵敏度的角速率/角位移传感器;②研究平台微小角度短距离探测灵敏度低的问题;③研究相关检测技术,减小探测噪声的等效带宽。

(2)线位移传感器

卫星结构变形测量是研究有效载荷高精度姿态指向的必要环节。通过将主控制器与附加感测头模块连接,采用触发方式实现多个感测头同时测量,可以用于平面翘曲度/平行度测量。

(3)加速度传感器

在轨微振动扰动源主要来自于星上高速转动部件、大型部件驱动机构,如反作用轮、控制力矩陀螺(CMG)、SADA、有效载荷驱动电机,以及推力器和大型构件冷热交变等振源。卫星入轨后随着各类活动部件开启以及不断进出阴影,星上微振动环境逐渐体现。加速度传感器可以采集星上微振动的模态,有效获得振动的量级并监测耦合现象的发生。

（4）成像传感器

大型挠性附件的模态测量使用加速度传感器的方式受到质量、通道等各种制约，因此需使用高精度数字工业摄影测量技术，布置成像传感器。工业摄影测量利用相机对被测目标拍摄相片，通过图像处理和摄影测量处理，获得目标的几何形状和运动状态。

7.3.4 传感器布点

开展在轨力学环境监测的测点布置研究，需确保测点布局的最优化。测点主要包括如下位置：

① 激励产生位置。包括各活动部件的安装位置、推进器的安装位置和大挠性部件的安装位置等。卫星上振源相对较多，但其中引发卫星微振动的主要因素是：飞轮、有效载荷内部的运动部件的运动。

② 振动的传递途径。例如：卫星的主结构关键承力部位、仿真分析易引起耦合振动的部位等。振动传递途径与卫星结构的具体设计有关。一般情况下，卫星结构的振动传递途径包括底板、中层板（下层板、上层板、隔框）、承力筒及顶板等。

③ 振动耦合效应影响较大的位置。包括有效载荷的安装位置、SAR 天线等大型对地阵面、姿轨控系统关键测量设备的安装位置等。因此，进行在轨微振动数据测量时需在易发生耦合现象的干涉仪附近安装传感器。

④ 模态振型典型位置。为获得振动模态，需要布置传感器。传感器的布置需要满足以下条件：布置的传感器要能测出需要的各阶模态，保证测量可靠性；对测点的布局需要进行优化设计，考虑到测量通道增加带来的质量的增加，传感器的数量需要进行控制。

7.3.5 微振动在轨试验方法

7.3.5.1 在轨微振动测量试验

在轨的微振动测量和试验方面，国外由于高精度航天器起步较早，因此相关研究也较早，并对星上扰动部件的在轨测试工作已进行了深入的研究，通过对卫星进行实时在轨微振动测量，以评估在轨期间卫星的力学环境，对设备的运行状态进行性能评估或者预测，并对振动较大的扰动在后续星上采取相应的减振/抑振措施，如挠性阻尼器、主动控制等，取得了良好的效果。

随着高精度高分辨率对地观测系统的实施，光学类载荷、干涉类载荷、SAR、激光通信、深空探测以及重力梯度卫星载荷性能必将大幅度提升，对微振动敏感度也会随之大幅提高并逐渐成为制约高分辨率卫星水平提升的瓶颈问题。

微振动对敏感载荷的影响主要有三个环节：其一，微振动源的振动特性；其二，微振动传递结构的传递特性；其三，微振动对敏感载荷的特性影响。从目前和后续的高分辨率卫星来看，卫星敏感载荷的技术指标越来越高，对整星的微振动环境要求也越来越严格，如若处理不当，势必会导致型号任务的失败。

首先，面临的是微振动建模技术。微振动仿真技术主要是由结构系统、载荷成像系统、控制系统以及扰动模型等几个系统组成。结构系统建模是通过结构系统设计的 CAD 模型和所采样的材料特性，利用有限元建模软件建立结构系统的有限元模型，并利用试验数据对结构有限元模型进行修正，降低建模过程中简化和不准确参数导致的有限元模型预估与系统实际动力学模型之间的误差。扰动建模时，首先要分析微振动源的振动特性和大小，根据整星布局及扰动源特性，对航天器影响较小的扰动源可以忽略，影响较大的扰动源需要根据扰动源试验数据通过扰动模型进行辨识，再应用到系统集成建模的扰动模型。

其次，对于微振动控制的问题，解决手段总体来讲主要分为以下几个方面。一是降低振源的微振动输出能量，但是此种方法往往很难实现，主要是由于各方面的限制导致很难进行更改，如飞轮所产生的微振动主要是由飞轮的质量不平衡造成的。理论上，只要消除不平衡，飞轮所造成的微振动就会消失，目前平衡设备已经达到了现有技术能力所实现的最小静不平衡和动不平衡，很难在静/动平衡上再做文章。二是微振动传递过程中，通过局部刚度优化或者填充颗粒阻尼的手段实现振动能量的最大衰减。三是降低传递到敏感载荷位置的能量，通过减隔振、吸振技术实现。

最后，对于微振动试验技术的研究，主要涉及环境干扰、失重、测试系统等方面的相关技术，对于环境干扰主要解决地面振动对测量结果的影响以及对空气和电磁环境影响进行分析和试验环境的建设。失重模拟主要是解决模拟自由边界条件的问题。

7.3.5.2　在轨模态试验

在轨进行辨识试验可采用两种激振执行机构，分别为姿态和轨道控制用的推力器和姿态控制用的飞轮。同时，在卫星构体上可搭载角位移传感器和加速度传感器，在大型展开天线和太阳电池帆板的安装部位安装加速度敏感器。

在轨模态试验必须考虑安全性，既将星载飞行任务的影响控制在最小且充分考虑安全性，又可有效地做到尽量在稳态下实现辨识。为满足这一要求，有两种方法：一是在稳态运行模式通过执行机构把诱使卫星产生振动事件的数据借来作为辨识数据用的方法；二是在稳态控制过程中给出脉冲干扰的方法。

第一种方法，采集稳态运行模式下各执行机构产生的振动数据，一般希望在辨识输入中能包括更多的频率分量且能充分对结构进行激振，考虑用执行伴随推力器点火进行东西轨道控制和飞轮卸载时的响应进行辨识的方法。在进行东西轨道控制过程中，要使轨道控制用推力器维持一定周期，采用脉冲点火方式使卫星保持在利用反作用飞轮进行姿态控制的状态；在飞轮卸载过程中，则要使姿态控制用的推力器点火，使反作用飞轮所积累的角动量卸载。

　　第二种方法，即在稳态控制过程中给出脉冲干扰的方法。使用推力器点火的方法危险性小，在稳态控制过程中使姿态控制用和轨道控制用的推力器点火，其点火时间为几十毫秒到几百毫秒。

　　通过反作用飞轮进行姿态角的阶跃响应，这种方式被激励的振动非常小，被激励的频带也窄。此外，利用反作用飞轮激振只能产生力矩，不能激励平衡振型。

　　以某卫星为例，对推力器扰动进行仿真分析，仿真坐标系采用整星机械坐标系。推力器布局图与仿真模型如图 7.24 和图 7.25 所示。

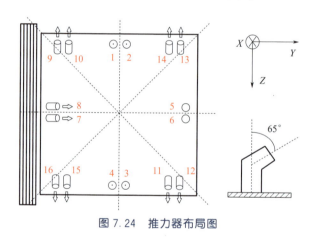

图 7.24　推力器布局图

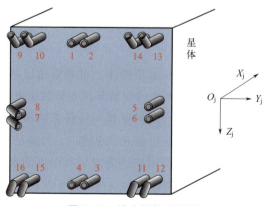

图 7.25　推力器仿真模型

推力大小为 5N，喷气宽度 100ms、250ms、300ms，仿真工况见表 7.4。

表 7.4　仿真工况表

工况描述			
激振轴	推力器时间/s	单发推力/N	宽度/ms
1+3	10	5	300
1+3	5	5	300
1+3	1	5	300
1+3	10	5	250
1+3	5	5	250
1+3	1	5	250
1+3	10	5	100
1+3	5	5	100
1+3	1	5	100
7+5	10	5	300

将仿真工况的结果进行汇总，见表 7.5。

表 7.5　工况仿真结果汇总

工况号	测点 1	测点 2	测点 3	测点 4	测点 5	测点 6
1	0.171Hz	0.171Hz	0.171Hz	0.171Hz	0.171Hz	0.171Hz
	0.684Hz	X	0.684Hz	0.684Hz	0.684Hz	0.684Hz
	X	0.830Hz	X	X	X	X
2	0.171Hz	0.171Hz	0.171Hz	0.171Hz	0.171Hz	0.171Hz
	0.684Hz	X	0.684Hz	0.684Hz	0.684Hz	0.684Hz
	X	0.830Hz	X	X	X	X
3	0.171Hz	0.171Hz	0.171Hz	0.171Hz	0.171Hz	0.171Hz
	0.684Hz	X	0.684Hz	0.684Hz	0.684Hz	0.684Hz
	0.830Hz	0.830Hz	0.830Hz	X	X	0.830Hz
4	0.171Hz	0.171Hz	0.171Hz	0.171Hz	0.171Hz	0.171Hz
	0.684Hz	X	0.684Hz	0.684Hz	0.684Hz	0.684Hz
	X	0.830Hz	X	X	X	X
5	0.171Hz	0.171Hz	0.171Hz	0.171Hz	0.171Hz	0.171Hz
	0.684Hz	X	X	0.684Hz	0.684Hz	0.684Hz

续表

工况号	测点 1	测点 2	测点 3	测点 4	测点 5	测点 6
5	✗	0.830Hz	0.830Hz	✗	✗	✗
6	0.171Hz	0.171Hz	0.171Hz	0.171Hz	0.171Hz	0.171Hz
	0.684Hz	✗	0.684Hz	0.684Hz	0.684Hz	0.684Hz
	0.830Hz	0.830Hz	0.830Hz	✗	✗	0.830Hz
7	0.171Hz	0.171Hz	0.171Hz	0.171Hz	0.171Hz	0.171Hz
	0.684Hz	✗	0.684Hz	0.684Hz	0.684Hz	0.684Hz
	✗	0.830Hz	✗	✗	0.830Hz	✗
8	0.171Hz	0.171Hz	0.171Hz	0.171Hz	0.171Hz	0.171Hz
	0.684Hz	✗	✗	0.684Hz	0.684Hz	0.684Hz
	✗	0.830Hz	0.830Hz	✗	✗	✗
9	0.171Hz	0.171Hz	0.171Hz	0.171Hz	0.171Hz	0.171Hz
	0.684Hz	✗	0.684Hz	0.684Hz	0.684Hz	0.684Hz
	0.830Hz	0.830Hz	0.830Hz	✗	✗	0.830Hz
10	0.171Hz	0.171Hz	0.171Hz	0.171Hz	0.171Hz	0.171Hz
	✗	✗	✗	✗	✗	✗
	0.830Hz	0.830Hz	0.830Hz	0.830Hz	0.830Hz	0.830Hz

注：✗ 表示无数据输出。

通过仿真可以得到以下结论：

① 从工况 1～3 可以看出，推力器时间在 10s 和 5s 这两种工况下，测点 1～测点 6 都只能同时采集到三阶模态中的两阶；在推力器时间为 1s 时，6 个测点中则有 4 个可以同时采集到全部三阶模态。再观察其他工况的仿真结果，也可以得到相同的结论。因此，可以认为当推力器时间为 1s 时，能有最多的测点同时采集到三阶模态。

② 从采集到的频率上可以看出，在脉冲宽度为 300ms、250ms 和 100ms 三种工况下，各传感器能采集到的频率值相同。进一步比较它们的幅值大小，脉冲宽度为 300ms 时采集效果较好。

③ 工况引起的太阳电池阵的振动在 30s 后衰减到 10% 左右。

因此，通过仿真结论，对推力器需求如下：选用 300ms 的脉冲宽度；正反喷冲的间隔时间选为 1s；两个不同工况触发时间间隔至少 30s。

在轨监测采集到的数据，一般采用不测力的模态辨识方法。

本章小结

本章详细介绍了针对卫星微振动水平的各项测试试验,主要包括振源地面微振动试验、整星微振动地面试验及在轨微振动试验等,通过对现有微振动测试方法、内容和流程及试验相关案例的阐述,向读者展示了卫星微振动试验的全流程和注意事项,以期为卫星微振动测试领域的科研人员提供参考与技术支持。

参 考 文 献

[1]　冯咬齐,李宁,岳志勇. 卫星整星模态试验及试验数据分析[C].第二十一届全国振动与噪声高技术及应用学术会议,2008.

[2]　庞世伟,杨雷,曲广吉. 高精度航天器微振动建模与评估技术最近进展[J].强度与环境,2007,34(6):9.

[3]　雷军刚,赵伟,程玉峰. 一次卫星微振动情况的地面测量试验[J].真空与低温,2008,14(2):4.

[4]　Adachi S,Yamaguchi I,Ida T. On-orbit system identification experiments on Engineering Test Satellite-VI[J]. Control Engineering Practice,1999,7(7):831-841.

[5]　吴正毅. 测试技术与测试信号处理[M].北京:清华大学出版社,1991.

[6]　徐建强. 火箭卫星产品试验[M].北京:中国宇航出版社,2012.

[7]　黄波. 国外成像侦查卫星系统的现状与发展[J].国外卫星动态,2009(2):1-10.

[8]　马兴瑞,于登云,韩增尧,等. 星箭力学环境分析与试验技术研究进展[J].宇航学报,2006,27(3):9.

[9]　柯受全,金恂叔. 卫星环境工程和模拟试验[M].北京:宇航出版社,1996.

[10]　杜超. 一种双体卫星的动力学建模与控制研究[D].哈尔滨:哈尔滨工业大学,2015.

[11]　谢久林,杨松,张俊刚,等. 航天器声振动力学环境响应分析[J].航天器环境工程,2006(2):4.

[12]　王光远,田景峰,赵煜,等. 整星微振动试验方法及关键技术研究[C].高分辨率对地观测学术年会,2014.

[13]　张军,谌勇,张志谊,等. 卫星随机试验的振动响应分析[J].机械强度,2006,28(1):4.

[14]　Bayard D S,Hadaegh F Y,Yam Y,et al. Automated on-orbit frequency domain identification for large space structures[J]. Automatica,1991,27(6):931-946.

[15]　Kammer D C. Sensor placement for on-orbit modal identification and correlation of large space structures[J]. Journal of Guidance,Control,and Dynamics,1991,14(2):251-259.

［16］ Yamaguchi I,Kida T,Komatsu K,et al. ETS-VI on-orbit system identification experiments
［J］. JSME International Journal Ser C Mechanical Systems Machine Elements &
Manufacturing,2008,40(4):623-629.

［17］ Sylvester C M. System identification of an on-orbit spacecraft's antenna dynamics［D］.
Ohio:Department of the Air Force Air University,2009.

［18］ 高行素,王光远,管帅,等. 整星微振动试验误差分析与在轨验证［C］.第六届高分辨率对
地观测学术年会,2023.